KB072451

지반구조물 설계

21세기 들어 공학교육 인증제도가 보편화되면서 실무 중심의 설계교육이 강조되어 왔음에도 지반구조물의 설계에 관한 교재는 많지 않다. 이 책은 옹벽, 흙막이 벽체, 널말뚝, 사면안정 문제 등 기초 이외의 대표적인 지반구조물의 설계이론과 설계방법을 다룬 것으로 대학 및 대학원 과정의 강의용으로 만들어졌다.

김병일, 윤찬영, 조완제, 김태식 공저

씨아이알

머 리 말

    기초(foundation), 터널(tunnel), 옹벽(retaining wall), 흙막이 구조물(retaining structure), 교대 (abutment), 널말뚝(sheet pile) 등 토목 및 건축구조의 하부구조물 또는 지반과 접촉하여 토압을 견디도록 설계되는 구조물을 지반구조물이라고 한다. 얕은 기초(shallow foundation)와 깊은 기초 (deep foundation)는 모든 구조물에서 빠질 수 없는 대표적인 지반구조물이며, 교대는 교량의 하부기초로서 교각과 함께 없어서는 안 될 중요한 구조물이다. 터널은 산지가 70% 정도인 우리나라에서 교량과 함께 가장 많이 건설되는 토목구조물이며, 사면안정 문제는 우리나라에서 가장 많이 발생하는 문제 중의 하나이다. 이 책은 기초, 교대, 터널 이외의 지반구조물인 옹벽, 흙막이 구조물, 널말뚝, 그리고 사면안정 문제에 관한 것이다. 옹벽은 우리가 주변에서 눈으로 직접 볼 수 있는 가장 흔한 구조물 중의 하나이며, 흙막이 구조물은 모든 토목 및 건축 공사에서 기초를 시공하기 위해 흙을 굴토할 때 항상 수반되는 공사이다. 최근 들어 그 사용이 증가하고 있는 널말뚝은 차수 목적이나 흙막이용으로 많이 사용되고 있으며, 주변을 둘러보면 대부분이 사면으로 이루어져 있다.

    21세기 들어 공학교육 인증제도가 보편화되면서 실무 중심의 설계교육이 강조되어 왔음에도 불구하고 지반구조물의 설계에 관한 책은 많지 않다. 이 책은 옹벽, 흙막이 벽체, 널말뚝, 사면안정 문제 등 기초 이외의 대표적인 지반구조물의 설계이론과 설계방법을 다룬 것으로 대학 및 대학원 과정의 강의용으로 만들어졌다. 이 책에 수록된 대부분의 내용은 국내에서 설계 시 이용되고 있는 보편적인 내용을 토대로 서술하였으며, 복잡한 내용은 배제하고 가능하면 간결하고 쉽게 설명하려고 노력하였다. 이 책은 대학 및 대학원 과정의 한 학기 강의에 적합하도록 쓰였으나 실무에 계신 분들도 이용이 가능하리라고 생각된다. 이 책을 집필하면서 그림과 사진, 그리고 예제를 많이 수록하려고 노력하였으나 아직도 부족한 점이 많으며, 특히 예제는 충분하지 못하지만 하루빨리 학생들에게 도움을 주기 위해 이렇게 용기를 내어 출간하게 되었다.

    이 책의 완성도를 높이기 위해 많은 예제를 여러 번 풀어보고 수정 및 보완해준 명지대학교 박사과정 문인종 군에게 고마운 마음을 전하며, 부족한 책이지만 출판을 위해 성심을 다해 애써주신 도서출판 씨아이알의 이일석 팀장과 김동희 대리에게 감사의 마음을 전한다. 앞으로도 계속 좋은 자료를 축척하여 빠른 시일 내에 더 좋은 책을 출간할 것을 약속하며, 잘못된 점이나 내용에 부족한 점이 있으면 많은 지적과 충고를 부탁드린다.

2015년 3월

김 병 일

CONTENTS

O3 흙막이 구조물

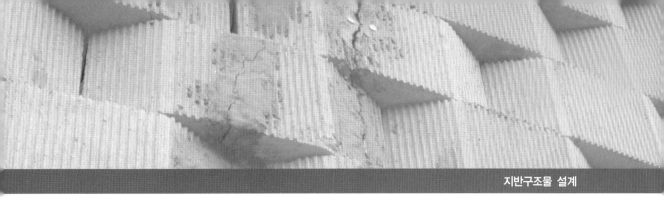

01

지반구조물
종류와
설계방법

지반구조물 종류와 설계방법

1.1 지반구조물의 종류

지구상에서 건설되는 모든 인공구조물은 흙이나 암반 위 또는 속에서 만들어진다. 즉, 흙 또는 암반과 접하지 않고서는 구조물이 존재할 수 없다. 따라서 우리가 주변에서 흔히 볼 수 있는 구조물의 대부분은 흙이나 암반과 관련이 있는 지반구조물이라고 할 수 있다. 모든 구조물은 기초를 가지고 있는 것이 보통인데, 기초는 지반구조물의 대표라고 할 수 있다. 그 밖에 댐, 제방, 옹벽, 터널, 방파제, 호안, 사면, 각종 지하 매설관, 가설 흙막이 구조물 등도 대표적인 지반구조물이라고 할 수 있는데, 이런 구조물들은 우리 주변에서 쉽게 찾아볼 수 있다.

1) 얕은 기초

기초란 상부구조물의 하중을 주변의 지반에 전달하기 위하여 설치되는 하부구조물을 말하는데, 설치 깊이에 따라 얕은 기초와 깊은 기초로 나뉜다. 지반 조건이 좋아서 구조물 하중을 지표면 가까이에 있는 지반이 지지할 수 있는 경우에는 얕은 기초를 사용하는데 얕은 기초에는 독립기초, 복합기초, 띠기초, 전면기초 등이 있다. 기초에 대한 자세한 내용은 기초공학 교재를 참조하기 바란다.

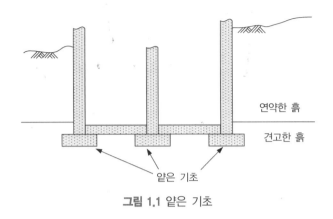

연약한 흙

견고한 흙

얕은 기초

그림 1.1 얕은 기초

그림 1.2 저층 건물의 얕은 기초 시공모습

2) 깊은 기초

구조물과 직접 맞닿는 부분의 흙이 상대적으로 연약하여 상부구조물로부터 전달되는 하중을 충분히 지지할 수 없을 때나 압축성이 매우 커 구조물에 큰 침하가 발생할 것으로 예상되는 경우에는 깊은 기초를 사용한다. 깊은 기초에는 말뚝, 피어(pier), 케이슨(caisson) 등이 있는데, 이 중에서 말뚝이 가장 대표적인 깊은 기초의 종류이다. 말뚝과 피어는 시공방법과 크기에 따라 구분되는데, 일반적으로 지름 70cm 이상의 연직공을 굴착한 후 강재로 보강하거나 바닥을 확장하여 현장에서 직접 타설하여 만드는 대구경 현장타설말뚝을 피어라고 부른다. 케이슨은 강, 호수, 바다 등 수면 아래 지역에서 주로 사용하는 수평력에 대한 저항이 비교적 큰 기초이다. 속이 빈 우물통 또는 박스를 소정의 위치에 놓고 내부토사를 파내어 단단한 지층까지 내린 후 콘크리트로 속채움하여 만들어 우물통기초라고도 한다.

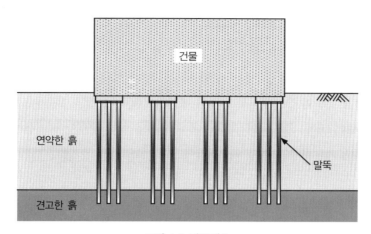

그림 1.3 말뚝기초

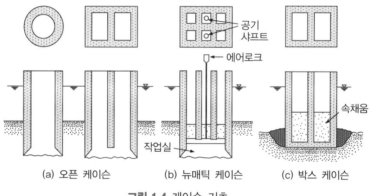

그림 1.4 케이슨 기초

그림 1.5 컨테이너 부두 케이슨 제작 현장

3) 옹벽

기초 다음으로 가장 흔한 지반구조물인 옹벽은 자연사면을 가파르게 깎아서 도로나 철도 또는 건물 등을 축조하기 위한 공간을 확보할 목적으로 만들어지는 구조물이다. 옹벽에는 그림 1.6과 같이 중력식 옹벽과 캔틸레버식 옹벽이 대표적이며, 콘크리트 자중에 의해 토압을 저항 하는 중력식 옹벽에 비해 저판 위의 뒤채움 흙이 옹벽의 일부로 토압에 저항하는 캔틸레버식 옹벽이 일반적으로 더 경제적이다. 최근에는 그림 1.7과 같은 보강토옹벽의 시공이 급격히 증가하고 있다.

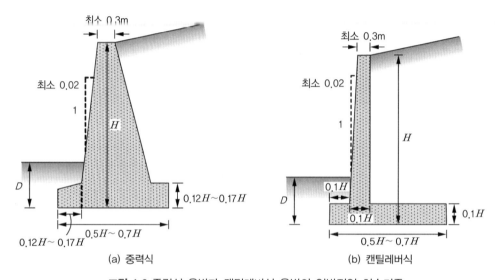

그림 1.6 중력식 옹벽과 캔틸레버식 옹벽의 일반적인 치수기준

그림 1.7 보강토옹벽

4) 흙막이 구조물

흙막이 구조물이란 굴착공사 시 주변 지반이 붕괴되거나 해로운 변형이 발생하지 않도록 하기 위해 설치하는 구조물로 주로 가설구조물을 말한다. 흙막이 구조물은 흙막이 벽체와 벽체를 지지하는 지지 시스템으로 이루어지며, 대표적인 흙막이 벽체의 종류에는 토류판 벽체, 주열식 벽체(C.I.P), 쏘일 시멘트 벽체(SCW), 지하연속벽(slurry wall), 그리고 널말뚝 등이 있다.

그림 1.8 흙막이 구조물

5) 널말뚝

널말뚝은 주로 차수 목적으로 사용되며, 흙막이 벽체로 이용되기도 한다. 보통 연약한 실트 지반이나 사질토에 적용하며 최근에는 강성을 보완하여 쓰이기도 한다. 널말뚝은 목재, 콘크리트, 강판 등으로 만들어지는데 최근에는 강 널말뚝이 주로 사용된다. 널말뚝은 해머로 타입되기도 하지만 진동해머에 의해 설치되는 경우가 대부분으로 전석층이나 풍화암층 이상의 암반에는 설치하기가 어려우며, 굴착 깊이가 20m보다 깊은 경우에는 타입의 어려움이 있으므로 시공 시 주의해야 한다.

(a) 하천 정비사업

(b) 오염지반 차단

그림 1.9 널말뚝 시공현상

6) 교대

다리의 구조는 상부와 하부로 나눌 수 있다. 이중 하부구조의 주된 것이 교대와 교각이다. 교대는 교량의 양단에서 이어지는 도로와 교량을 접속하고 상부구조(교량보 등)의 하중 및 배면성토의 토압하중을 지지하는 구조체이다(그림 1.10 참조). 교대는 기초를 포함한 전체를 가리키는 경우와 교대의 구체 자체를 가리키는 경우가 있다.

그림 1.10 교대

7) 터널

산지가 70%인 우리나라에서 가장 흔한 지반구조물 중의 하나가 터널이다. 터널에는 토목 터널과 광산 터널로 나눌 수 있는데, 토목 터널에는 도로 터널, 철도 터널, 또는 지하보도와 같은 교통 터널, 물의 이송을 위한 수로 터널, 원유 저장 터널, 전기, 가스, 통신선을 위한 터널 등이 있다. 또한 축조되는 지형에 따라서 산악 터널과 하저(또는 해저) 터널, 그리고 도심지 터널로 나뉜다.

(a) 도로 터널

(b) 터널 시공장면

그림 1.11 터널

8) 비탈면(사면) 구조물

산지가 70%인 조건에서 도로, 철도 등 크고 작은 건설공사는 필연적으로 비탈면(사면)을 형성한다. 비탈면은 흙 또는 암을 쌓아 만드는 쌓기비탈면과 자연지반을 깎아서 형성하는 깎기비탈면으로 구분하며, 비탈면의 설계는 장기적인 안정성을 확보하기 위한 검토를 포함한다. 보강공법, 옹벽공법, 그리고 표면의 안정성을 확보하기 위한 표면보호시설, 배수시설도 비탈면 구조물에 포함된다.

(a) 격자블록과 앵커

(b) 네일

그림 1.12 사면 보강 구조물

1.2 지반구조물의 설계

1) 토압

앞에서 살펴본 지반구조물을 설계하기 위해서는 토압(earth pressure)의 크기와 그 분포를 알아야 한다. 토압의 분포는 그림 1.13에 나타난 것처럼 지반구조물의 종류에 따라 다르며, 이것은 구조물과 흙의 상대적인 변위가 토류구조물에 따라 각각 다르기 때문이다. 그림 1.13에서 보는 것처럼 토압분포는 포물선 형태에 가까운 경우가 많은데, 실제 설계 시에는 토압분포를 직선적으로 가정하여 삼각형 또는 사각형 분포로 고려한다. 토류구조물 중 삼각형의 토압분포에 가장 가까운 토압분포를 갖는 구조물은 옹벽이다.

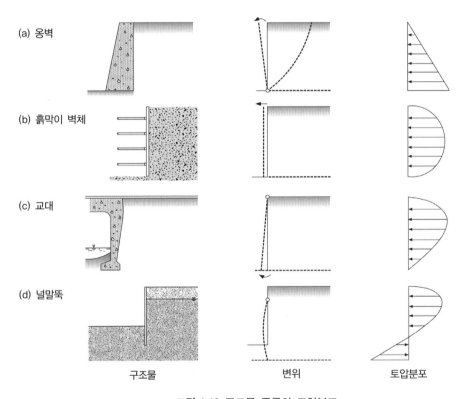

(a) 옹벽		
(b) 흙막이 벽체		
(c) 교대		
(d) 널말뚝		
구조물	변위	토압분포

그림 1.13 구조물 종류와 토압분포

토압의 크기를 산정하는 방법에는 Rankine 방법, Coulomb 방법, Culmann 도해법 등이 대표적이며, 이 방법 외에도 Tschebotarioff 방법, Terzaghi-Peck 방법 등이 있다. 자세한 토압의 산정방법에 대해서는 구조물별 설계방법이 설명되는 2, 3, 4장에서 설명하기로 한다.

2) 설계 시 유의사항

옹벽이나 터널과 같이 지반구조물 자체가 목적구조물인 경우도 있지만 기초, 교대, 흙막이 벽체, 널말뚝 등 대부분의 지반구조물은 구조물의 일부이거나 목적구조물을 시공하기 위한 가설구조물인 경우가 많다. 지반구조물 설계 시 영구구조물인지 가설구조물인지에 따라 설계 조건이 바뀔 수 있으므로 주의해야 하며, 철저한 지반조사를 통해 지반 구성, 지반의 물리적 특성 및 역학적 특성, 지하수 조건 등을 파악한 후 설계에 임해야 한다. 그 밖에 시공조건, 환경조건 등도 고려하여 설계해야 하며, 경제적인 설계가 될 수 있도록 노력해야 한다. 지반구조물 설계 시 고려해야 할 일반적인 사항은 다음과 같다.

① 외부 하중, 토압 등에 대하여 충분히 안전해야 한다.
② 침하량, 변위량이 허용값 이내로 발생해야 한다.
③ 활동, 전도, 회전 등 지반구조물의 안정성에 영향을 줄 수 있는 요인에 대하여 안전해야 한다.
④ 기타 외력에 의해 지반구조물의 사용성에 영향을 줄 수 있는 요인에 대하여 안전해야 한다.
⑤ 지반구조물의 시공방법이 환경에 유해하지 않아야 한다.
⑥ 경제적이고 기술적으로 가능한 시공이 되도록 설계해야 한다.

▍참고문헌

편종근, 박용원, 김감래, 박영석, 박홍용, 여운광, 김철영, 윤병만, 김병일, 신동구, 김영욱
  (2004), 토목공학개론, 도서출판 새론.

권호진, 김동수, 박준범, 정성교(2001), 기초공학, 구미서관.

김상규(2002), 토질역학, 청문각, pp.223~224.

이춘석(2002), 토질 및 기초공학(이론과 실무), 예문사.

최인걸, 박영목(2006), 현장실무를 위한 지반공학, 구미서관.

한국시반공학회(1997), 구조물 기초 설계기준, 구미시관.

한국지반공학회(1992), 지반공학 시리즈 3, 굴착 및 흙막이 공법.

Bowles, J. E.(1977), Foundation Analysis and Design, 2nd ed., McGraw-Hill.

Das B. M.(2001), Principles of Foundation Engineering, Jones & Bartlett Publishers.

Das B. M.(2006), Principles of Geotechnical Engineering(6th edition), Thomson.

Lambe, T. W., and Whitman, R. V.(1969), Soil mechanics, John Wiley and Sons, New
  York.

02
옹벽

옹 벽

2.1 옹벽의 종류

옹벽은 절토와 성토 등의 토목공사 시 용지와 지형 등의 조건에 따라 흙 사면이 안전을 확보하지 못하는 장소에 토사의 붕괴를 막기 위해 설치하는 구조물이며, 70%가 산지인 우리나라에서 가장 흔하게 볼 수 있는 지반구조물이 바로 옹벽이다. 옹벽의 종류는 횡방향 흙의 압력을 어떠한 방법으로 처리하느냐에 따라 결정된다. 즉, 옹벽의 자체 무게로 횡방향 압력을 저항하는 방법, 옹벽 배후 지반 흙 무게를 옹벽 무게에 이용하는 방법과 배후 지반에 보강재를 설치하여 가벼운 재료로 횡방향 압력에 저항하는 방법이 있을 수 있다. 이에 따라 중력식 옹벽, 캔틸레버식 옹벽(역 T형, L형 등)과 보강토옹벽으로 나누어진다. 그 외에 부벽식 옹벽이나 선반식 옹벽도 있으며, 옛날에 많이 시공되었던 석축도 옹벽의 일종이라고 볼 수 있다. 그림 2.1은 대표적인 옹벽의 종류이다. 최근에는 비교적 연약지반에서도 높은 높이까지 시공이 가능한 보강토옹벽이 많이 시공되고 있으며, 주변에서 쉽게 찾아볼 수 있다.

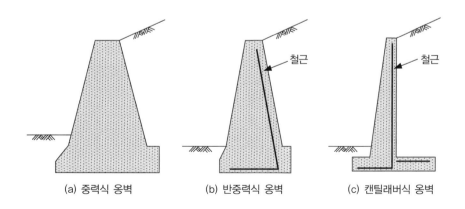

|(a) 중력식 옹벽|(b) 반중력식 옹벽|(c) 캔틸래버식 옹벽|

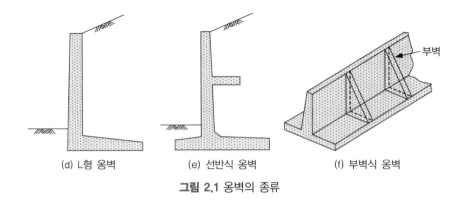

(d) L형 옹벽   (e) 선반식 옹벽   (f) 부벽식 옹벽

그림 2.1 옹벽의 종류

2.2 토 압

토압(earth pressure)이란 문자 그대로 흙의 압력을 의미하므로 연직방향과 수평방향의 토압이 발생할 수 있다. 그러나 옹벽은 주로 수평방향의 토압을 받는 구조물이므로 수평방향의 토압에 대한 검토가 필요하다. 수평방향의 토압은 일정한 것이 아니라 흙이 움직이는 양상에 따라 변화하며, 2.2.1절에서 설명하는 바와 같이 정지토압, 주동토압, 수동토압으로 나누어진다.

> 이 장에서 다루는 토압은 흙에 작용하는 수평압력을 의미하며, 연직방향 압력도 토압이므로 구별할 필요가 있을 때에는 지반구조물에 작용하는 토압을 횡방향 토압(lateral earth pressure)이라고 해도 좋다.

2.2.1 횡토압의 종류

1) 정지토압

자연적으로 퇴적된 지반 내와 같이 흙입자가 횡방향으로 변위가 없을 때의 토압을 말하며, 기호로 나타내면 정지토압은 $\sigma_h = K_0 \gamma h$이다(그림 2.2 참조).

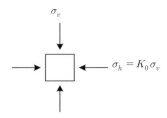

그림 2.2 지반 내 작용하는 응력(정지토압)

2) 주동토압

그림 2.3 (a)와 같이 정지상태로 있는 흙의 왼쪽을 연직으로 절취하고 옹벽을 설치하였다면 흙 입자는 옹벽방향으로 움직여 수평방향으로 팽창하게 된다. 흙 입자는 바깥으로 밀려갈수록 수평방향의 압력을 잃게 되며 결국에는 파괴상태에 이르게 된다. 이러한 상태의 토압을 주동토압이라고 한다.

3) 수동토압

그림 2.3 (b)와 같이 옹벽을 오른쪽으로 민다면 뒤채움 흙은 계속하여 압축을 받게 되어 수평방향으로 수축된다. 흙이 밀릴수록 저항력은 오히려 커져서 급기야 △ABC의 파괴쐐기가 발생하며 이때의 토압을 수동토압이라 한다.

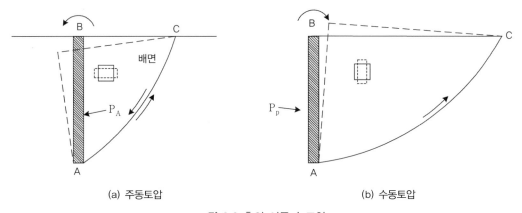

(a) 주동토압   (b) 수동토압

그림 2.3 흙의 이동과 토압

2.2.2 정지토압

그림 2.2에서 보는 것처럼 수평방향으로 변위가 없을 때의 토압인 정지토압(earth pressure at rest)은 토압계수 $K = \sigma_h / \sigma_v$를 써서 나타낼 수 있는데, 이때의 토압계수를 특별히 정지토압계수 K_0라고 한다. 정지토압계수를 탄성이론을 사용하여 유도하면 다음과 같은 관계가 있다.

$$K_0 = \frac{\nu}{1-\nu} \tag{2.1}$$

여기서, ν : 포아송비(Poisson's ratio)

흙은 탄성체가 아니므로 식 (2.1)을 적용하는 것은 무리가 따른다. Terzaghi (1934) 등 많은 사람이 연구를 수행한 결과 K_0 값은 흙이 균질한 경우 거의 일정하다는 것을 알았다. 따라서 이런 경우 정지토압의 크기는 지층 깊이에 따라 선형적으로 증가한다. 현재까지 K_0를 추정하는 공식들이 많이 제안되어 사용되고 있는데 흙의 종류에 따라 정리하면 다음과 같다.

사질토

$$K_0 = 1 - \sin\phi' \qquad \text{(Jaky, 1944)} \tag{2.2}$$

$$K_0 = 0.95 - \sin\phi' \qquad \text{(Brooker \& Ireland, 1965)} \tag{2.3}$$

여기서, ϕ' : 배수 전단저항각

정규압밀 점토

$$K_0 = 0.19 + 0.233\log(PI) \qquad \text{(Alpan, 1967)} \tag{2.4}$$

여기서, PI : 소성지수

과압밀 점토

$$K_0 = K_{0(\text{정규압밀})} \cdot \sqrt{OCR} \tag{2.5}$$

참 고 횡방향 변위가 없는 경우의 토압계수를 **정지토압계수**라고 하며, 정지토압계수를 탄성이론을 사용하여 유도하면 $K_0 = \dfrac{\nu}{1-\nu}$ 이다. 이 관계식을 유도하시오. 단, 식에서 ν는 **포아송비**이다.

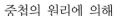 풀이

Hooke's 법칙에 의해

$$\epsilon_z = \frac{\sigma_z}{E}$$

$$\epsilon_x = \epsilon_y = -\nu\epsilon_z$$

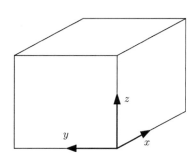

중첩의 원리에 의해

$$\epsilon_x = \frac{1}{E}\{\sigma_x - \nu(\sigma_y + \sigma_z)\}$$

$$\epsilon_y = \frac{1}{E}\{\sigma_y - \nu(\sigma_z + \sigma_x)\}$$

$$\epsilon_z = \frac{1}{E}\{\sigma_z - \nu(\sigma_x + \sigma_y)\}$$

여기서 x, y방향의 변위가 0이라면 $\epsilon_x = 0$, $\epsilon_y = 0$이며

$$\sigma_x = \nu(\sigma_y + \sigma_z) \qquad \cdots\cdots (1)$$
$$\sigma_y = \nu(\sigma_z + \sigma_x) \qquad \cdots\cdots (2)$$

식 (2)를 식 (1)에 대입하면

$$\sigma_x = \nu\{\nu(\sigma_z + \sigma_x) + \sigma_z\}$$
$$= \nu^2\sigma_z + \nu^2\sigma_x + \nu\sigma_z$$
$$(1-\nu^2)\sigma_x = \nu(1+\nu)\sigma_z$$
$$\sigma_x = \frac{\nu(1+\nu)\sigma_z}{(1+\nu)(1-\nu)} = \frac{\nu}{1-\nu}\sigma_z$$

$$\sigma_x = \sigma_h, \quad \sigma_z = \sigma_v \text{ 라 하면}$$

$$\therefore \ K_0 = \frac{\sigma_h}{\sigma_v} = \frac{\nu}{1-\nu}$$

2.2.3 토압과 변위의 관계

　주동토압과 수동토압은 벽체의 변위가 충분히 커서 극한평형상태(limiting state of equilibrium)가 되었을 때의 토압을 말한다. 그림 2.4는 느슨한 모래와 촘촘한 모래에 대해 시험한 변위와 토압계수의 관계를 나타내고 있다. 느슨한 모래에서는 벽체가 정지상태에서 벽체 앞쪽으로 변위되면서 토압계수가 크게 감소하나 촘촘한 모래에서는 토압계수가 처음에는 감소하다가 다시 증가한다. 촘촘한 모래에서 이러한 현상이 발생하는 이유는 체적이 팽창하면서 전단강도가 감소되기 때문이다. 한편, 벽체가 뒤쪽으로 밀리는 경우에는 토압계수가 크게 증가하며 수동토압 상태에 도달하는 벽체의 변위가 주동상태에 도달하는 벽체의 변위에 비해 매우 크다. 또한 수동상태의 토압계수는 주동상태에 비해 매우 큰 것을 알 수 있다. 시험에 따르면 점성토일수록 주동상태에 이르는 벽체의 변위는 모래에 비해 5~10배 정도 크며, 수동상태에 이르는 벽체의 변위는 모래와 큰 차이가 없는 것으로 알려졌다.

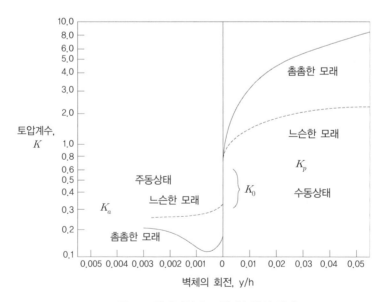

그림 2.4 벽체변위와 토압계수와의 관계

2.3 Rankine의 토압이론

Rankine은 소성파괴 이론을 이용하여 지반구조물에 작용하는 토압을 결정하는 방법을 제안하였다. 이 Rankine 토압론은 원래 지표면에 수평한 비점착성($c=0$)이고, 균질한 뒤채움과 미끄러운(벽마찰력이 없는) 벽면에 대하여 적용되었으나, 그 후에 점착성($c \neq 0$) 뒤채움과 배면 지표면이 경사진 경우에도 적용되도록 이론의 확장이 이루어졌다.

2.3.1 주동토압

그림 2.5 (a)는 흙막이 벽체 뒤의 흙이 팽창하여 벽체가 앞쪽으로 변위를 일으키는 경우를 나타내고 있다. 흙이 팽창할 때 수평면 위의 흙 무게는 변하지 않으므로 연직응력은 일정하지만 수평응력은 감소한다. 흙이 팽창하여 파괴에 도달할 수 있는데 이때를 Rankine의 주동상태라고 하며 파괴 시의 수평응력을 Rankine의 주동토압이라고 한다.

정지상태에서 주동상태로 변하는 응력상태는 그림 2.5 (b)에 보인 것처럼 Mohr 원으로 설명할 수 있다. 그림 2.5 (b)에서 점선원은 정지상태를 나타내며 Mohr-Coulomb의 파괴포락선에 접한 실선원은 주동상태의 응력을 나타낸다. 그림에서 알 수 있듯이 연직응력은 변화가 없으나, 수평응력은 점점 작아져 Mohr 원이 커지면서 파괴포락선에 접하게 된다. 수평응력이 Rankine의 주동토압 σ_{ha}이며, 다음과 같이 유도할 수 있다. 그림 2.5 (b)에서

$$\sin\phi = \frac{CD}{AC} = \frac{CD}{AO + OC} \tag{2.6}$$

그런데,

$$CD = \frac{\sigma_v - \sigma_{ha}}{2} \tag{2.7}$$

$$AO = c\cot\phi \tag{2.8}$$

$$OC = \frac{\sigma_v + \sigma_{ha}}{2} \tag{2.9}$$

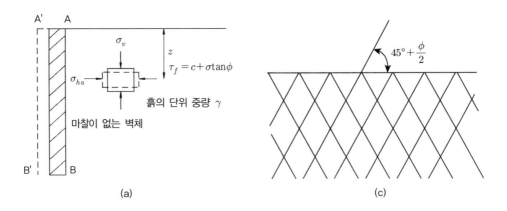

(a)

(c)

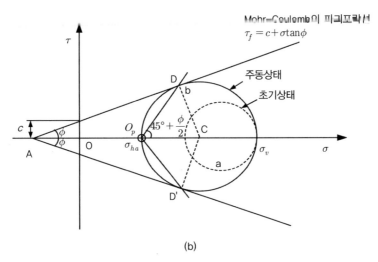

(b)

그림 2.5 Rankine의 주동토압

이므로 식(2.7)~(2.9)을 식 (2.6)에 대입하면

$$\sin\phi = \frac{\dfrac{\sigma_v - \sigma_{ha}}{2}}{c\cot\phi + \dfrac{\sigma_v + \sigma_{ha}}{2}} \tag{2.10}$$

를 얻는다. 우변의 분모를 양변에 곱해주면

$$c\cos\phi + \frac{\sigma_v + \sigma_{ha}}{2}\sin\phi = \frac{\sigma_v - \sigma_{ha}}{2} \tag{2.11}$$

양변에 2를 곱해주고 σ_{ha}에 대해서 정리하면

$$\sigma_{ha} = \sigma_v \frac{1-\sin\phi}{1+\sin\phi} - 2c\frac{\cos\phi}{1+\sin\phi} \tag{2.12}$$

가 된다. 위 식에서

$$\frac{1-\sin\phi}{1+\sin\phi} = \tan^2\left(45° - \frac{\phi}{2}\right) \tag{2.13}$$

$$\frac{\cos\phi}{1+\sin\phi} = \tan\left(45° - \frac{\phi}{2}\right) \tag{2.14}$$

로 쓸 수 있으므로 식 (2.13)과 (2.14)을 식 (2.12)에 대입하면

$$\sigma_{ha} = \gamma z \tan^2\left(45° - \frac{\phi}{2}\right) - 2c\tan\left(45° - \frac{\phi}{2}\right) \tag{2.15}$$

를 얻는다. 만일 벽체 뒤의 흙이 점착력이 없는 사질토로 이루어졌다면 식 (2.15)는 다음과 같다.

$$\sigma_{ha} = \gamma z \tan^2\left(45° - \frac{\phi}{2}\right) = \gamma z K_a \tag{2.16}$$

식 (2.16)으로부터 주동토압계수를 다음과 같이 얻을 수 있다.

$$K_a = \frac{\sigma_{ha}}{\sigma_v} = \tan^2\left(45° - \frac{\phi}{2}\right) \tag{2.17}$$

식 (2.15)를 보면 점착력이 있는 흙의 경우 어느 깊이까지는 부의 토압(인장력)이 작용함을 알 수 있다. 부의 토압이 작용하는 깊이를 z_0라고 하면 식 (2.15)로부터 z_0의 산정 식을 다음과 같이 얻을 수 있다(그림 2.6 참조).

$$\sigma_{ha} = 0 = \gamma z_0 \tan^2\left(45° - \frac{\phi}{2}\right) - 2c\tan\left(45° - \frac{\phi}{2}\right) \tag{2.18}$$

$$\therefore z_0 = \frac{2c}{\gamma}\tan\left(45° + \frac{\phi}{2}\right) = \frac{2c}{\gamma\sqrt{K_a}} \tag{2.19}$$

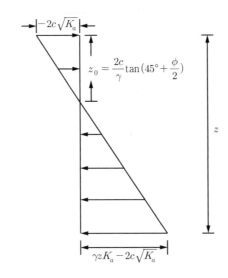

그림 2.6 점성토 지반의 주동토압 분포와 인장균열 깊이

점성토로 뒤채움할 때의 토압은 이론적으로 식 (2.15)를 써서 간단히 계산할 수 있다. 그러나 실제로는 인장력이 작용하지 않으므로 토압계산에서는 인장균열까지 (−)의 토압은 무시하고 그 아래의 수평응력만 고려하며, 인장균열 깊이까지는 토층무게를 상재하중으로 계산하여 계산한다. 여기에 대해서는 예제에서 설명한다.

그림 2.5 (b)에서 D 점은 활동면에 작용하는 수직응력과 전단응력을 나타낸다. 또한 평면기점 O_p에서 D에 그은 선분은 활동면의 방향을 나타낸다. 그림 2.5 (b)에서 활동면의 방향은 그림 2.5 (c)에서 보는 것처럼 최대 주응력면, 즉 σ_v가 작용하는 수평면과 $45° + \phi/2$의 각을 이룬다는 것을 알 수 있다.

※ 파괴면과 수평면이 이루는 각도

그림 2.5 (b)를 보면 D, D'점이 파괴면을 의미하므로 파괴면과 최대주응력이 작용되는 면사이의 각도는 $\pm(45°+\phi/2)$가 됨을 알 수 있다. 최대주응력이 작용되는 면은 수평면이므로 파괴면은 그림 2.5 (c)와 같이 될 것이다. 만일 옹벽구조물의 높이가 H로 제한되면 파괴면은 그림 2.7과 같다.

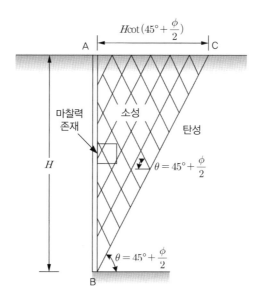

그림 2.7 높이 H인 옹벽의 파괴쐐기(Rankine의 주동토압의 경우)

2.3.2 수동토압

주동상태와는 반대로 구조물로부터 흙이 압축압력을 받으면 연직응력이 일정한 상태에서 수평응력은 증가한다. 흙이 압축압력을 받아 파괴에 도달할 때의 상태를 Rankine의 수동상태라고 하며, 이때의 수평응력을 Rankine의 수동토압이라고 한다. 그림 2.8 (b)에서 정지상태를 나타내는 점선의 Mohr 원은 수평응력이 증가함에 따라 처음에는 그 크기가 작아지다가 수평응력이 연직응력을 초과하여 실선 원처럼 Mohr-Coulomb의 파괴포락선에 접하게 되면 파괴상태에 도달하게 된다. 즉, 실선의 Mohr 원은 Rankine의 수동상태를 나타내며, 이때의 수평응력 σ_{hp}는 다음과 같이 유도될 수 있다.

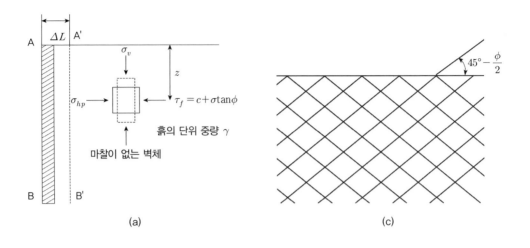

(a)   (c)

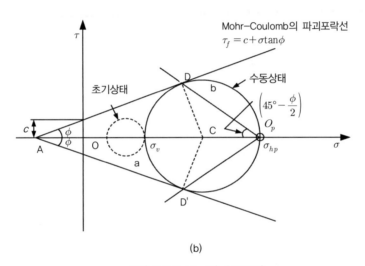

(b)

그림 2.8 Rakine의 수동토압

주동상태와 마찬가지로 그림 2.8 (b)에서

$$\sin\phi = \frac{CD}{AC} = \frac{CD}{AO + OC} \tag{2.20}$$

$$CD = \frac{\sigma_{hp} - \sigma_v}{2} \tag{2.21}$$

$$AO = c\cot\phi \tag{2.22}$$

$$OC = \frac{\sigma_v + \sigma_{hp}}{2} \qquad (2.23)$$

이므로 식 (2.21)~(2.23)을 식 (2.20)에 대입하면

$$\sin\phi = \frac{\dfrac{\sigma_{hp} - \sigma_v}{2}}{c\cot\phi + \dfrac{\sigma_v + \sigma_{hp}}{2}} \qquad (2.24)$$

이며, 식 (2.24)를 σ_{hp}에 대하여 정리하면 다음 식을 얻는다.

$$\sigma_{hp} = \sigma_v \frac{1 + \sin\phi}{1 - \sin\phi} + 2c \frac{\cos\phi}{1 - \sin\phi} \qquad (2.25)$$

여기서,

$$\frac{1 + \sin\phi}{1 - \sin\phi} = \tan^2\left(45° + \frac{\phi}{2}\right) = K_p = \frac{1}{K_a} \qquad (2.26)$$

$$\frac{\cos\phi}{1 - \sin\phi} = \tan\left(45° + \frac{\phi}{2}\right) = \sqrt{K_p} = \frac{1}{\sqrt{K_a}} \qquad (2.27)$$

따라서,

$$\sigma_{hp} = \gamma z K_p + 2c\sqrt{K_p} \qquad (2.28)$$

$$= \gamma z \tan^2\left(45° + \frac{\phi}{2}\right) + 2c\tan\left(45° + \frac{\phi}{2}\right) \qquad (2.29)$$

점착력이 없는 경우에는

$$\sigma_{hp} = \gamma z \tan^2\left(45° + \frac{\phi}{2}\right) = \gamma z K_p \qquad (2.30)$$

이다. 식 (2.29)의 수동토압 산정 식을 이용하여 깊이별 토압분포를 그리면 그림 2.9와 같다.

수동상태의 활동면 방향은 그림 2.8 (b)에서 보이는 것처럼 최소 주응력면 즉, σ_v가 작용하는 수평면과 $45° - \phi/2$의 각을 이룬다. 그림 2.8 (c)에 이러한 활동면의 방향이 나타나 있다.

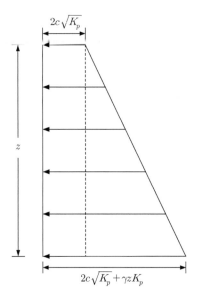

그림 2.9 점성토의 수동토압 분포

2.3.3 주동토압 및 수동토압이 되기 위한 조건

Rankine 이론이 적용되기 위해서는 다음에 열거하는 여러 가지 전제조건이 만족되어야 한다.

1) Rankine 토압의 기본 가정

Rankine 토압은 작은 요소에 작용하는 응력이 전체를 대표한다고 가정하고 유도된 토압이므로 부분적으로 존재하는 응력을 따로 고려할 방법이 없다. 예를 들어서 그림 2.10의 옹벽부와 뒤채움 흙 사이(AB 면)에 존재하는 마찰력은 AB 면에만 존재하는 부분적인 응력이므로

Rankine의 토압으로는 이를 고려할 수 없다. 즉, AB 면에는 마찰력이 없다고 가정하여야 Rankine의 토압을 구할 수 있다.

2) 소성상태가 되기 위한 흙의 변형

앞 절에서 서술한 대로 Rankine 토압이론은 한계상태(limit equilibrium state)에서의 평형이론, 즉 흙이 소성상태(plastic state)에 이르렀을 때의 평형 이론이다. 그림 2.7에서 ABC 쐐기 안에 있는 흙은 소성상태에 이르렀고, BC 면 외부의 지반은 탄성 상태에 있다고 가정하고 토압을 구하는 것이다. ABC 쐐기가 소성상태가 되기 위해서는 쐐기 안에 있는 지반이 수평방향으로 일률적으로 거의 같은 변형률을 가져야 한다. 그림 2.10 (a)에서 ABC의 흙쐐기가 주동의 소성상태가 되기 위해서는 옹벽이 하단 B를 중심으로 왼쪽으로 회전해야 한다. 그럴 때만이 흙의 변형률은 $\Delta L_a / L_a = \Delta l_a / l_a$로서 흙쐐기 안에 존재하는 흙의 변형률은 어느 위치에서나 같게 된다. 같은 원리로 그림 2.10 (b)에서 ABC의 흙쐐기가 수동의 소성상태가 되기 위해서는 역시 옹벽이 하단 B를 중심으로 오른쪽으로 $\Delta L_p / L_p = \Delta l_p / l_p$의 변형률이 발생되도록 회전해야 한다.

그림 2.10에서 주동토압이 되기 위한 회전각은 $\Delta L_a / H$, 수동토압이 되기 위한 회전각은 $\Delta L_p / H$이며, 앞에서 설명한 것처럼 일반적으로 미세한 회전각에도 흙쐐기는 쉽게 주동상태가 되나, 이와 반대로 수동상태가 되기 위한 회전각은 상당히 커야 한다. Rankine 소성상태에 이르기 위한 회전각이 표 2.1에 나타나 있다.

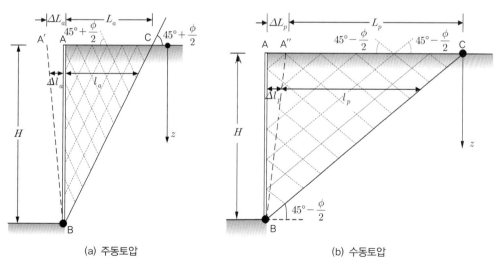

(a) 주동토압   (b) 수동토압

그림 2.10 토압이론이 적용되기 위한 옹벽의 거동

표 2.1 소성상태에 이르기 위한 옹벽의 최소회전각

흙의 종류	$\Delta L_a / H$	$\Delta L_p / H$
느슨한 모래	0.001~0.002	0.01
조밀한 모래	0.0005~0.001	0.005
연약한 점토	0.02	0.04
단단한 점토	0.01	0.02

3) Rankine의 주동토압 및 수동토압의 응력경로

Rankine의 주동토압 및 수동토압에 대한 응력경로가 그림 2.11에 표시되어 있다(단, 사질토의 경우에 한함). 그림에서 정지토압으로 표시되는 초기응력은 K_0 선상에 존재하고, 주동 및 수동상태는 소성, 즉 파괴상태를 의미하므로 K_f 선상에 있어야 한다는 것이다. 횡방향 토압의 종류에 따른 응력상태를 살펴보면 다음과 같다.

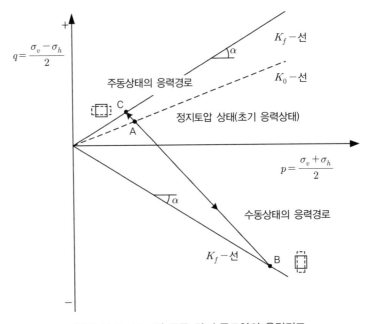

그림 2.11 Rankine의 주동 및 수동토압의 응력경로

* 초기응력(정지토압) : A 점

$$p = \frac{(1 + K_o)\sigma_v}{2}, \quad q = \frac{(1 - K_o)\sigma_v}{2}$$

$$\therefore A(p,\ q) = \left[\frac{(1+K_o)\sigma_v}{2},\ \frac{(1-K_o)\sigma_v}{2}\right]$$

$$K_0 - \text{선의 기울기},\ \beta = \frac{q}{p} = \frac{1-K_0}{1+K_0}$$

- 주동토압 : 그림 2.11의 C 점

$$p = \frac{\sigma_v + \sigma_a}{2} = \frac{(1+K_a)\sigma_v}{2},\ q = \frac{\sigma_v - \sigma_a}{2} = \frac{(1-K_a)\sigma_v}{2}$$

$$\therefore C(p,\ q) = C\left[\frac{(1+K_a)\sigma_v}{2},\ \frac{(1-K_a)\sigma_v}{2}\right]$$

$$K_f - \text{선의 기울기(1사분면)},\ \tan\alpha = \sin\phi = \frac{1-K_a}{1+K_a}$$

- 수동토압 : 그림 2.11의 B 점

$$p = \frac{\sigma_v + \sigma_p}{2} = \frac{(1+K_p)\sigma_v}{2},\ q = \frac{\sigma_v - \sigma_p}{2} = \frac{(1-K_p)\sigma_v}{2}$$

$$\therefore B(p,\ q) = C\left[\frac{(1+K_p)\sigma_v}{2},\ \frac{(1-K_p)\sigma_v}{2}\right]$$

$$K_f - \text{선의 기울기(4사분면)},\ -\tan\alpha = -\sin\phi = \frac{1-K_p}{1+K_p}$$

2.3.4 Rankine 이론에 의한 토압 산정방법

1) 뒤채움 흙이 균질한 경우 및 상재하중의 영향

옹벽에 작용하는 토압분포는 지반구조물 중 가장 삼각형 분포에 가까우며, 옹벽과 흙 사이에 마찰이 없다고 가정하면 앞의 Rankine 이론을 사용하여 옹벽에 작용하는 토압 및 그 분포를 구할 수 있다. 옹벽배면의 뒤채움에는 점성이 없는 사질토가 주로 사용되며, 따라서 흙이 균질한 경우 높이 H인 옹벽에 작용하는 주동토압의 분포는 식 (2.16)을 사용하여 구할 수 있으며, 그림 2.12 (b)와 같다.

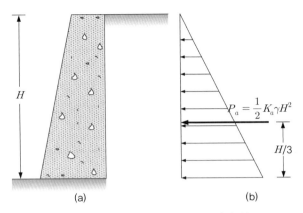

그림 2.12 옹벽에 작용하는 주동토압의 분포

그림 2.12 (b)에서 주동토압의 합력인 전주동력(total active thrust)은

$$P_a = \frac{1}{2}K_a\gamma H^2 \tag{2.31}$$

이며, 옹벽바닥으로부터 $H/3$ 지점에 작용한다. 그림 2.13 (a)와 같이 옹벽배면 지표면에 상재하중이 작용하면 이 하중으로 인해 연직응력이 증가하게 되고 이에 따라 토압도 증가하게 된다. 즉, 연직응력은 다음과 같이 나타낼 수 있고,

$$\sigma_v = \gamma z + q \tag{2.32}$$

이로 인한 주동토압 및 수동토압은 각각

$$\sigma_{ha} = K_a\sigma_v = K_a(\gamma z + q) \tag{2.33}$$

$$\sigma_{hp} = K_p\sigma_v = K_p(\gamma z + q) \tag{2.34}$$

이다. 그리고 토압의 합력인 전주동력과 전수동력은 다음과 같다.

$$P_a = \frac{1}{2}K_a\gamma H^2 + K_a qH \tag{2.35}$$

$$P_p = \frac{1}{2}K_p\gamma H^2 + K_p qH \tag{2.36}$$

상재하중이 옹벽배면 지표면에 작용할 때 주동토압 분포와 전주동력이 그림 2.13 (b)에 나타나 있다.

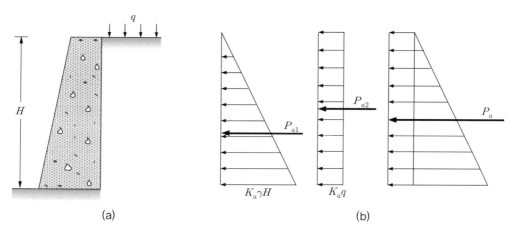

그림 2.13 상재하중이 작용하는 경우 주동토압 분포와 전주동력

2) 뒤채움이 여러 층으로 이루어진 경우

뒤채움이 흙의 종류가 다른 여러 지층으로 이루어진 경우에는 개략적인 방법으로 토압을 산정한다. 첫 번째 지층 내에서의 토압은 앞의 방법으로 구하고, 그 다음 층부터는 상부층 흙무게를 상재하중으로 간주하여 토압을 산정한 후 더한다. 이 경우에 대한 주동토압분포 및 전주동력은 그림 2.14에 나타나 있다.

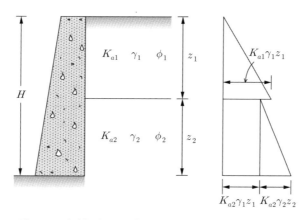

그림 2.14 뒤채움이 여러 층으로 이루어진 경우의 토압분포

3) 지하수위가 있는 경우

지하수위면 위의 흙은 앞의 방법에 의해 토압을 산정하고, 지하수위면 아래 흙에 대해서는 유효응력을 사용하여 토압을 구한다. 옹벽에 배수시설이 되어 있지 않거나 뒤채움 흙이 사질토가 아닌 경우에는 옹벽이 수압까지 지지해야 하므로 이때에는 그림 2.15에서 보이는 것처럼 수압도 계산해주어야 한다.

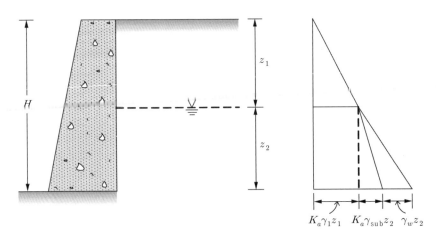

그림 2.15 지하수위가 있을 때의 토압

예제 2.1   그림과 같은 옹벽에 작용하는 주동토압의 분포도를 그리고 전주동력과 그 작용점을 구하시오.

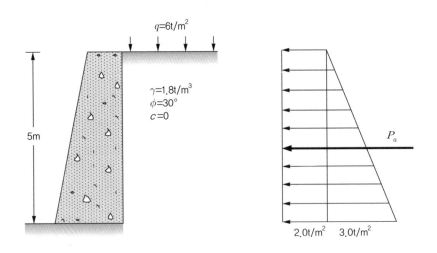

$\phi = 30°$이므로 $K_a = \tan^2\left(45° - \dfrac{\phi}{2}\right) = \dfrac{1}{3}$

상재하중이 없다고 생각하면 5m 깊이에서 주동토압은

$$\sigma_{ha} = K_a \gamma z = \frac{1}{3} \times 1.8 \times 5 = 3.0\,\text{t/m}^2$$

$$P_{a1} = \frac{1}{2} K_a \gamma H^2 = \frac{1}{2} \times \frac{1}{3} \times 1.8 \times 5^2 = 7.5\,\text{t/m}$$

상재하중으로 인한 수평토압은 5m 깊이에 관계없이 일정하므로

$$\sigma_{ha} = K_a q = \frac{1}{3} \times 6 = 2\,\text{t/m}^2$$

$$P_{a2} = K_a q H = \frac{1}{3} \times 6 \times 5 = 10\,\text{t/m}$$

따라서, 전주동력은

$$P_a = P_{a1} + P_{a2} = 17.5\,\text{t/m}$$

작용점은(바닥면 기준)

$$P_{a1} \cdot \frac{5}{3} + P_{a2} \cdot \frac{5}{2} = P_a \cdot y$$

$$y = \frac{7.5 \times \dfrac{5}{3} + 10 \times \dfrac{5}{2}}{17.5} = 2.14\,\text{m}$$

예제 2.2   그림과 같이 지하수위가 존재할 때 옹벽에 작용하는 전주동력을 구하시오.

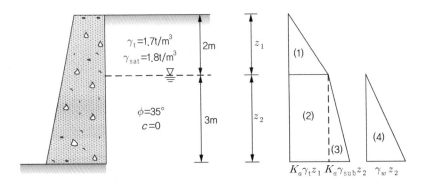

풀이

(1) $\dfrac{1}{2}K_a\gamma_t z_1^2 = \dfrac{1}{2}\times 0.27 \times 1.7 \times 2^2 = 0.92\,\text{t/m}$

(2) $K_a\gamma_t z_1 z_2 = 0.27 \times 1.7 \times 2 \times 3 = 2.75\,\text{t/m}$

(3) $\dfrac{1}{2}K_a\gamma_b z_2^2 = \dfrac{1}{2}\times 0.27 \times 0.8 \times 3^2 = 0.97\,\text{t/m}$

(4) $\dfrac{1}{2}\gamma_w z_2^2 = \dfrac{1}{2}\times 1 \times 3^2 = 4.5\,\text{t/m}$

따라서, 전주동력은 $9.14\,\text{t/m}$

예제 2.3   폭 2m, 높이 6m의 직사각형 옹벽이 있다. 옹벽 배면의 지표면이 수평이고, c=0, ϕ= 35°, γ_t=1.8t/m³인 모래로 뒤채움 되어 있다. 옹벽에 작용하는 전주동력 P_a를 Rankine 토압이론을 이용하여 구하시오.

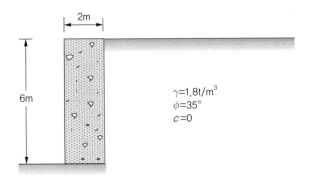

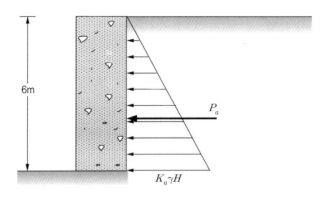

$\phi=35°$일 때 주동토압계수

$$K_a = \frac{1-\sin35°}{1+\sin35°} = 0.271$$

전주동력 $P_a = \frac{1}{2}K_a\gamma H^2 = \frac{1}{2}\times0.271\times1.8\times6^2 = 8.78\text{t/m}$

예제 2.4   그림과 같은 옹벽에 작용하는 전주동력과 그 작용점을 Rankine 토압이론을 이용하여 구하시오.

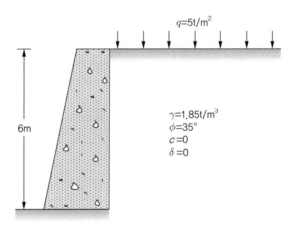

 풀이

상재하중 미고려 시 토압

주동토압계수 $K_a = \dfrac{1 - \sin 35°}{1 + \sin 35°} = 0.271$

주동토압 $P_a = \dfrac{1}{2}\gamma H^2 K_a = \dfrac{1}{2} \times 1.85 \times 6^2 \times 0.271 = 9.02\text{t/m}$

상재하중에 의한 토압 $P_a = K_a q_s H = 0.271 \times 5 \times 6 = 8.13\text{t/m}$

합력 $P_a = 9.02 + 8.13 = 17.15\text{t/m}$

합력의 작용점(바닥면을 기준으로 하였을 경우)

$$y = \frac{9.02 \times 2 + 8.13 \times 3}{9.02 + 8.13} = 2.47\text{m}$$

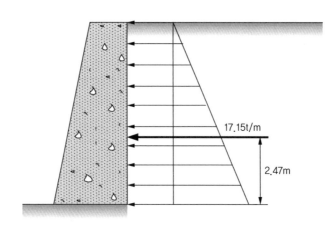

예제 2.5 그림과 같은 옹벽에 작용하는 전주동토압 및 작용 위치를 Rankine의 토압이론으로 산정하시오.

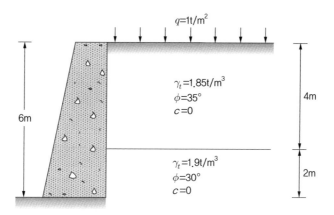

$$K_{a1} = \frac{1 - \sin 35°}{1 + \sin 35°} = 0.271, \ K_{a2} = \frac{1 - \sin 30°}{1 + \sin 30°} = 0.33$$

① $P_{a1} = K_{a1} \cdot q \cdot H_1 = 0.271 \times 1 \times 4 = 1.08 \text{t/m}$

② $P_{a2} = K_{a2} \cdot q \cdot H_1 = 0.33 \times 1 \times 2 = 0.66 \text{t/m}$

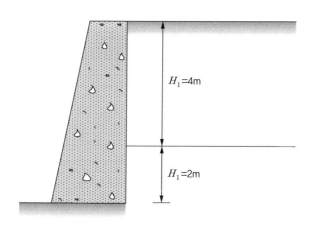
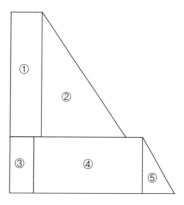

③ $P_{a3} = \frac{1}{2} K_{a1} \cdot \gamma_1 \cdot H_1^2 = \frac{1}{2} \times 0.271 \times 1.85 \times 4^2 = 4.01 \text{t/m}$

④ $P_{a4} = K_{a2} \cdot \gamma_1 \cdot H_1 \cdot H_2 = 0.33 \times 1.85 \times 4 \times 2 = 4.88 \text{t/m}$

⑤ $P_{a5} = \frac{1}{2} K_{a2} \cdot \gamma_2 \cdot H_2^2 = \frac{1}{2} \times 0.33 \times 1.9 \times 2^2 = 1.25 \text{t/m}$

$\therefore P_a = 1.08 + 0.66 + 4.01 + 4.88 + 1.25 = 11.88 \ \text{t/m}$

합력의 작용점(바닥면을 기준으로 하였을 경우)

$$
y = \frac{P_{a1}\left(H_2 + \dfrac{H_1}{2}\right) + P_{a2} \times \dfrac{H_2}{2} + P_{a3} \times \left(H_2 + \dfrac{H_1}{3}\right) + P_{a4} \times \dfrac{H_2}{2} + P_{a5} \times \dfrac{H_2}{3}}{P_a}
$$

$$
= \frac{1.08 \times \left(2 + \dfrac{4}{2}\right) + 0.66 \times \dfrac{2}{2} + 4.01 \times \left(2 + \dfrac{4}{3}\right) + 4.88 \times \dfrac{2}{2} + 1.25 \times \dfrac{2}{3}}{11.88}
$$

$$
= 2.03\mathrm{m}(\text{옹벽 바닥으로부터})
$$

예제 2.6 그림과 같은 높이 6m인 옹벽에 인장균열이 발생한 후에 작용하는 전주동력을 Rankine 토압이론을 이용하여 구하시오. 단, 인장균열 깊이 위에 있는 흙은 상재하중으로 간주한다.

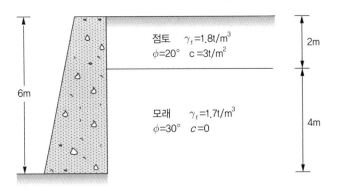

풀이

점토층 $K_a = \tan^2\left(45° - \dfrac{20°}{2}\right) = 0.49$

인장균열의 깊이, $z_c = \dfrac{2c}{\gamma}\sqrt{K_p} = \dfrac{2 \times 3}{1.8} \times \sqrt{\dfrac{1}{0.49}} = 4.76\mathrm{m}$

$\qquad\qquad\qquad \rightarrow$ 2m까지 인장균열 발생

모래층 $K_a = \tan^2\left(45° + \dfrac{30°}{2}\right) = 0.33$

$\quad \sigma_{h1} = 1.8 \times 2 \times 0.33 = 1.19\mathrm{t/m}$

$\quad \sigma_{h2} = 1.7 \times 4 \times 0.33 = 2.24\mathrm{t/m}$

$$\therefore P_a = 1.19 \times 4 + 2.24 \times 4 \times \frac{1}{2} = 9.24 \ \text{t/m}$$

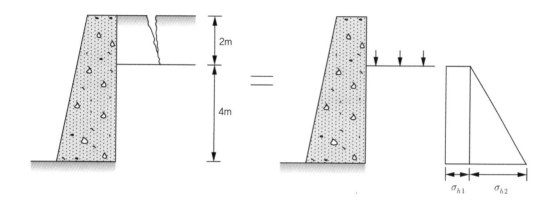

2.3.5 지표면이 경사진 경우의 Rankine 토압

지표면이 경사진 경우에도 Rankine 이론을 적용하여 토압을 산정할 수 있다. 이때 토압의 방향은 지표면과 평행하다고 가정한다. 그림 2.16 (a)에서 보인 바와 같이 평행사변형 형태의 미소요소를 고려하자. 지표면의 길이 방향으로 b인 이 요소에 작용하는 연직력은 $\gamma z \times b \cos i$ 이므로 연직응력은 다음과 같다.

$$\sigma_v = \gamma z \cos i \tag{2.37}$$

σ_v=OA가 되도록 수평면과 i의 각도로 A점을 찍었다면 c=0인 흙이 주동상태가 되었을 때를 표시하는 Mohr 원은 A점을 통과하고 파괴포락선에 접하게 된다. 그러면 B가 O_p가 되고 O_p에서 연직으로 그은 선분이 Mohr 원과 만나는 점이 B′일 때 OB′의 길이가 주동토압의 크기를 나타내게 된다. 다시 말하면, 그림 2.16 (b)에서 점 A는 지표면과 평행한 요소의 면에 작용하는 응력을 나타내며, 점 B′는 요소의 연직면에 작용하는 응력을 나타낸다. 따라서 주동토압계수는 다음과 같이 구할 수 있다.

$$\therefore K_a = \frac{\sigma_{ha}}{\sigma_v} = \frac{\text{OB}'}{\text{OA}} = \frac{\text{OB}}{\text{OA}} = \frac{\text{OD} - \text{AD}}{\text{OD} + \text{AD}} \tag{2.38}$$

여기서,

$$OD = OC\ \cos i \tag{2.39}$$

$$AD = \sqrt{AC^2 - CD^2}\ \text{이고,} \tag{2.40}$$

또한,

$$AC = CH = OC\ \sin\phi \tag{2.41}$$

$$CD = OC\ \sin\phi \tag{2.42}$$

이므로

$$AD = \sqrt{OC^2 \sin^2\phi - OC^2 \sin^2 i} = OC\ \sqrt{\sin^2\phi - \sin^2 i}$$
$$= OC\ \sqrt{\cos i^2 - \cos^2\phi} \tag{2.43}$$

를 얻는다.

그러므로 주동토압계수는 다음과 같다.

$$K_a = \frac{\cos i - \sqrt{\cos^2 i - \cos^2\phi}}{\cos i + \sqrt{\cos^2 i - \cos^2\phi}} \tag{2.44}$$

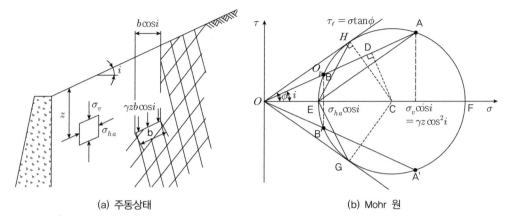

(a) 주동상태　　　　　　　　　　(b) Mohr 원

그림 2.16 지표면이 경사졌을 때의 주동 및 수동토압

식 (2.37)과 식 (2.44)로부터

수평응력은

$$\sigma_{ha} = K_a \sigma_v = K_a \cdot \gamma z \cos i \tag{2.45}$$

이고, 또한 전주동력은

$$P_a = \frac{1}{2} K_a \cdot \gamma H^2 \cos i \tag{2.46}$$

이다.

수동토압도 같은 방법으로 구할 수 있다. $K_p = \dfrac{\sigma_{hp}}{\sigma_v} = \dfrac{\mathrm{OA}}{\mathrm{OB'}}$ 이므로 수동토압계수는

$$K_p = \frac{\cos i + \sqrt{\cos^2 i - \cos^2 \phi}}{\cos i - \sqrt{\cos^2 i - \cos^2 \phi}} = \frac{1}{K_a} \tag{2.47}$$

이고, 수평응력은

$$\sigma_{hp} = K_p \sigma_v = K_p \gamma z \cos i \tag{2.48}$$

따라서 전수동력은 다음과 같다.

$$P_p = \frac{1}{2} K_p \cdot \gamma H^2 \cos i \tag{2.49}$$

2.4 Coulomb의 토압이론

Rankine은 벽체가 미끄러워서 벽체 배면과 흙 사이의 마찰이 전혀 없다고 가정하고 토압 공식을 유도하였지만, 실제에 있어서는 벽체와 흙 사이에 마찰이 존재하므로 벽체 가까이에서 는 수평면이나 연직면이 주응력면이 되지 않는다. 이 마찰 성분은 토압이 작용하는 방향과 활동선에 영향을 끼친다.

그림 2.17과 같이 벽마찰이 존재하는 실제의 주동활동선은 직선과 곡선부분으로 이루어진다. 이것은 지표면 근처에서는 연직면과 수평면에 마찰력이 없기 때문에 최대주응력면과 $45° + \phi/2$ 의 각을 이루나, 벽체를 따라서 마찰력이 존재하므로 벽체 가까이서는 곡선이 된다. 벽체가 회전으로 파괴될 때 흙덩이 ABC는 하향으로 움직이게 되고 이에 따라 $\overline{AB}$ 면과 $\overline{AC}$ 면을 따라 마찰이 생긴다. 따라서 $\overline{AB}$ 면에 작용하는 반력(주동토압)은 $\overline{AB}$ 면의 수직면과 δ만큼 상향으로 기울어져 작용하게 된다.

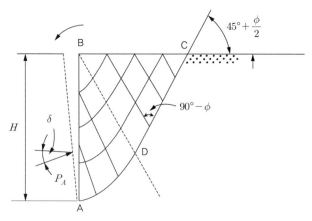

그림 2.17 벽마찰이 있을 때 주동상태

뒤채움이 수동토압을 받을 때에는 흙덩이 ABC는 상방향으로 움직이므로 토압은 그림 2.18 과 같이 $\overline{AB}$ 면의 수직면과 δ만큼 하향으로 기울어진다. 토압에 대한 이론은 1773년 Coulomb 에 의해 처음으로 발표되었다. Coulomb은 흙쐐기의 극한 평형상태를 고려하여 토압을 산정하는 식을 제안하였는데 Coulomb의 토압이론에 사용된 가정은 다음과 같다.

① 흙은 등방성이고 균질하며, 전단저항각만 가지고 있다.
② 파괴면은 평면이다.
③ 마찰력은 파괴면을 따라 균등하게 작용한다.
④ 파괴쐐기는 강체이다.
⑤ 파괴는 평면변형 문제이다.

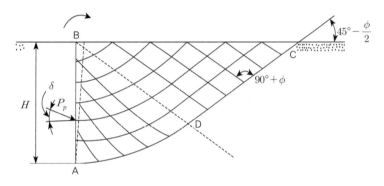

그림 2.18 벽마찰이 있을 때 수동상태

2.4.1 주동토압

Coulomb은 벽체가 앞쪽으로 기울어져 흙쐐기 ABC가 활동을 일으키면, $\overline{AB}$ 면을 따라 생기는 힘 P_a와 전단면 $\overline{BC}$ 면을 따라 생기는 반력 F에 의해 저항된다고 가정하였다. 이때 주동토압은 $\overline{AB}$ 면과 $\overline{BC}$ 면을 따라 생기는 저항력이 전단응력과 동일하게 될 때의 토압이다. 그림 2.19 (a)에서 흙쐐기의 무게 W는 크기와 방향을 알고, 주동토압(P_a)과 $\overline{BC}$ 면을 따른 반력(F)은 방향을 알 수 있으므로 그림 2.19 (b)와 같은 힘의 다각형을 그릴 수 있다.

그림 2.19 (b)에서 sine 법칙으로부터

$$\frac{W}{\sin(90°+\theta+\delta-\beta+\phi)} = \frac{P_a}{\sin(\beta-\phi)} \tag{2.50}$$

따라서,

$$P_a = \frac{\sin(\beta-\phi)}{\sin(90°+\theta+\delta-\beta+\phi)} \cdot W \tag{2.51}$$

이 된다. 그림 2.19 (a)에서

$$W = \frac{1}{2}(\overline{AD})(\overline{BC}) \cdot \gamma \tag{2.52}$$

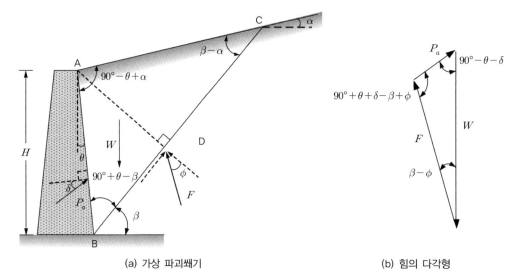

(a) 가상 파괴쐐기   (b) 힘의 다각형

그림 2.19 Coulomb의 주동토압

이며,

$$\overline{AD} = \overline{AB} \cdot \sin(90°+\theta-\beta)$$
$$= \frac{H}{\cos\theta} \cdot \sin(90°+\theta-\beta) = H \cdot \frac{\cos(\theta-\beta)}{\cos\theta} \tag{2.53}$$

또한, sine 법칙으로부터

$$\frac{\overline{AB}}{\sin(\beta-\alpha)} = \frac{\overline{BC}}{\sin(90°-\theta+\alpha)} \tag{2.54}$$

이 성립하고, 따라서

$$\overline{BC} = \frac{\cos(\theta-\alpha)}{\sin(\beta-\alpha)} \cdot \overline{AB} = \frac{\cos(\theta-\alpha)}{\cos\theta \cdot \sin(\beta-\alpha)} \cdot H \tag{2.55}$$

이다.

식 (2.53) 및 (2.55)를 식 (2.52)에 대입하면

$$W = \frac{1}{2}\gamma H^2 \left[\frac{\cos(\theta-\beta) \cdot \cos(\theta-\alpha)}{\cos^2\theta \cdot \sin(\beta-\alpha)} \right] \tag{2.56}$$

을 얻는다. 식 (2.56)을 식 (2.51)에 대입하면 Coulomb의 주동토압 산정 식을 다음과 같이 얻을 수 있다.

$$P_a = \frac{1}{2}\gamma H^2 \left[\frac{\cos(\theta-\beta) \cdot \cos(\theta-\alpha) \cdot \sin(\theta-\phi)}{\cos^2\theta \cdot \sin(\beta-\alpha) \cdot \sin(90°+\theta+\delta-\beta+\phi)} \right] \tag{2.57}$$

식 (2.57)에서 γ, H, θ, α, ϕ, δ는 일정한 값이므로 주동토압 P_a는 β값에 따라 달라진다. 최대값 P_a는 식 (2.57)을 $\dfrac{\partial P_a}{\partial\beta}=0$으로 놓아 구할 수 있다. 즉,

$$P_a = \frac{1}{2}\gamma H^2 \frac{\cos^2(\phi-\theta)}{\cos^2\theta \cdot \cos(\delta+\theta)\left[1+\sqrt{\dfrac{\sin(\delta+\phi) \cdot \sin(\phi-\alpha)}{\cos(\delta+\theta) \cdot \cos(\theta-\alpha)}}\right]^2}$$

$$= \frac{1}{2}\gamma H^2 K_a \tag{2.58}$$

이다. 식 (2.58)에서 $\alpha = 0°$, $\theta = 0°$, $\delta = 0°$이면

$$K_a = \frac{\cos^2\phi}{(1+\sin\phi)^2} = \frac{1-\sin^2\phi}{(1+\sin\phi)(1+\sin\phi)} = \frac{1-\sin\phi}{1+\sin\phi} \tag{2.59}$$

가 되어서 Rankine의 주동토압계수와 같아진다. 표 2.2에는 벽체 배면이 연직이고($\theta = 0$), 지표면이 수평($\alpha = 0$)인 경우에 대한 주동토압계수가 주어져 있다.

표 2.2 $\theta = 0°$, $\alpha = 0°$에 대한 K_a

$\phi(°)$	$\delta(°)$					
	0	5	10	15	20	25
28	0.3610	0.3448	0.3330	0.3251	0.3203	0.3186
30	0.3333	0.3189	0.3085	0.3014	0.2973	0.2956
32	0.3073	0.2945	0.2853	0.2791	0.2755	0.2745
34	0.2827	0.2714	0.2633	0.2579	0.2549	0.2542
36	0.2596	0.2497	0.2426	0.2379	0.2354	0.2350
38	0.2379	0.2292	0.2230	0.2190	0.2169	0.2167
40	0.2174	0.2098	0.2045	0.2011	0.1994	0.1995
42	0.1982	0.1916	0.1870	0.1841	0.1828	0.1831

표 2.2에서 벽마찰력을 고려한 경우 δ값이 증가함에 따라 K_a값이 감소함을 알 수 있다. 이것은 벽과의 마찰저항에 의해 주동토압이 감소함을 의미하며, 벽마찰이 존재하는 실제 주동토압은 Rankine 이론에 의한 토압보다 작다는 것을 나타낸다.

2.4.2 수동토압

수동토압도 유사한 방법으로 구할 수 있다. 마찬가지 계산과정으로

$$P_p = \frac{1}{2}K_p\gamma H^2$$

$$= \frac{1}{2}\gamma H^2 \frac{\cos^2(\phi+\theta)}{\cos^2\theta \cdot \cos(\delta-\theta)\left[1-\sqrt{\dfrac{\sin(\delta+\phi)\cdot\sin(\phi-\alpha)}{\cos(\delta+\theta)\cdot\cos(\theta-\alpha)}}\right]^2} \quad (2.60)$$

식 (2.60)에서 $\alpha=0°$, $\theta=0°$, $\delta=0°$이면

$$K_p = \frac{\cos^2\phi}{(1-\sin\phi)^2} = \frac{1-\sin^2\phi}{(1-\sin\phi)(1-\sin\phi)} = \frac{1+\sin\phi}{1-\sin\phi} \quad (2.61)$$

가 되어 Rankine의 수동토압계수와 같아진다. 표 2.3에서는 $\alpha=0°$, $\theta=0°$에 대한 수동토압계수가 나타나 있다.

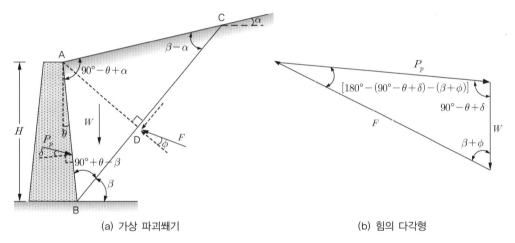

(a) 가상 파괴쐐기   (b) 힘의 다각형

그림 2.20 Coulomb의 수동토압

표 2.3에서 벽 마찰각을 고려한 경우, δ값이 증가함에 따라 K_p값이 증가함을 알 수 있다. 이것은 벽과의 마찰에 의해 수동토압이 증가함을 의미하는데, Coulomb의 이론을 사용하여 토압을 산정하는 경우 수동토압을 과대평가할 염려가 있다(특히, $\delta>\phi/2$인 경우).

표 2.3 $\theta=0°$, $\alpha=0°$에 대한 K_p

$\phi°$	δ				
	0	5	10	15	20
15	1.6984	1.9010	2.1313	2.4033	2.7349
20	2.0396	2.3127	2.6354	3.0293	3.5250
25	2.4639	2.8335	3.2852	3.8548	4.5967
30	3.0000	3.5052	4.1433	4.9765	6.1054
35	3.6902	4.3914	5.3088	6.5547	8.3239
40	4.5989	5.5930	6.9460	8.8720	11.7715

예제 2.7 $\phi'=30°$, $c'=0$, $\gamma_t=1.8t/m^3$의 사질토로 지표면을 수평하게 뒤채움하고자 한다. 옹벽의 높이는 $H=10.0m$이고, $\delta=\phi'$이다. Coulomb 토압에 의해 전주동력과 전수동력을 구하시오.

풀이

$$\alpha=0, \quad \theta=0$$

주동상태 : $K_a = \dfrac{\cos^2\phi}{\cos\delta\left(1+\sqrt{\dfrac{\sin(\delta+\phi)\cdot\sin\phi}{\cos\delta}}\right)^2} = 0.297$

$$\therefore P_a = \frac{1}{2}\times1.8\times10^2\times0.297 = 26.73\,t/m$$

수동상태 : $K_p = \dfrac{\cos^2\phi}{\cos\delta\left(1-\sqrt{\dfrac{\sin(\delta+\phi)\cdot\sin\phi}{\cos\delta}}\right)^2} = 10.095$

$$\therefore P_p = \frac{1}{2}\times1.8\times10^2\times10.095 = 908.55\,t/m$$

2.4.3 상재하중 작용 시 Coulomb의 토압

그림 2.21과 같이 지표면에 등분포 상재하중 q가 작용할 때 Coulomb 이론에 의해 토압을 식 (2.62)에 의해 간단히 산정할 수 있다.

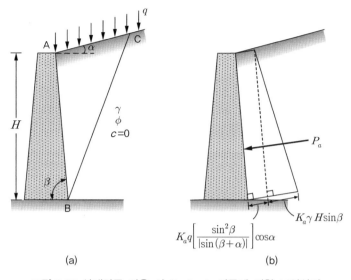

그림 2.21 상재하중 작용 시 Coulomb 이론에 의한 토압산정

$$P_a = \frac{1}{2} K_a \gamma_{eq} H^2 \tag{2.62}$$

$$\gamma_{eq} = \gamma + \left[\frac{\sin\beta}{\sin(\beta+\alpha)} \right] \left(\frac{2q}{H} \right) \cos\alpha \tag{2.63}$$

식 (2.62)에서와 같이 γ_{eq}를 사용하여 상재하중 효과를 등가단위중량으로 고려하여 토압을 산정할 수도 있으며, 그림 2.21 (b)에서 보는 것처럼 토압분포와 함께 상재하중으로 인한 토압을 산정하여 전체 토압을 구할 수도 있다. 예제 2.8에서 두 가지 방법으로 계산하는 과정을 확인하기 바란다.

예제 2.8 그림 2.21과 같은 옹벽에서 H=5m, q=3t/m^2, γ=2.0t/m^3, α=20°, β=70°, c=0, ϕ=30°, δ=20°일 때 옹벽에 작용하는 전주동력을 구하시오.

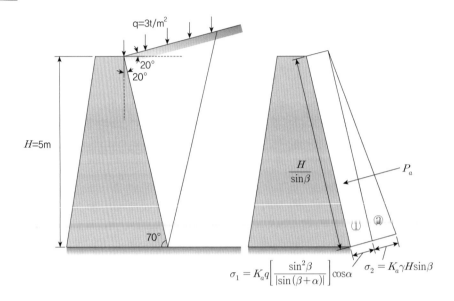

$$\sigma_1 = K_a q \left[\frac{\sin^2\beta}{|\sin(\beta+\alpha)|} \right] \cos\alpha \qquad \sigma_2 = K_a \gamma H \sin\beta$$

방법 1

$$K_a = \frac{\cos^2(\phi-\theta)}{\cos^2\theta\cos(\delta+\theta)\left[1+\sqrt{\dfrac{\sin(\delta+\phi)\sin(\phi-\alpha)}{\cos(\delta+\theta)\cos(\theta-\alpha)}}\right]^2}$$

$$= \frac{\cos^2(30-20)}{\cos^2 20\cos(20+20)\left[1+\sqrt{\dfrac{\sin(20+30)\sin(30-20)}{\cos(20+20)\cos(20-20)}}\right]^2} = 0.714$$

$$\sigma_1 = K_a q \left(\frac{\sin^2\beta}{|\sin(\beta+\alpha)|} \right) \cos\alpha$$

$$= (0.714)(3)\left(\frac{\sin^2 70}{|\sin(70+20)|} \right)(\cos 20) = 1.777 \ \ \text{t/m}^2$$

$$\sigma_2 = K_a \gamma H \sin\beta$$

$$= (0.714)(2)(5)(\sin 70) = 6.709\,\text{t/m}^2$$

$$P_a = \sigma_1 \times \frac{H}{\sin\beta} + \frac{1}{2}\sigma_2\frac{H}{\sin\beta}$$

$$= 1.777 \times \frac{5}{\sin 70°} + \frac{1}{2} \times 6.709 \times \frac{5}{\sin 70°}$$

$$= 27.304 \, \text{t/m}$$

방법 2

$$\gamma_{eq} = \gamma + \left[\frac{\sin \beta}{\sin(\beta + \alpha)} \right] \left(\frac{2q}{H} \right) \cos \alpha$$

$$= 2 + \left[\frac{\sin 70}{\sin(70 + 20)} \right] \left(\frac{2 \cdot 3}{5} \right) \cos 20 = 3.060 \, \text{t/m}^3$$

$$P_a = \frac{1}{2} K_a \gamma_{eq} H^2$$

$$= \left(\frac{1}{2} \right)(0.714)(3.060)(5^2) = 27.311 \, \text{t/m}$$

2.5 Culmann의 도해법

Coulomb의 이론을 근거로 하여 도해법으로 토압을 계산하는 방법이 Culmann(1875)에 의해 제안되었다. Culmann의 도해법은 여러 가지 파괴쐐기를 가정하여 도식적으로 토압의 최대치를 구하고 그 값을 설계치로 선택하는 방법이며, 주동토압의 계산과정은 다음과 같다.

(1) 뒤채움한 옹벽의 지반 조건들을 적당한 축척으로 그린다.
(2) $\overline{BD}$ 와 $\overline{BE}$ 를 긋는다.
    ϕ = 뒤채움 흙의 내부마찰각
    $\psi = 90° - \theta - \delta$

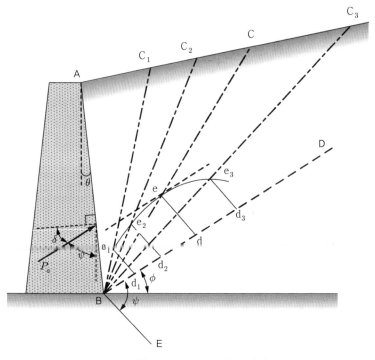

그림 2.22 Culmann의 도해법

(3) 가상 파괴면(쐐기) BC_1, BC_2, BC_3를 그린다.

(4) 파괴쐐기의 무게를 흙의 이층(異層), 지하수 조건 등을 고려하여 계산한다.

$$W_1 = (ABC_1의\ 면적) \times \gamma \times 1$$

$$W_2 = (ABC_2의\ 면적) \times \gamma \times 1$$

$$W_3 = (ABC_3의\ 면적) \times \gamma \times 1$$

(5) $\overline{BD}$ 선 위에 계산된 쐐기의 무게를 적당한 축척($d_1, d_2,\ d_3 \cdots$)으로 나타낸다.

(6) 점 $d_1, d_2,\ d_3 \cdots$ 에서 $\overline{BE}$ 에 평행하게 선을 그어 $\overline{BC_1}$, $\overline{BC_2}$, $\overline{BC_3}$와 만나는 점들을 찾는다($e_1,\ e_2,\ e_3 \cdots$).

(7) $e_1,\ e_2,\ e_3 \cdots$를 연결하는 곡선을 그린다. 이 곡선이 Culmann 선이다.

(8) Culmann 선에 접하면서 $\overline{BD}$ 에 평행한 선을 긋는다(접점 e).

(9) 접점 e에서 $\overline{BE}$ 와 평행하며 $\overline{BD}$ 와 만나도록 선을 긋는다(d 점).

(10) $\overline{de}$ 길이가 P_a에 해당하며, 축척을 곱해주면 주동토압을 구할 수 있다. 이때 ABC는 예상파괴쐐기를 나타낸다.

Culmann은 벽마찰각 δ, 뒤채움의 불규칙성, 하중의 형태, 흙의 내부마찰각 등을 고려하였기 때문에 점성토에 대한 보정이 가능하지만 주로 점성이 없는 흙에만 적용된다. 또한 이층(異層)지반에 대하여도 적용 가능하지만 어떠한 경우에도 내부마찰각은 흙 전체를 통해 일정해야만 한다. Culmann의 도해법으로 구한 주동토압은 Rankine의 토압이론으로 구한 값보다 훨씬 작고, Coulomb 토압과도 차이가 있지만 주동토압에 있어서는 이 차이가 별로 크지 않다고 알려져 있다. 즉, 공학적으로 적용 가능하다고 알려져 있다. Culmann은 수동토압을 도해법으로 산정하는 방법을 제안하였으나 여기서는 다루지 않기로 한다.

2.6 상재하중에 의한 횡토압

2.6.1 선하중에 의한 횡토압

지표면에 선하중이 작용할 때 옹벽 또는 흙막이벽에 작용하는 횡방향 응력은 Boussinesq (1885)가 제안한 탄성이론에 의해 다음과 같이 산정할 수 있다. 그림 2.23과 같이 옹벽 또는 흙막이 벽체로부터 aH만큼 떨어진 지표면에 선하중이 작용한다면 지표면으로부터 bH 깊이에 발생하는 수평응력은 다음과 같다.

$$\sigma = \frac{4q}{\pi H} \frac{a^2 b}{(a^2 + b^2)^2} \qquad a > 0.4\text{인 경우} \tag{2.64}$$

$$\sigma = \frac{q}{H} \frac{0.203 b}{(0.16 + b^2)^2} \qquad a \le 0.4\text{인 경우} \tag{2.65}$$

수평응력에 의한 단위 폭당 작용력(P)은 σ를 0부터 H까지 z에 대하여 적분하여 다음과 같이 구할 수 있다.

$$P = \frac{2q}{\pi} \frac{1}{a^2 + 1} \qquad a > 0.4\text{인 경우} \tag{2.66}$$

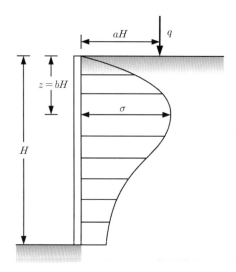

그림 2.23 선하중에 의한 횡방향 토압

2.6.2 분포하중에 의한 횡토압

그림 2.24와 같이 지표면에 등분포 띠하중 q가 작용할 때 옹벽의 깊이 z에서 발생하는 수평응력의 크기는 다음과 같다.

$$\sigma = \frac{2q}{\pi}(\beta - \sin\beta\cos2\alpha) \tag{2.67}$$

그림 2.24에 나타낸 깊이에 따른 수평응력 σ에 의해 발생하는 전체 작용력(P)과 작용 위치 $\bar{z}$를 구하면 다음과 같다(Jarquio, 1981).

$$P = \frac{q}{90°}\left[H(\theta_2 - \theta_1)\right] \tag{2.68}$$

$$\theta_1 = \tan^{-1}\left(\frac{b'}{H}\right) \qquad (°) \tag{2.69}$$

$$\theta_2 = \tan^{-1}\left(\frac{a'+b'}{H}\right) \qquad (°) \tag{2.70}$$

$$\bar{z} = H - \frac{H^2(\theta_2 - \theta_1) + (R - Q) - 57.30a'H}{2H(\theta_2 - \theta_1)} \tag{2.71}$$

$$= \frac{H^2(\theta_2 - \theta_1) - (R - Q) + 57.30a'H}{2H(\theta_2 - \theta_1)} \tag{2.72}$$

$$R = (a' + b')^2 (90° - \theta_2) \tag{2.73}$$

$$Q = b'^2 (90° - \theta_1) \tag{2.74}$$

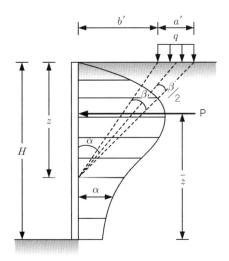

그림 2.24 띠하중에 의한 횡방향 토압

2.7 옹벽의 설계

2.7.1 옹벽 설계의 기본개념

옹벽에는 중력식 옹벽과 캔틸레버식 옹벽이 대표적이며, 콘크리트 자중에 의해 토압을 저항하는 중력식 옹벽에 비해 저판 위의 뒤채움 흙이 옹벽의 일부로써 토압에 저항하는 캔틸레버식 옹벽이 일반적으로 더 경제적이다. 그림 2.25에는 중력식 및 캔틸레버식 옹벽의 일반적 형상이 나타나 있다. 그림 2.25에서 보는 것처럼 옹벽의 본체 상부 폭은 원활한 콘크리트 타설을 위해 최소한 0.3m 이상 되어야 하며, 지표면에서 옹벽 저판 바닥까지의 깊이 D 는 최소한 0.6m 이상, 그리고 저판 바닥은 동결선 아래에 위치해야 한다. 또한 부벽식 옹벽의 경우 부벽의 두께는 약 0.3m 정도이어야 하고 부벽 간격은 $0.3H \sim 0.7H$ 가 되어야 한다.

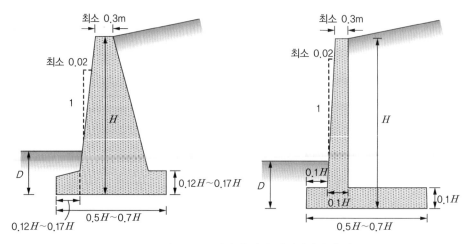

그림 2.25 중력식 옹벽과 캔틸레버식 옹벽

그림 2.26 (a)는 단순화시킨 중력식 옹벽이며, 옹벽 배면으로부터 작용하는 전주동력 P_a 를 옹벽의 자중 W와 옹벽 앞면의 전수동력 P_p 에 의해 저항함을 나타낸다. 옹벽에 작용하는 힘들의 평형을 고려한 힘의 다각형을 그리면 그림 2.26 (b)와 같다.

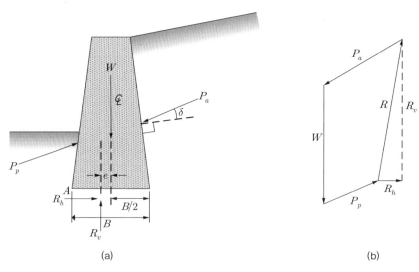

(a)   (b)

그림 2.26 중력식 옹벽에 작용하는 힘

그림 2.26 (b)로부터 옹벽에 작용하는 외력에 의한 옹벽 바닥에서의 반력의 크기를 다음과 같이 산정할 수 있다.

$$R_v = W + P_{av} - P_{pv} \tag{2.75}$$

$$R_h = P_{ah} - P_{pv} \tag{2.76}$$

일반적으로 옹벽 앞쪽의 기초 깊이는 작으므로 앞면에 작용하는 수동토압은 무시하고 안전측으로 계산하는 경우가 많다. 옹벽에 작용하는 외력들의 총합 즉, 반력 R은 그림 2.26 (a)에서 보는 것처럼 옹벽의 무게 중심으로부터 편심량 e만큼 떨어져서 작용하게 되는데 수동토압을 무시하고 편심량 e를 산정하면 다음과 같다. 그림 2.26의 점 A에서 모멘트 평형을 고려하면

$$W \cdot \frac{B}{2} - P_a \cdot x = R_v \cdot y \tag{2.77}$$

y에 대하여 정리하면

$$y = \frac{1}{R_v}\left(W \cdot \frac{B}{2} - P_a \cdot x\right) \tag{2.78}$$

식 (2.78)에 의해 반력 R의 위치를 알 수 있으며, 편심량 e는

$$e = \frac{B}{2} - y \tag{2.79}$$

이다.

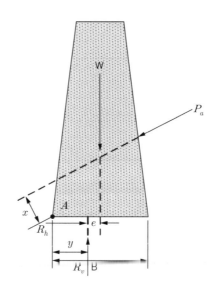

그림 2.27 반력 R의 위치 및 편심량

편심이 존재하는 경우 반력 R_v의 옹벽 바닥의 분포는 그림 2.28과 같이 옹벽 앞굽의 압력이 뒷굽보다 크게 된다. 또한, 편심량이 $B/6$보다 큰 경우에는 그림 2.28 (c)에서처럼 옹벽 뒷굽에는 압축력이 작용하지 않게 되고 옹벽이 들리게 된다.

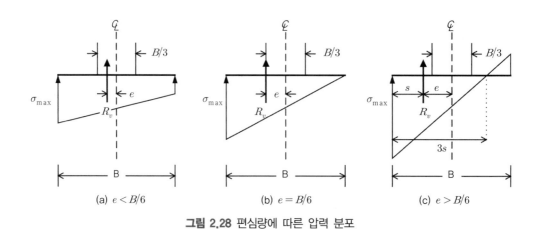

그림 2.28 편심량에 따른 압력 분포

옹벽 설계에 있어서 고려해야 할 사항들은 다음과 같다.

1) 옹벽은 수평활동에 대해 안전해야 한다.

$$F_s = \frac{R_v \cdot \tan\delta}{R_h} \tag{2.80}$$

여기서, δ는 옹벽과 흙 사이의 마찰각이며 활동에 대한 최소 안전율은 보통 1.5이다.

전수평반력 R_h를 산정할 때 옹벽 앞면에 작용하는 수동토압은 무시하거나 반만 고려하여 안전측으로 계산하는 것이 일반적이다. 전연직반력 R_v를 산정할 때 옹벽 앞면의 수동토압은 무시한다.

2) 옹벽에 작용하는 압력은 허용지지력보다 작아야 한다.

옹벽에 작용하는 외력들에 의한 옹벽 바닥의 압력 분포는 그림 2.28과 같으며, 최대 및 최소 압력을 산정하는 식은 다음과 같다.

$e \leq B/6$인 경우 [그림 2.28의 (a), (b)]

$$\sigma_{\substack{\max \\ \min}} = \frac{R_v}{B}\left(1 \pm \frac{6e}{B}\right) \tag{2.81}$$

$e > B/6$인 경우 [그림 2.28의 (c)]

$$\sigma_{\max} = \frac{4}{3} \cdot \frac{R_v}{B-2e} \tag{2.82}$$

식 (2.81) 또는 식 (2.82)에 의해 산정된 압력은 기초의 허용지지력보다 작아야 한다.

3) 전도에 대하여 안전해야 한다.

옹벽의 전도에 대한 안전율을 계산하는 방법은 여러 가지가 있으며, 어느 방법을 사용하느냐에 따라 안전율은 차이가 있다. 그림 2.28에서 보는 것처럼 편심량 e가 $B/6$를 초과하지 않는다면 작용 외력들의 총합, 즉 R은 옹벽 바닥판 중앙 1/3 이내에 있으므로 전도에 대해 안전하다고 볼 수 있다. R이 그림 2.28 (c)와 같이 중앙 1/3을 벗어나면 옹벽 바닥판의 일부가 들리므로 불안정해진다. 일반적으로 옹벽은 편심량이 $B/6$를 초과하지 않도록 설계되며, 전도에 대한 안전율도 동시에 검토하여 충분히 안전율이 확보되어 있는지 확인하는 것이 보통이다. 전도에 대한 안전율은 1.5~2이다.

2.7.2 횡토압 이론의 설계 적용

두 가지 대표적인 토압이론을 적용하여 옹벽을 설계할 때 고려하는 토압분포와 작용 위치는 다음과 같다.

1) Rankine 토압

옹벽 설계 시 Rankine 토압을 적용할 때 토압은 그림 2.29에서 보는 것처럼 캔틸레버식 옹벽이나 중력식 옹벽 모두 옹벽 뒷굽에서 가상의 연직선을 그려 그 선위에 작용하는 것으로 가정한다. 토압은 지표면과 평행하게 작용하므로 전체 토압은 지표면과 평행하게 옹벽바닥으로부터 1/3 지점에 작용한다.

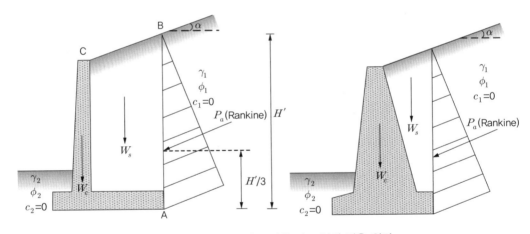

그림 2.29 Rankine 이론 적용 시 토압의 작용 위치

2) Coulomb 토압

옹벽 설계 시 Coulomb 토압은 중력식 옹벽에만 적용되는데 이때 토압은 그림 2.30에서 보는 것처럼 옹벽 배면에 직접 작용하며, 옹벽 배면의 직각방향에 대해 δ만큼 기울어져 작용한다.

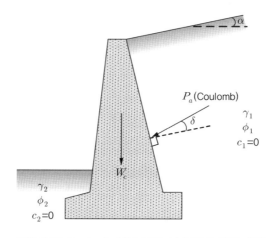

그림 2.30 Coulomb 이론 적용 시 토압의 작용 위치

2.7.3 옹벽 설계 순서

옹벽 설계 순서는 일반적으로 아래와 같은 과정을 거치며, ③에서 가정된 단면이 ④, ⑤, ⑥의 과정에서 기준값을 만족하지 못하면 단면을 수정하고 다시 계산하여 안전율을 만족하면 설계가 완료된다.

① 지형조사, 지반 및 뒤채움 흙의 토질조사
② 조사결과와 관련 시방서에 따라 설계조건 결정
③ 옹벽의 형식을 선택, 단면을 가정
④ 옹벽의 자중, 옹벽에 작용하는 토압과 뒤채움 흙 위의 상재하중의 크기 계산
⑤ 옹벽에 대한 안정 검토
⑥ 옹벽부재의 단면력 계산을 수행하여 철근량을 산정, 필요한 경우 단면 수정
⑦ 뒤채움 흙의 종류에 따라 배수시설의 형식과 벽체의 세부구조 결정

2.7.4 옹벽의 안정성 검토

옹벽 설계 시 안정성 검토는 필수이며 매우 중요하다. 안정성 검토 순서는 다음과 같다.

① 앞굽(toe)을 기점으로 한 전도(overturning)에 대한 검토
② 기초지반을 따라서 발생하는 활동파괴(sliding failure)에 대한 검토

③ 기초지반의 지지력 파괴(bearing capacity failure)에 대한 검토

④ 침하(settlement)에 대한 검토

⑤ 전반적인 안정성(overall stability)에 대한 검토

Rankine 토압이론을 적용하여 각 단계별 안정성 검토방법을 설명하면 다음과 같다.

1) 전도에 대한 검토

먼저 캔틸레버 옹벽의 전도에 대한 검토방법은 다음과 같다. Rankine 토압에 의한 캔틸레버식 옹벽에 작용하는 토압은 그림 2.31과 같다. 앞 굽(그림 2.31의 C점)에 대한 전도 안전율을 구하는 식은 다음과 같다.

$$FS = \frac{\sum M_R}{\sum M_0} \tag{2.83}$$

$\sum M_0$: 점 C를 중심으로 한 전도 모멘트의 합

$\sum M_R$: 점 C를 중심으로 전도에 저항하는 모멘트의 합

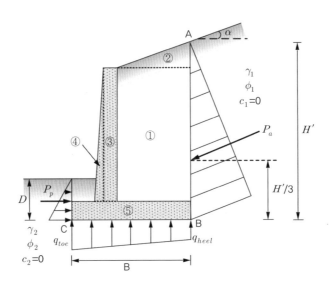

그림 2.31 캔틸레버식 옹벽의 안정성 검토

일반적으로 전도에 대한 안전율은 2.0 이상이 되도록 설계한다. 전도 모멘트는 식 (2.84)에 의해 구할 수 있다.

$$\sum M_0 = P_h \left(\frac{H'}{3} \right) \tag{2.84}$$

$$P_h = P_a \cos\alpha \tag{2.85}$$

저항 모멘트 M_R은 뒷굽판 위에 있는 흙의 무게와 옹벽의 자중 및 수직분력 $P_v (= P_a \sin a)$ 등에 의해 발생하며, 일반적으로 저항 모멘트 고려 시 수동토압 P_p 는 무시하는 것이 보통이다. 전도에 대한 안정성은 옹벽에 작용하는 모든 힘들의 합력의 작용점이 저판 폭의 중앙 1/3 이내에 있는 경우에는 문제가 없기 때문에 생략할 수 있다.

그림 2.32와 같은 중력식 옹벽의 전도에 대한 검토도 캔틸레버식 옹벽과 똑같은 방법으로 수행할 수 있다.

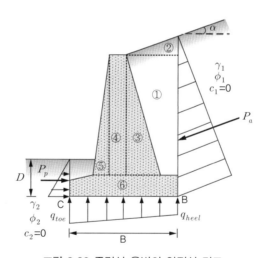

그림 2.32 중력식 옹벽의 안정성 검토

2) 활동파괴에 대한 검토

활동에 대한 안전율은 식 (2.86)과 같이 구할 수 있다.

$$FS = \frac{\sum F_{R'}}{\sum F_d} \tag{2.86}$$

$\sum F_{R'}$: 수평저항력의 합

$\sum F_d$: 수평작용력의 합

그림 2.33에서 옹벽에 활동을 일으키려는 힘인 수평작용력은 다음과 같이 주동토압의 수평분력에 의해서 발생한다.

$$\sum F_d = P_a \cos\alpha \tag{2.87}$$

이때 활동에 저항하는 저항력은 흙의 전단강도에 의한 저항력(옹벽 저판에 작용하는 마찰력과 점착력)과 옹벽 전면에 작용하는 수동토압의 합이라고 할 수 있다. 흙의 전단강도는

$$s = \sigma\tan\phi_2 + c_2 \tag{2.88}$$

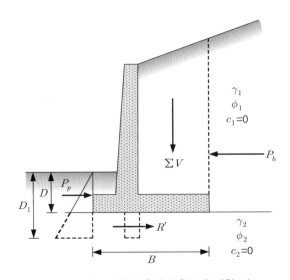

그림 2.33 캔틸레버식 옹벽의 활동에 대한 검토

으로 나타낼 수 있으며, 따라서 흙의 전단강도에 의한 벽체 단위 길이당 최대 저항력은 다음 식들과 같이 나타낼 수 있다.

$$R' = s \times 단면적 = s(B \times 1) = B\sigma \tan\phi_2 + Bc_2 \tag{2.89}$$

$$B\sigma = \sum V \tag{2.90}$$

$$\therefore R' = (\sum V)\tan\phi_2 + Bc_2 \tag{2.91}$$

옹벽 전면에 작용하는 수동토압까지 고려하면 수평저항력은

$$\sum F_{R'} = (\sum V)\tan\phi_2 + Bc_2 + P_p \tag{2.92}$$

로 표현할 수 있다.

식 (2.86)에 수평저항력과 수평작용력을 대입하면 안전율은 다음과 같다.

$$FS = \frac{(\sum V)\tan\phi_2 + Bc_2 + P_p}{P_a\cos\alpha} \tag{2.93}$$

일반적으로 활동에 대한 안전율은 1.5 이상을 요구하고 있다. 식 (2.93)을 사용하여 안전율을 산정할 때 저항력 중 수동토압력 P_p를 무시하는 경우가 많으며, ϕ_2, c_2는 다음과 같이 감소된 값을 사용한다.

$$\therefore FS = \frac{(\sum V)\tan(k_1\phi_2) + Bk_2c_2 + P_p}{P_a\cos\alpha} \tag{2.94}$$

k_1, k_2 : 1/2~2/3 사이의 계수

활동에 대한 검토 결과, 소정의 안전율 확보가 어려운 경우에는 그림 2.33에서 점선으로 표시한 것처럼 옹벽 저판에 쐐기(base key) 설치하여 활동에 대한 저항력을 확보하기도 한다. 저판 쐐기가 없는 경우와 있는 경우의 토압을 산정하는 공식을 비교하면 다음과 같다.

- 저판 쐐기가 없는 경우 : $P_p = \dfrac{1}{2}\gamma_2 D^2 K_p + 2c_2 D\sqrt{K_p}$ $\tag{2.95}$

- 저판 쐐기를 설치한 경우 : $P_p = \dfrac{1}{2}\gamma_2 D_1^2 K_p + 2c_2 D_1 \sqrt{K_p}$ (2.96)

3) 지지력 파괴에 대한 검토

옹벽 저판을 통해 흙으로 전달되는 압력은 지반의 허용지지력보다 작아야 한다. 옹벽 저판을 통하여 흙으로 전달되는 압력은 그림 2.34에서와 같이 옹벽 앞굽에서 가장 크며 뒷굽에서 가장 작은 분포를 보이는 것이 보통이다.

그림 2.34에서 연직력과 수평력의 합력은 다음과 같다.

$$\vec{R} = \overrightarrow{\sum V} + \overrightarrow{(P_a\cos\alpha)}$$ (2.97)

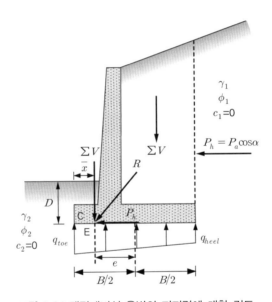

그림 2.34 캔틸레버식 옹벽의 지지력에 대한 검토

옹벽 앞굽 점 C에 대한 순 모멘트는

$$M_{net} = \sum M_R - \sum M_0$$ (2.98)

이고, 합력 R의 작용선이 점 E에서 저판과 교차하며, CE의 거리는 다음과 같이 구할 수 있다.

$$\overline{CE} = \overline{X} = \frac{M_{net}}{\sum V} \tag{2.99}$$

그러므로 합력 R의 편심거리(옹벽 저판 중앙으로부터의 편심거리)는 다음과 같다.

$$e = \frac{B}{2} - \overline{CE} \tag{2.100}$$

저판 아래의 압력 분포는 재료역학의 원리로부터 다음과 같이 구할 수 있다.

$$q = \frac{\sum V}{A} \pm \frac{M_{net} \cdot y}{I} \tag{2.101}$$

$$M_{net} = \sum Ve \tag{2.102}$$

I : 기초저판 단면의 단위 길이당 단면 2차 모멘트$(= \frac{B^3}{12})$

최대 압력 q_{max}은 $y = \frac{B}{2}$를 대입하여, 또한 최소압력 q_{min}은 $y = -\frac{B}{2}$를 대입하여 다음과 같이 구할 수 있다.

$$q_{toe} = q_{max} = \frac{\sum V}{B \times 1} + \frac{e(\sum V)\frac{B}{2}}{\frac{B^3}{12}} = \frac{\sum V}{B}\left(1 + \frac{6e}{B}\right) \tag{2.103}$$

$$q_{heel} = q_{min} = \frac{\sum V}{B}\left(1 - \frac{6e}{B}\right) \tag{2.104}$$

만약 편심거리가 $e > B/6$일 경우 q_{min}은 (−)가 되므로 이것은 옹벽 저판 뒷굽 부분에서 인장응력이 발생한다는 것을 의미하고, 흙은 인장강도가 매우 작기 때문에 이렇게 설계하는 것은 좋지 않다. 따라서 편심거리 e가 $B/6$보다 큰 값이 되면 설계단면의 재조정이 필요하며, 단면을 다시 가정하여 계산을 반복해야 한다.

얕은 기초의 극한지지력을 산정하는 식은 다음과 같으며, 식 (2.103)에 의해 계산되는 q_{max} 값은 다음의 극한지지력을 적당한 안전율로 나눈 허용지지력보다 작은 값이 얻어지도록 설계해야 한다.

$$q_u = c_2 N_c F_{cd} F_{ci} + q N_q F_{qd} F_{qi} + \frac{1}{2} \gamma_2 B' N_\gamma F_{\gamma d} F_{\gamma i} \tag{2.105}$$

$$(\text{띠기초} : F_{cs} = F_{qs} = F_{\gamma s} = 1)$$

$$q = \gamma_2 D \tag{2.106}$$

$$B' = B - 2e \tag{2.107}$$

$$F_{cd} = 1 + 0.4 \frac{D}{B} \tag{2.108}$$

$$F_{qd} = 1 + 2\tan\phi_2 (1 - \sin\phi_2)^2 \frac{D}{B} \tag{2.109}$$

$$F_{\gamma d} = 1 \tag{2.110}$$

$$F_{ci} = F_{qi} = \left(1 - \frac{\Psi}{90}\right)^2 \tag{2.111}$$

$$F_{\gamma i} = \left(1 - \frac{\Psi}{\phi_2}\right)^2 \tag{2.112}$$

$$\Psi = \tan^{-1}\left(\frac{P_a \cos\alpha}{\sum V}\right) \tag{2.113}$$

※ 파괴에 대한 안전율

$$FS = \frac{q_u}{q_{max}}$$

지지력파괴에 대한 안전율은 3을 적용하는데, 얕은 기초의 극한지지력은 기초 폭의 약 10%에 해당하는 침하로부터 발생하므로 기초 폭이 큰 옹벽의 경우 극한지지력 개념으로 구한 설계하중 작용시 침하량이 허용침하량을 초과하는 경우가 있을 수 있으므로 지지력 파괴에 대한 안전율 3이 모든 경우에 있어서 구조물 안전을 확신시킨다는 보장이 없다.

4) 옹벽의 외적 안정성에 대한 검토

옹벽을 설계할 때 옹벽을 포함한 주변 지반의 전체적인 외적 안정성을 검토해야 한다. 옹벽 주변 지반에는 그림 2.35와 같은 얕은 전단파괴(shallow shear failure)가 발생하거나 그림 2.36과 같은 깊은 전단파괴(deep shear failure)가 발생할 수 있다. 얕은 전단파괴는 옹벽 저판 아래의 지반 내에 매우 큰 전단응력이 발생할 때 생기며, 파괴는 옹벽 저판 하부지반에 뒷굽을 통과하는 원주 모양의 면 abc를 따라 발생한다. 일반적으로 수평방향의 활동에 대한 안전율이 1.5보다 크면 얕은 전단파괴가 발생하지 않는다.

한편, 깊은 전단파괴는 옹벽 하부지반에 옹벽 폭의 약 1.5배 이내에 연약층이 존재할 때 발생한다. 그림 2.36에서 보는 것처럼 깊은 전단파괴는 원호 abc를 따라 발생하는데 원호 abc는 시행착오에 의해 결정할 수 있다. 뒤채움 경사각 α가 10°보다 작은 경우에는 한계 활동면(critical surface of sliding)은 뒤굽판의 가장자리를 통과한다(원호 def).

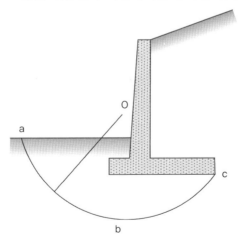

그림 2.35 얕은 전단파괴에 대한 검토

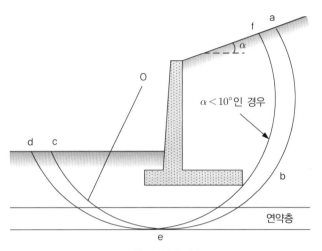

그림 2.36 깊은 전단파괴에 대한 검토

예제 2.9 그림과 같은 옹벽이 있을 때, 이 옹벽의 전도 및 활동에 대한 안전율을 구하시오. 전도 및 활동에 대한 안전율 산정 시 옹벽전면의 수동토압은 무시하시오. 또한 토압산정 시에는 Rankine 토압을 적용하며(벽마찰 무시), 활동에 대한 안전율 산정 시 벽마찰각은 $\delta=20°$, 옹벽의 단위중량은 2.4t/m³로 가정하시오.

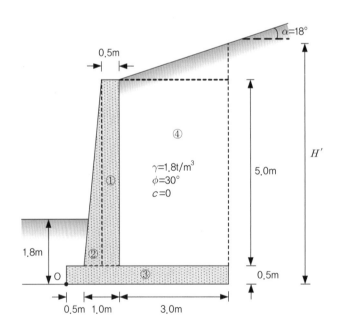

$$H' = 0.5 + 5 + 3\tan18° = 6.475\,\text{m}$$

$$K_a = \frac{\cos i - \sqrt{\cos^2 i - \cos^2 \phi}}{\cos i + \sqrt{\cos^2 i - \cos^2 \phi}} = \frac{\cos18° - \sqrt{\cos^2 18° - \cos^2 30°}}{\cos18° + \sqrt{\cos^2 18° - \cos^2 30°}} = 0.415$$

$$P_a = \frac{1}{2}\gamma H'^2 K_a \cos i = \left(\frac{1}{2}\right)(1.8)(6.475^2)(0.415)(\cos18°) = 14.893\,\text{t/m}$$

$$P_v = P_a \sin i = (14.893)(\sin18°) = 4.602\,\text{t/m}$$

$$P_h = P_a \cos i = (14.893)(\cos18°) = 14.164\,\text{t/m}$$

단면	면적(m²)	단위 길이당 무게(t/m)	O점에서의 팔길이(m)	저항 모멘트(t·m/m)
①	$(0.5)(5) = 2.5$	$(2.4)(2.5) = 6$	1.250	7.500
②	$(1/2)(5)(0.5) = 1.25$	$(2.4)(1.25) = 3$	0.833	2.499
③	$(4.5)(0.5) = 2.25$	$(2.4)(2.25) = 5.4$	2.250	12.150
④	$(5)(3) = 15$	$(1.8)(15) = 27$	3.000	81.000
⑤	$(1/2)(3)(3\tan18) = 1.46$	$(1.8)(1.46) = 2.628$	3.500	9.198
Σ		44.028		112.347

(1) 전도에 대한 안전율

① 전도 모멘트, M_D(x는 모멘트 팔길이)

$$M_D = P_h x = P_h \frac{1}{3}H' = (14.164)\left(\frac{1}{3}\right)(6.475) = 30.571\,\text{t·m/m}$$

② 저항 모멘트(x_i는 모멘트 팔길이)

$$M_R = w_c x_1 + w_s x_2 + P_v B = 112.347 + (4.602)(4.5) = 133.056\,\text{t·m/m}$$

$$\therefore\ F_s = \frac{M_R}{M_D} = \frac{133.056}{30.571} = 4.352$$

(2) 활동에 대한 안전율

① 수평작용력의 합, ΣF_d

$$\Sigma F_d = P_h = 14.164\,\text{t/m}$$

② 수평저항력의 합, ΣF_R

$$K_p = \tan^2\left(45 + \frac{30}{2}\right) = 3$$

$$\Sigma F_R = \Sigma V \cdot \tan\delta + B \cdot c + P_p = \Sigma V \cdot \tan\delta = (44.028 + 4.602)(\tan 20) = 17.700\,\text{t/m}$$

$$\therefore\ F_s = \frac{\Sigma F_R}{\Sigma F_d} = \frac{17.700}{14.164} = 1.250$$

📍예제 2.10 그림과 같은 중력식 옹벽의 전도와 활동에 대한 안전율을 Coulomb 토압이론을 사용하여 구하시오. 단, 지반의 허용지지력은 q_a=30t/m^{2}이고, 콘크리트의 단위중량은 γ_c=2.4t/m^3, $\delta = \dfrac{2}{3}\phi$이라고 가정하시오.

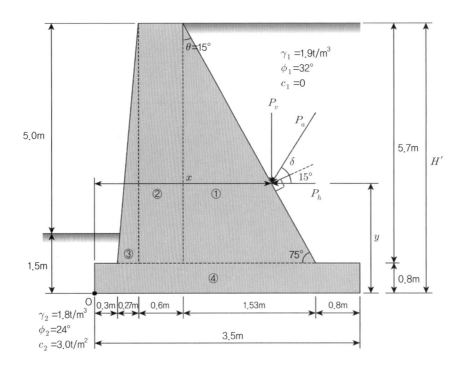

풀이

$$H' = 5.7 + 0.8 = 6.5\,\text{m}$$

$$x = 0.3 + 0.27 + 0.6 + \left(\frac{4.333}{6.5}\right)(1.745) = 2.333\,\text{m},$$

$$y = \frac{1}{3}H' = \left(\frac{1}{3}\right)(6.5) = 2.167\,\text{m}$$

$$\delta = \frac{2}{3}\phi_1 = \left(\frac{2}{3}\right)(32) = 21.333°$$

$$K_a = \frac{\cos^2(\phi-\theta)}{\cos^2\theta\cos(\delta+\theta)\left[1+\sqrt{\dfrac{\sin(\delta+\phi)\sin(\phi-\alpha)}{\cos(\delta+\theta)\cos(\theta-\alpha)}}\right]^2}$$

$$= \frac{\cos^2(32°-15°)}{\cos^2 15°\cos(21.333°+15°)\left[1+\sqrt{\dfrac{\sin(21.333°+32°)\sin(32°-0)}{\cos(21.333°+15°)\cos(15°-0)}}\right]^2} = 0.414$$

$$P_a = \frac{1}{2}\gamma_1 H'^2 K_a = \left(\frac{1}{2}\right)(1.9)(6.5^2)(0.414) = 16.617\,\text{t/m}$$

$$P_h = P_a\cos(\delta+\theta) = (16.617)(\cos(21.333°+15°)) = 13.386\,\text{t/m}$$

$$P_v = P_a\sin(\delta+\theta) = (16.617)(\sin(21.333°+15°)) = 9.845\,\text{t/m}$$

단면	면적(m²)	단위 길이당 무게(t/m)	O점에서의 팔길이(m)	저항 모멘트(t·m/m)
①	$(1/2)(1.53)(5.7) = 4.361$	$(2.4)(4.361) = 10.466$	1.68	17.583
②	$(0.6)(5.7) = 3.42$	$(2.4)(3.42) = 8.208$	0.87	7.141
③	$(1/2)(0.27)(5.7) = 0.770$	$(2.4)(0.770) = 1.848$	0.48	0.887
④	$(3.5)(0.8) = 2.8$	$(2.4)(2.8) = 6.72$	1.75	11.760
Σ		27.242		37.371

(1) 전도에 대한 검토

① 전도 모멘트, M_D

$$M_D = P_h y = (13.386)(2.167) = 29.007\,\text{t·m/m}$$

② 저항 모멘트 (x_i는 모멘트 팔길이)

$$M_R = w_c x_1 + w_s x_2 + P_v x = 37.371 + (9.845)(2.333) = 60.339\,\text{t·m/m}$$

$$\therefore\ F_s = \frac{M_R}{M_D} = \frac{60.339}{29.007} = 2.080 > 2,\ \text{O.K}$$

(2) 활동에 대한 안전율

① 수평작용력의 합, $\sum F_d$

$$\sum F_d = P_h = 13.386\,\text{t/m}$$

② 수평저항력의 합, $\sum F_R$

$$K_p = \tan^2\!\left(45 + \frac{24}{2}\right) = 2.371$$

$$P_p = \frac{1}{2}\gamma_2 D^2 K_p + 2c_2\sqrt{K_p}\,D$$

$$= \left(\frac{1}{2}\right)(1.8)(1.5^2)(2.371) + (2)(3)(\sqrt{2.371})(1.5) = 18.660\,\text{t/m}$$

$$\sum F_R = \sum V \cdot \tan(k_1\delta) + B \cdot k_2 c + P_p \quad \left(k_1,\ k_2 = \frac{2}{3}\text{으로 가정함}\right)$$

$$= (27.242 + 9.845)\cdot\tan\!\left(\frac{2}{3}\cdot 24\right) + (3.5)\left(\frac{2}{3}\cdot 3\right) + 18.660 = 36.295\,\text{t/m}$$

$$\therefore\ F_s = \frac{\sum F_R}{\sum F_d} = \frac{36.295}{13.386} = 2.711 > 2,\ \text{O.K}$$

(3) 지지력에 대한 검토

$$e = \frac{b}{2} - \frac{M_R - M_D}{V}\,(\text{옹벽 저판 중심 왼쪽})$$

$$= \frac{3.5}{2} - \frac{60.339 - 29.007}{27.242 + 9.845} = 0.905\,\text{m} > \frac{B}{6} = \frac{3.5}{6} = 0.583\,\text{m}$$

→ 단면 재검토 필요

$$\therefore\ q_{\max} = \frac{4V}{3L(B - 2e)}$$

$$= \frac{(4)(27.242 + 9.845)}{(3)(1)(3.5 - 2\cdot 0.905)}(1) = 29.260\,\text{t/m}^2 < q_a = 30\,\text{t/m}^2,\ \text{O.K}$$

예제 2.11 그림과 같이 직사각형 연직단면의 중력식 콘크리트 옹벽을 설치하려고 한다.

(1) Rankine의 토압이론을 사용하여 옹벽 배면 및 전면에 작용하는 전주동력과 전수동력을 구하시오.

(2) 옹벽의 활동에 대한 안전율을 구하시오.

(3) 편심량을 구하시오.

(4) 전도에 대한 안전율을 구하시오. 단, (2), (3), (4) 풀이 시 옹벽 전면에서의 수동저항력
은 1/2만 고려하시오.

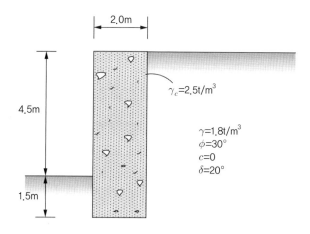

풀이

(1) 주동토압계수, $K_a = \dfrac{1-\sin\phi}{1+\sin\phi} = 0.333$

$$\therefore \text{전주동력, } P_a = \frac{1}{2}K_a\gamma_t H^2 = \left(\frac{1}{2}\right)(0.333)(1.8)(6^2) = 10.789\,\text{t/m}$$

수동토압계수, $K_p = \dfrac{1+\sin\phi}{1-\sin\phi} = 3$

$$\therefore \text{전수동력, } P_p = \frac{1}{2}K_p\gamma_t h^2 = \left(\frac{1}{2}\right)(3)(1.8)(1.5^2) = 6.075\,\text{t/m}$$

(2) 옹벽의 자중 $2.5 \times 2 \times 6 = 30\,\text{t/m}$

$$\therefore F_S = \frac{W\tan\delta + \dfrac{1}{2}P_p}{P_a} = \frac{30 \times \tan 20\degree + 6.075 \times \dfrac{1}{2}}{10.789} = 1.294$$

(3) 옹벽 저판 중심에 대한 모멘트의 합 $= 0$

$$10.789 \times \frac{6}{3} - \frac{1}{2} \times 6.075 \times \frac{1.5}{3} - 30 \times e = 0$$

$$\therefore\ e = 0.669\ \text{m(옹벽 저판 중앙으로부터)}$$

(4) 옹벽 앞굽에 대하여

저항 모멘트, $M_r = 30 \times 1 + 6.075 \times 0.5 \times \dfrac{1.5}{3} = 31.519 \text{t} \cdot \text{m/m}$

활동 모멘트, $M_0 = 10.789 \times 2 = 21.578 \text{t} \cdot \text{m/m}$

$$\therefore\ F_S = \frac{M_r}{M_0} = \frac{31.519}{21.578} = 1.461$$

2.8 옹벽의 배수

갑자기 폭우가 쏟아져 옹벽 배면의 지하수위가 높아지면 옹벽에 수압이 작용하고 흙의 전단강도가 감소하여 옹벽이 불안정한 상태가 될 수 있다. 이러한 현상을 방지하기 위하여 옹벽 뒤채움 흙으로는 배수가 잘되는 조립토를 사용하는 것이 좋으며, 이미 침투한 물을 배수처리하거나 지표면의 빗물이 옹벽 쪽으로 유입되지 않도록 옹벽에는 배수시설을 설치하는 것이 좋다. 옹벽에 설치되는 배수시설의 형태는 그림 2.37과 같다.

뒤채움 흙이 조립토인 경우에는 옹벽 2~4m²마다 1개씩 직경 10cm 정도의 물구멍(weep hole)을 설치하거나[그림 2.37 (a)], 옹벽 길이 방향으로 유공배수관(perforated drainage pipe)을 설치하기도 한다[그림 2.37 (b)]. 물구멍이나 유공배수관을 설치하는 경우에는 뒤채움 흙이 물구멍이나 배수관 속으로 흘러 들어가 메우는 것을 막기 위하여 자갈이나 쇄석과 같은 필터재(filter material)나 필터섬유(filter cloth)를 시공하여야 한다. 뒤채움 흙이 세립토인 경우에는 물구멍이나 유공배수관과 더불어 연직배수층이나 경사배수층을 설치할 수 있다[그림 2.37 (c), (d)]. 이때 배수층은 자갈 또는 쇄석으로 30cm 두께로 설치하는 것이 보통이다.

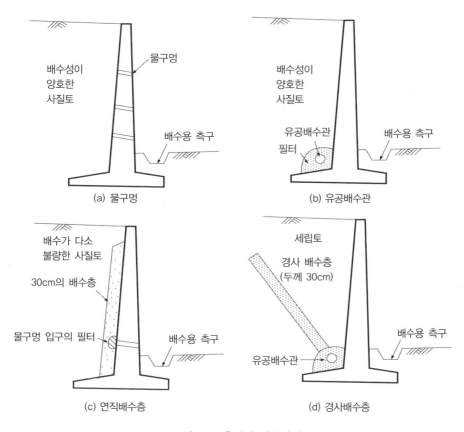

그림 2.37 옹벽의 배수시설

2.9 보강토옹벽

보강토옹벽은 일반적으로 구조체로서 횡토압을 받는 개념으로 생각되는 옹벽과는 달리 배면 지반에 보강재를 사용하여 작용토압에 저항하도록 하는 개념의 옹벽이다. 보강토옹벽은 보강재, 흙, 전면판으로 구성되며, 흙과 보강재 사이의 마찰력에 의해서 전단강도가 증가하여 토압이 작게 걸리는 구조체이다. 보강재로는 금속띠(metal strip), 금속봉(metal rod), 지오텍스타일(geotextile), 지오그리드(geogrid) 등이 사용되며 흙은 사질토가 적합하다. 전면판은 흙이 흘러내리는 것을 방지하고 침투와 침식을 방지하며 미관을 목적으로 하며, 콘크리트판이나 금속판, 지오텍스타일, 콘크리트 블록 등이 사용된다.

2.9.1 보강토옹벽의 공법 소개

보강토옹벽은 배면 지반에 보강재를 삽입하여 보강재 경계면의 마찰저항력으로 흙입자의 수평방향 이동을 억제하여 벽체에 작용하는 토압을 저감시키는 효과를 이용한다[그림 2.38 (a)와 (b) 참조]. 따라서 다층의 보강토 원리를 이용하면 그림 2.38 (c)와 같이 흙벽체를 구축할 수 있으며 이 벽체가 옹벽 역할을 하게 된다.

그림 2.38 (b)와 같이 하나의 보강재를 둘러싸고 있는 흙과 보강재 사이의 응력상태를 살펴보면, 연직응력에 의한 수평분력은 흙입자를 횡방향으로 이동시키려하는 힘(σ_h)과 변위에 의하여 발생되는 마찰력에 의한 힘(σ_r)이 발생하게 된다. 마찰력이 크면 보강재에 의한 보강토체가 안전하게 되며 반대의 경우에는 토체가 불안하게 된다.

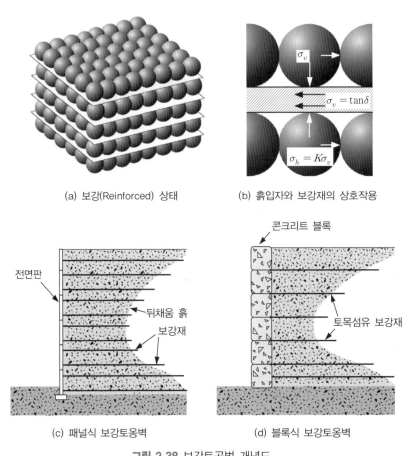

(a) 보강(Reinforced) 상태 (b) 흙입자와 보강재의 상호작용

(c) 패널식 보강토옹벽 (d) 블록식 보강토옹벽

그림 2.38 보강토공법 개념도

$$\sigma_h = K \cdot \sigma_v \qquad (2.114)$$

$$\sigma_r = \sigma_v \tan\delta \fallingdotseq f^* \sigma_v \qquad (2.115)$$

$$\delta = f(\phi, c, \epsilon) \qquad (2.116)$$

앞에 기술된 내용은 보강재 하나의 경우에 해당하는 것이고, 다수의 보강재가 사용될 경우에는 보강재 사이의 흙의 아칭이 유지되어야 한다(그림 2.39 참조). 보강재 사이의 간격이 한계를 벗어나면 아칭이 파괴되어 흙입자의 수평변위 억제가 불가능하게 된다. 일반적으로 이러한 간격의 한계는 양질의 토사의 경우 약 1m이며 보편적으로는 80cm 정도이다.

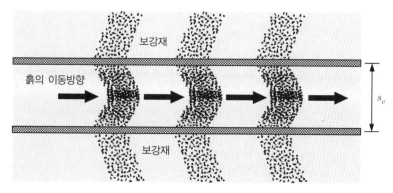

그림 2.39 보강재 사이의 흙의 아칭(arching)현상

2.9.2 보강토공법의 기본 개념

과일을 상자 안에 담을 때 각 층 사이에 신문지 또는 스티로폼 등을 끼워 넣는다. 이것은 과일이 상하지 않게 하기 위한 목적도 있지만 옆으로 무너지지 않도록 하는 목적이다. 만약 신문지나 스티로폼이 없다면 과일은 쉽게 무너질 것이다. 이러한 현상으로 보강토공법의 원리를 설명할 수 있다. 즉, 과일은 흙입자이며 신문지는 흙의 수평이동을 제어하는 보강재이다. 흙입자 사이에 얇은 판상의 연속체를 삽입하면 흙입자와 연속체 사이의 마찰력에 의해 흙입자의 횡방향 이동이 억제되며, 더 큰 하중을 받을 수 있다.

Vidal은 연구결과 입상토(granular soil)가 인장력을 가진 표면이 거친 재료와 결합하면 순수한 흙일 때보다 훨씬 큰 강도를 발휘한다는 것을 알았다. 보강토의 강도증가 개념은 일반적으로 두 가지 방법으로 설명한다. 첫 번째는 구속응력 증가 개념이고, 두 번째는 비등방성 점착력 발생 개념이다.

구속응력 증가 개념은 다음과 같다. 그림 2.40에서 왼쪽에 있는 작은 실선 원은 구속응력 σ_3'의 비보강토를 나타낸다. 이런 흙에 보강재가 삽입되면 보강재와 흙 사이에 발생하는 마찰력에 의해 측압에 새로운 구속응력이 더 가해져서 $\sigma_3' + \Delta\sigma_3'$로 구속응력이 증가하게 되고 이에 따라 파괴 시 응력은 $(\sigma_1')_r$로 커지게 된다는 개념이다. 비등방성 점착력 발생 개념은 흙의 강도가 증가하는 이유는 수평으로 설치된 보강재에 의하여 그림 2.40과 같이 흙에 비등방성 점착력이 발생하기 때문이라고 생각한다.

두 가지 개념 모두 흙과 보강재 사이에 발생하는 마찰력이 강도 증가의 원인으로 본다. 보강토에서 강도 증가의 원인이 되는 마찰력을 겉보기 마찰계수(f^*)라고 하는데 f^*에 영향을 미치는 요소로는 뒤채움 흙의 밀도, 보강재 표면 거칠기, 토피하중 등을 들 수 있다. 뒤채움 흙의 밀도가 클수록 보강재 표면이 거칠수록 f^* 값은 커지며, 토피하중은 커질수록 보강재 부근 흙의 팽창이 억제되어 f^* 값은 오히려 감소한다.

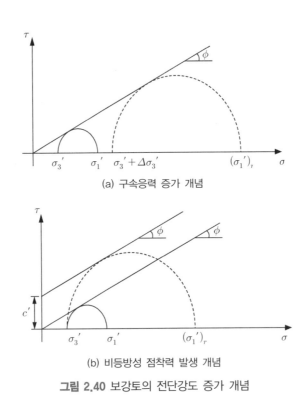

(a) 구속응력 증가 개념

(b) 비등방성 점착력 발생 개념

그림 2.40 보강토의 전단강도 증가 개념

2.9.3 보강토옹벽의 구성

보강토옹벽은 보강재, 흙, 전면판 등으로 구성된다. 보강재로는 금속띠, 금속봉, 격자형 금속띠, 지오텍스타일, 지오그리드 등 다양한 형태와 재료의 제품이 개발되어 사용되고 있는데 기본적으로 다음과 같은 사항을 만족해야 한다.

- 흙과의 마찰저항이 탁월해야 함
- 흙과의 접촉 면적이 넓어야 함
- 표면은 거칠어야 함
- 변형이 잘 일어나지 않는 재질이어야 함

보강토 경계면에서 큰 마찰저항이 필요하므로 보강토옹벽의 뒤채움 흙으로는 사질토가 적합하다. 표 2.4는 국내 보강토옹벽 뒤채움 흙 선정 기준을 나타낸 것이다. 표 2.4에서 보는 것처럼 세립토는 보강토옹벽의 뒤채움 흙으로 적합하지 않은데 이것은 세립토는 마찰강도가 본질적으로 작으며, 배수가 나쁘고, 동해로 인한 피해, creep 발생 가능성, 시공 시 다짐이 어렵기 때문이다. 한편, 보강재만으론 옹벽 단부 흙입자의 이완 방지가 불가능하기 때문에 콘크리트 패널, 철판, 몰탈 블록, 그 밖의 여러 종류의 지지구조를 전면판으로 사용한다. 요즘은 미관도 매우 중요하기 때문에 여러 가지 다양한 형태의 전면판이 개발되어 현장에 적용되고 있다.

표 2.4 국내 보강토옹벽 뒤채움 흙 선정 기준

일반 기준	최소 기준
최대입경 254mm(10in) 101.6mm(4in) : 100～75% $74\mu m$(200번 체) : 0～15%	$15\mu m \leq 10\%$ $\phi \geq 25°$

2.9.4 보강토옹벽 시공

보강토옹벽 시공 순서는 그림 2.41과 같으며, 중력식 옹벽이나 캔틸레버식 옹벽 시공방법과는 보강재를 설치해가면서 배면 지반을 형성한다는 데에 큰 차이가 있다.

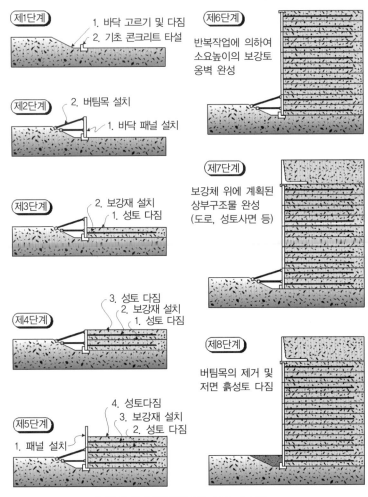

그림 2.41 보강토옹벽의 시공 순서도

2.9.5 보강토옹벽의 안정성 검토

보강토옹벽의 파괴형태는 그림 2.42와 같다. 그림 2.42에서 보는 것과 같이 보강토옹벽은 저면활동, 전도, 지지력 부족으로 파괴될 수 있으며, 보강재의 인발 및 파단에 의해 파괴될 수 있다. 그림 2.42의 (a), (b), (c)는 외적 파괴형태이고, (d), (e)는 내적 파괴형태이다.

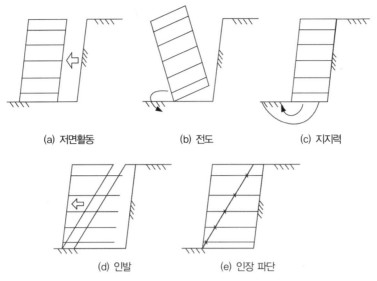

(a) 저면활동	(b) 전도	(c) 지지력

(d) 인발	(e) 인장 파단

그림 2.42 보강토체 형성 시 주요 파괴형태

1) 외적 안정성 검토

보강토옹벽은 보강재로 보강된 토체이며 하나의 일체화된 연성 구조물로 콘크리트 옹벽과는 거동 특성이 약간 차이가 있으나 안정해석은 똑같은 방식으로 수행한다. 즉, 철근 콘크리트 옹벽구조물과 동일하게 활동, 전도, 지지력에 대한 안정성을 검토하고 추가로 사면활동 및 지반침하에 대해서도 검토한다.

2) 내적 안정성 검토

① 선단활동파괴에 대한 안정

예상 파괴면을 대수나선 형태의 연속함수로 가정하고 모멘트 평형조건을 토대로 안정해석을 다음 식에 의해 수행한다.

$$FS_m = \frac{M_{TR}}{M_{TD}} \tag{2.117}$$

$$M_{TD} = M_{dw} + M_{dq} + M_{du} \tag{2.118}$$

$$M_{TR} = M_{rc} + M_{rt} \tag{2.119}$$

M_{dw} : 파괴흙쐐기 자중에 의한 활동 모멘트

M_{dq} : 상재하중(q)에 의한 활동 모멘트

M_{du} : 파괴면에 작용하는 침투수압에 의한 활동 모멘트

M_{rc} : 점착력에 의한 저항 모멘트

M_{rt} : 보강재에 유발되는 최대인장력($T_{\max}$)에 의한 저항 모멘트

② 항복 및 인발에 대한 안정

예상 파괴면 결정하고 이를 기준으로 인발 및 파괴면에 대하여 검토한다.

$$FS_y = \frac{T_d}{T_{\max}} \qquad (FS_y > 1.0) \tag{2.120}$$

$$FS_p = \frac{T_{pull}}{T_{\max}} \qquad (FS_p > 1.5) \tag{2.121}$$

2.9.6 보강토옹벽 적용 시 유의사항

1) 뒤채움 흙 재료 확보

보강토옹벽에서 가장 중요한 사항 중의 하나는 양질의 뒤채움 흙을 확보하는 일이다. 따라서 가까운 거리에서 보강토옹벽 시공에 필요한 흙을 충분히 확보할 수 없다면 경제적인 보강토 공법의 수행은 불가능하다. 보강토옹벽 설계 및 시공에 앞서서 양질의 뒤채움 흙을 확보할 수 있는지 먼저 검토해야 한다.

2) 보강토체의 수평변형

최근 보강토옹벽의 시공이 급격히 늘면서 안정성에 문제를 일으키는 경우도 늘고 있다. 특히, 변형률이 큰 Geosynthetics를 사용하는 경우에는 변형이 사용성에 문제를 일으킬 만큼 크게 생길 수 있어 실제 보강토체의 안정과는 별도로 수평변위를 철저하게 관리할 필요가 있다.

3) 전체 성토 사면의 안정

보강토옹벽에서 실제 파괴면이 보강토체 밖에서 출현할 가능성이 많으며, 따라서 설계 시 이

에 대한 충분한 사전 검토가 있어야 한다.

4) 배수시설

배면 지반이 포화되어 보강재와 흙 사이의 마찰력이 저감되지 않고 작용 토압이 증가되지 않도록 배수시설을 설치하는 것이 필수적이다. 가능하면 보강토옹벽 주변에 물이 침투하지 않도록 하는 것이 좋다.

보강토옹벽에 문제가 생기면 보수보강이 어렵기 때문에 설계 시 위에서 설명한 사항들을 주의하여야 한다.

그림 2.43 보강토옹벽에 발생된 균열

예제 2.12　아래의 설계조건을 이용하여 **보강토옹벽** 설계에 필요한 다음 물음에 답하시오.

옹벽	높이, H=10m	
뒤채움 흙	γ_t=1.8t/m^3	ϕ=30°
보강재	아연도금 강판, 수명 50년	부식속도 : 0.025mm/yr
	절단에 대한 안전율, FS_b=3	인발에 대한 안전율, FS_p=3
	σ_y=25,000t/m^2	보강재 폭, w=80mm
	연직배치 간격, S_v=0.5m	수평배치 간격, S_h=1.0m
	보강재와 흙 사이의 마찰각, δ=20°	

(1) 보강재의 두께를 결정하시오.

(2) 보강재의 길이를 결정하시오. 단, 보강재는 지표면으로부터 6m 깊이까지 그리고 나머지 깊이 각각에 대하여 동일한 길이를 갖도록 한다.

풀이

(1) $K_a = \dfrac{1-\sin\phi}{1+\sin\phi} = \dfrac{1-\sin30°}{1+\sin30°} = 0.333$

최대주동토압, $\sigma_{ha} = K_a \gamma_t H = (0.333)(1.8)(10) = 5.994\,\text{t/m}^2$

절단에 대한 안전율, $FS_b = \dfrac{\text{보강띠의 항복강도}}{\text{보강띠 작용력}} = \dfrac{\sigma_y wt}{\sigma_{ha}S_v S_h}$ 로부터

$$t = \frac{\sigma_{ha}S_v\,S_h\,FS_b}{\sigma_y w} = \frac{(5.994)(0.5)(1.0)(3)}{(25,000)(0.08)} = 0.00450\ \text{m} = 4.5\ \text{mm}$$

부식을 고려하면, $t = 4.5 + (0.025)(50) = 5.75\,\text{mm}$

$$\therefore\ t = 6\,\text{mm}$$

(2) ⅰ) 보강재 자유길이, L_f

$$L_f = (H-z)\tan\left(45-\frac{\phi}{2}\right) = (10-z)\tan\left(45-\frac{30}{2}\right) = (5.774 - 0.577\,z)\,\text{m}$$

ⅱ) 보강재 유효길이, L_e

인발에 대한 안전율,

$$FS_p = \frac{\text{보강띠에 작용하는 마찰력}}{\text{보강띠 작용력}} = \frac{2\sigma_v\tan\delta \cdot wL_e}{\sigma_{ha}S_v S_h} = \frac{2\tan\delta \cdot wL_e}{K_a S_v S_h}\ \text{로부터}$$

$$L_e = \frac{K_a S_v S_h FS_p}{2w\tan\delta} = \frac{(0.333)(0.5)(1.0)(3)}{(2)(0.08)(\tan20)} = 8.577\,\text{m}$$

$$\therefore\ L = L_f + L_e = (5.774 - 0.577z) + (8.577) = (14.351 - 0.577z)\,\text{m}$$

〈깊이에 따른 보강재 길이〉

z(m)	L(m)	z(m)	L(m)	z(m)	L(m)	z(m)	L(m)
0.5	14.062	3.0	12.620	5.5	11.178	8.0	9.735
1.0	13.774	3.5	12.332	6.0	10.889	8.5	9.447
1.5	13.486	4.0	12.043	6.5	10.601	9.0	9.158
2.0	13.197	4.5	11.755	7.0	10.312	9.5	8.870
2.5	12.909	5.0	11.466	7.5	10.024	10.0	8.581

∴ 시공의 편의성을 위해 옹벽 상부로부터 6m 깊이까지는 15m 보강재를 12개 배치하고, 그 아래에는 11m 보강재를 8개 배치한다.

1. 그림과 같은 캔틸레버식 옹벽이 있다. $\gamma_{con'c}$=23kN/m³, γ_{soil}=17kN/m³, ϕ_{soil}=35°, c_{soil}=0, δ=20°일 때 다음 물음에 답하시오.

   (1) Rankine 토압이론에 의해 작용하는 토압분포도를 그리고, 전주동력의 크기와 작용 위치를 구하시오.

   (2) 외력들의 합이 작용하는 위치의 편심량을 구하시오.

   (3) 활동 및 전도에 대한 안전율을 산정하시오. 이때 수동토압은 반만 고려하시오.

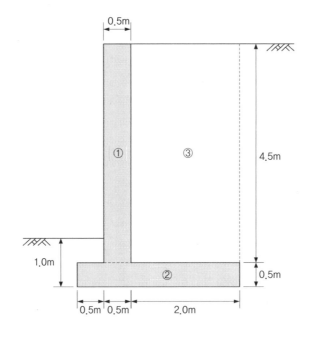

2. 다음 물음에 답하시오.

   (1) 캔틸레버식 옹벽 및 중력식 옹벽에 작용하는 토압의 위치는 Rankine 토압이론을 사용하느냐 Coulomb 토압이론을 사용하느냐에 따라 다르다. 이를 포함하여 두 이론의 차이점을 비교 설명하시오.

   (2) 옹벽에 설치되는 일반적인 배수시설을 그림을 그려 간단히 설명하시오.

   (3) 보강토옹벽의 구성요소 3가지를 들고 각각의 요소에 대해 아는 대로 설명하시오.

3. 그림과 같은 옹벽이 있을 때, 이 옹벽의 전도 및 활동에 대한 안전율을 구하시오. 전도 및 활동에 대한 안전율 산정 시 옹벽전면의 수동토압은 무시하시오. 또한 토압산정 시에는 Rankine 토압을 적용하며, 활동에 대한 안전율 산정 시 전단저항각 33°, 점착력 0, 벽마찰각 $\delta=18°$, 옹벽의 단위중량 23kN/m³, 흙의 단위중량 17.5kN/m³으로 가정하시오.

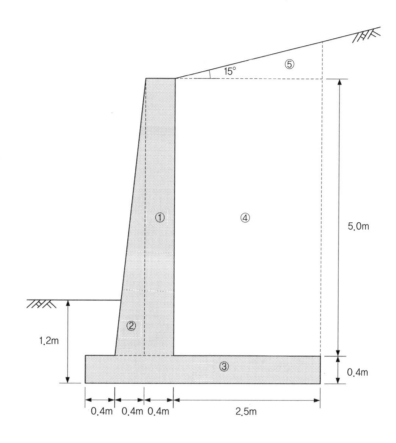

4. 횡방향 변위가 없는 경우의 토압계수인 정지토압계수를 탄성이론을 사용하여 유도하면 $K_0 = \dfrac{\nu}{1-\nu}$ 이다. 이 관계식을 유도하시오.

5. 벽체변위와 토압계수의 관계를 그림으로 그리고 그림의 의미를 아는 대로 모두 설명하시오.

6. 일반적인 보강토옹벽 붕괴 원인에 대하여 아는 대로 모두 설명하시오.

7. 그림과 같은 캔틸레버식 옹벽이 있다. $\gamma_{con'c}$=24.5kN/m³, γ_{soil}19.2kN/m³, ϕ_{soil}=33°, $c_{soil}=$ 0, δ=22°일 때 다음 물음에 답하시오.

(1) Rankine 토압이론으로 전주동력의 크기와 작용 위치를 구하고, 토압분포도를 그리시오.

(2) 외력들의 합이 작용하는 위치의 편심량을 구하시오.

(3) 활동 및 전도에 대한 안전율을 산정하시오. 이때 수동토압은 고려하지 마시오.

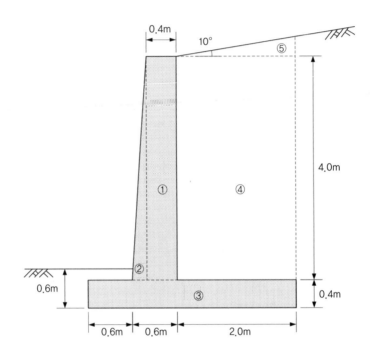

▍참고문헌

이인모(1999), 토질역학의 원리, 새론.

Bell, J. R., Stilley, A. N. and Vandre, B.(1975), Fabric retaining Earth walls, Proceedings, Thirteenth Engineering Geology and Soil Engineering Symposium, Moscow, Idaho.

Coulomb, M.(1773), sur une apllication des regles de Maxims and Minimis a quel ques problems de Statique, relatfs al' Architecture.

Craig, R. F.(1997), Soil Mechanics, 6th. ed., Van Nostrand Reinhold Co. Ltd., ch. 6.

Das, B. M(1987), Theoretical Foundation Engineering, Elsevier.

Das, B. M.(1984), Principles of Foundation Engineering, Brooks/Cole Engineering Division, ch. 5, Monterey, California.

Gregory P. Tschebotarioff(1973), Foundations, Retaining and Earth structures, McGRAW-Hill KOGAKUSHA, LTD.

Hansen, J, B.(1953), Earth Pressure Calculation, Copenhagen huntington Earth Pressures and Retaining Walls, John Wiley & Sons, New York/London.

Harr, M. E.(1966), Foundations of Theoretical Soil Mechanics, McGraw Hill, New York.

Jaky, J.(1948), "Earth Pressure in Soils", Proceedings of the 2nd International Conference on Soil Mechanics and Foundation Engineering, Rotterdam, Vol. 1.

Lambe, T. W. and Whitman, R. V.(1969), Soil Mechanics, John Wiley and Sons, New York.

Lee, I. K. and Herington, J. R.(1972), "Effect of Wall Movement on Active and Passive Pressures", ASCE, Journal of Geotechnical Engineering Division, Vol. 98.

Massarsch, K. R. and Broms, B. B.(1976), "Lateral Earth Pressure at Rest in Soft Clay", ASCE, Journal of Geotechnical Engineering Division, Vol. 102.

Moore, P. J. and Spencer G. K.(1972), "Lateral Pressures from Soft Clay", ASCE, Journal of Geotechnical Engineering Division, Vol. 98.

Rankin, W, J. M.(1857), On the Stability of Loose Earth pill Trans, Royal.

Terzagi, K.(1943), Theoretical Soil Mechanics, Wiley, New York.

Tezaghi, K. and Peck, R. B.(1967), Soil Mechanics in Engineering Practice, John Wiley and Sons, New York.

Winterkorn, H. F. and Fang, H. Y.(1975), Foundation Engineering Handbook, Van Nostrand Reinhold Co., ch. 5, New York.

03
흙막이
구조물

흙막이 구조물

3.1 흙막이 구조물 일반

3.1.1 흙막이 구조물 정의

흙막이 구조물이란 굴착공사 시 주변 지반이 붕괴되거나 해로운 변형이 발생하지 않도록 하기 위해 설치하는 구조물로 흙막이 벽체와 그 벽체를 지지하는 지지 시스템을 합하여 총칭하는 것이다. 흙막이 구조물은 영구구조물로 사용되는 경우도 있으나 대부분은 굴착 후 목적구조물이 시공되면 철거하는 것이 보통인 가설구조물인 경우가 많다.

그림 3.1 주상복합 건물 신축을 위한 굴토현장

3.1.2 지반굴착에서 고려할 문제

건물이나 지하매설물에 근접하여 시행하는 굴착행위는 안정상태의 주변 지반을 불안정한 상태로 변화시킴으로써 인접구조물의 안정성을 저하시키거나 심하면 인접구조물을 붕괴시킬 수 있으며, 가설 흙막이 구조물은 이 주변 지반의 불안정화를 가능한 공법으로 억제시키려는 노력으로 생각할 수 있다. 따라서 지반굴착에 앞서 안정성을 확보할 수 있는 적합한 흙막이 구조물을 시공하여야 한다. 지반굴착 시 고려해야 할 사항은 다음과 같다.

- 지반 특성을 파악하는 문제
- 설계 외력에 관한 문제
- 흙막이 벽체와 지지구조의 안정문제
- 인접 지반의 안정성 문제
- 굴착 저면의 heaving, piping 문제

3.1.3 흙막이 구조물 선택 시 고려사항

굴착공사를 하기 위해서는 주어진 현장에 적합한 흙막이 구조물을 선택하여야 한다. 흙막이 구조물 선택 시 고려해야 할 사항은 다음과 같다.

- 굴착 심도 및 형상
- 지층상태와 지하수 상황
- 주변 구조물 및 매설물 상태
- 소음, 진동 등의 공해평가
- 시공 시 배수 및 굴착방법
- 공사기간과 경제성
- 가설 및 영구구조물의 시공, 철거 시 안전관리
- 주변 유사조건에서 실시된 시공실적과 문제점 조사 결과

3.1.4 흙막이 구조물 설계 시 고려사항

흙막이 구조물을 설계할 때는 먼저 기존 토압공식의 적용범위와 가정사항에 대한 현장별 적합성을 검토해야 하며, 지반 종류, 벽체 강성, 굴착 심도, 시공방법 및 벽체의 움직임 등에

따른 가장 위험한 시공 단계를 설계 및 시공에 반영해야 한다. 즉, 흙막이벽 종류별 단면 검토를 굴착 시와 철거 시 단계별로 해석하여 가장 위험한 단계에 대한 검토결과가 만족하도록 설계해야 한다. 흙막이 공법의 선정 순서는 그림 3.2와 같다.

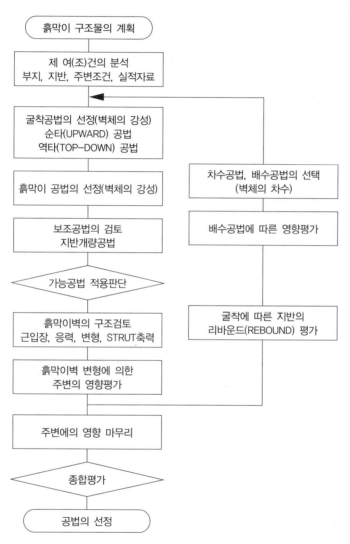

그림 3.2 흙막이 공법 선정 흐름도

3.2 지반굴착과 흙막이벽

3.2.1 지반굴착

기초를 설치할 목적이나 사면을 조성하기 위해 또 그 밖에 여러 가지 목적으로 지반을 굴착하는 경우가 많다. 지반을 굴착할 때는 지반의 단단한 정도에 따라 인력을 이용하거나 또는 여러 가지 굴착 장비를 이용하게 된다. 삽, 곡괭이, 착암기, 화약 등으로 사람이 굴착하는 인력굴착은 일반적으로 지반이 비교적 약한 경우이거나 좁은 면적을 굴착할 때 적용되며, 대부분의 토목공사에서는 불도저(얕은 굴착), 백호우(back hoe, 지면보다 낮은 굴착), 셔블(shovel, 지면보다 높은 굴착), 드래그라인(dragline, 깊은 굴착이나 수중굴착) 등의 장비를 사용하여 굴착하게 된다. 그림 3.3은 여러 가지 굴착장비이다.

(a) 불도저   (b) 백호우

(c) 셔블   (d) 드래그라인   (e) 크람쉘

그림 3.3 여러 가지 지반 굴착장비

3.2.2 굴착공법의 종류

굴착공법은 그림 3.4에서 보는 것처럼 크게 3가지로 구분할 수 있는데, 대부분의 토목공사에서 사용되는 방법은 개착공법이다.

그림 3.4 굴착공법의 종류

1) 사면 개착공법(slope open cut)

지반이 무너지지 않을 정도의 경사를 유지하면서 굴착하는 방법이며, 지반 조건이 양호하고 굴착면적이 넓고 용지에 여유가 있는 경우에 적합하다. 이 방법은 굴착 깊이가 커지면 토공량이 많아지며, 연약지반에서는 사면경사가 작아져 넓은 면적이 필요하여 적용이 어렵다. 또한 빗물이나 지하수 등에 의한 사면붕괴가 우려되는 경우에는 적용하기 어려운 공법이다.

2) 흙막이 개착공법

흙막이 벽체를 지중에 설치하고 굴착하는 방법이다. 벽체를 자립식으로 굴착할 수도 있으나 일반적으로 버팀대 또는 어스앵커로 지지하면서 굴착하는 것이 보통이다. 사면개착공법과 비교할 때 토공량이 적으며, 훨씬 안전하여 연약지반에서도 굴착이 가능한 공법이나 공사비가 비싸고 공기가 길다. 대부분의 토목공사 시 적용되는 공법이다.

3) 아일랜드 공법(island cut)

이 공법은 굴착부지 외곽을 따라 흙막이 벽체를 시공한 후 흙막이 벽체가 자립할 수 있을 만큼의 흙을 남긴 채 굴착한 후 중앙부를 굴착하여 구조물 시공하고, 먼저 시공된 중앙부의 구조물을 이용하여 버팀대를 설치한 후 나머지 흙을 굴착하는 공법이다. 이 공법은 시공면적이 넓고 얕은 굴착을 할 때 적합하다. 버팀대가 짧고 부지경계면까지 시공할 수 있는 장점이 있으나 공기가 길고 공사가 복잡하며 구조물을 분리 시공함에 따라 이음처리가 필요하다는 단점이 있다.

4) 트렌치 공법(trench cut)

이 공법은 굴착부지 외곽을 따라 2열로 설치된 흙막이 벽체 안쪽을 먼저 굴착하고 주변부의 구조물을 시공한 후 먼저 시공된 부분을 흙막이 벽체로 이용하여 중앙부를 굴착하고 중앙부의 구조물을 시공하는 공법이다. 연약지반에서 깊고 넓은 굴착을 할 때 적합한 공법인데 공사가 복잡하고 공기가 길며, 아일랜드 공법과 마찬가지로 이음처리가 필요하다.

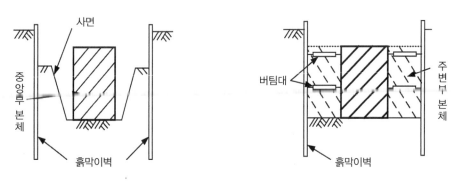

그림 3.5 아일랜드 공법

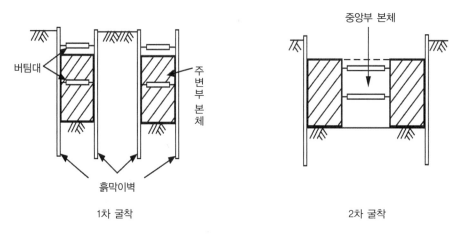

1차 굴착   2차 굴착

그림 3.6 트렌치 공법

5) 역타공법(top down method)

굴착작업 전에 영구구조물 벽체를 완성하고, 지하층의 슬래브와 보를 영구구조물 벽체에 연결, 굴착공사와 병행하여 단계적으로 상부에서 하부로 내려감과 동시에 지상구조물 공사를 실시하는 공법이다. 이 공법은 인접구조물의 보호와 연약지반 등에서 가장 안전한 공법으로,

공기가 단축될 수 있고, 도심지에서 소음, 분진, 진동 등의 공해 피해를 줄일 수 있는 장점이 있다. 또한 시공된 슬래브를 작업공간으로 이용할 수 있어 전천후 작업이 가능하며, 가시설이 전혀 사용되지 않아 깊은 심도에서는 경제적이다. 그러나 이 공법은 시공이 완료된 바닥슬래브 아래에서 토공을 진행해야 하므로 일반적으로 공기 및 공사비 면에서 불리하며, 시공 중 토압 및 작업 하중을 영구구조, 슬래브가 지탱해야 됨으로 많은 구조계산 검토가 필요하며, 또한 계측분석 및 시공관리를 철저히 해야 된다.

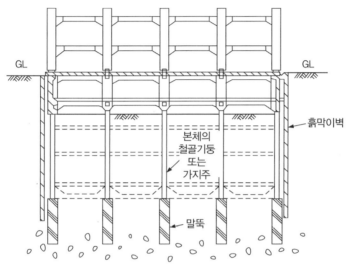

그림 3.7 역타공법을 사용한 굴착지보공

6) 케이슨 공법(caisson method, 침설굴착)

지하층 전체를 지상에서 만들어 내부의 지반을 굴착하면서 지지층까지 지하층을 침설시키는 방법으로 해안이나 하천지대에서 주로 사용되는 공법이다.

3.2.3 흙막이 벽체 지지 시스템(터파기 공법)

1) 자립식

굴착 시 흙의 주동토압을 흙막이벽의 휨저항 및 근입 부분 흙의 수동토압에 의해 부담하게 하고 굴착을 진행하는 방법이다. 이 공법은 흙의 강도가 크고 얕은 굴착인 경우에 사용하며 시공속도가 빠르고 경제적이다. 보통 5~6m 심도까지 굴착이 가능하나 연약지반에서는 적합하지 않다.

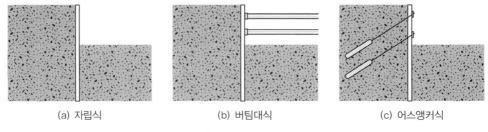

| (a) 자립식 | (b) 버팀대식 | (c) 어스앵커식 |

그림 3.8 흙막이 공법의 지지 시스템

2) 버팀대식

흙막이 벽체를 먼저 설치하고 굴착하면서 버팀대를 가설하여 토압을 지지하면서 굴착을 진행하는 방법으로 가장 많이 사용된다. 굴착이 완료되면 구조물을 시공한 후 되메우기를 하면서 버팀대를 철거하며, 되메우기 완료 후에 흙막이 벽체를 철거하는 순서로 진행된다. 토지 경계면까지 굴착할 수 있으며 변형이나 파괴를 조기에 발견할 가능성이 높은 공법으로 작은 현장에 쉽게 사용할 수 있는 장점이 있으며, 사용되는 H-형강은 재질이 균일하고 재사용이 가능하여 매우 경제적이다. 그러나 버팀대가 굴착 및 지하구조물 시공 시 장애물이 되어 작업이 느려지는 단점이 있으며, 굴착면적 넓은 경우(50m 이상) 중간말뚝이 필요하며, 버팀대나 흙막이 벽체의 변형이 크게 발생할 수 있다.

그림 3.9 지하철 공사에 사용된 강관 버팀보

그림 3.10 띠장과 스크루잭   그림 3.11 Raker 공법

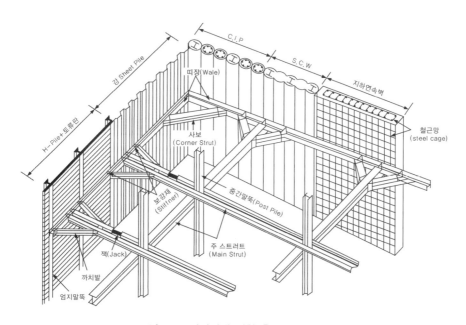

그림 3.12 버팀대에 의한 흙막이 지보공

3) 어스앵커식

앵커의 인발저항을 이용하여 흙막이 벽체를 지지하는 방법이다. 현장 평면도나 굴착 심도가 불규칙할 경우 많이 사용된다. 정착성이 확고히 시공될 수 있는 단단한 지층이 요구된다. 작업 공간을 최대한 이용할 수 있으므로 중장비 사용이 가능한 공법으로 굴착면적이 넓어 버팀대 설치가 곤란한 경우에 적합하다. 주변 지반이 연약하거나 지하구조물이나 매설물이 있는 경우 앵커 설치가 곤란할 수 있다. 공사 후 앵커의 회수가 곤란하여 비경제적이나 최근에는 제거식 앵커도 개발되어 사용되고 있다. 어스앵커식 공법의 장단점은 다음과 같다.

장점	• 좌우토압이 불균일하고 굴착 내의 작업공간 확보가 필요할 때 적용한다. • 정착장 부위의 지층이 단단할 경우 인접 지반의 침하를 최대로 줄일 수 있다. • 넓고 깊은 굴착에서는 버팀보식 공법보다 경제적이다.
단점	• 인접 대지의 사용허가를 얻어야 한다. • 지하수위가 높을 경우 시공 중 주변 지하수위 저하로 침하를 유발시킬 수 있다. • 정확한 시공이 되지 않거나 정착장 부위 토질이 불확실한 경우 위험하다.

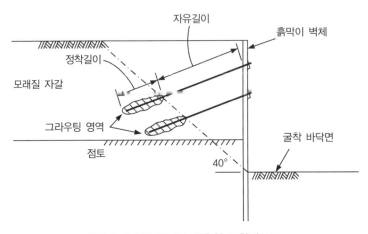

그림 3.13 지반앵커를 사용한 굴착지보공

그림 3.14 어스앵커 공법

3.2.4 흙막이 벽체 지지 시스템 선정 시 고려사항

흙막이 벽체 지지 시스템 선정 시 고려해야 할 사항은 다음과 같다.

(1) 기초지반을 교란시키는 일 없이 소정의 기간에 소정의 깊이까지 확실하게 시공할 수 있는가?
(2) 부지 상황, 지반 조건 및 지하수 조건에 적합한가?
(3) 측압에 대하여 또는 하부지반의 밀려들기에 안전한가?
(4) 주위의 구조물이나 매설관 등에 유해한 장해를 미치지 않는가?

3.3 흙막이벽의 종류

흙막이벽의 종류에는 토류판 벽체(H-beam & lagging), 흙시멘트 말뚝벽체(soil cement wall), 현장타설 콘크리트 말뚝벽체(C.I.P; cast-in-place concrete pile), 지하연속벽(diaphragm wall, slurry wall), 널말뚝벽체(sheet pile) 등이 있다. 널말뚝에 대해서는 4장에서 자세히 설명되어 있으므로 여기서는 생략하기로 한다.

3.3.1 토류판 벽체

그림 3.15 토류판 벽체

강재엄지말뚝을 지중에 타입하고 굴착을 진행하면서 토류판을 끼워 굴착벽을 지지하는 방법이다. 공기가 짧고 공사비가 가장 저렴하여 널리 적용되는 공법이다. 엄지말뚝을 보링 후 설치하면 소음과 진동이 적으며 반복사용이 가능하여 경제적인 공법이나 지반침하가 예상되며 굴착 후 토류판 설치까지 자립이 안 되면 적용이 곤란하다. 또한 차수성이 불량하여 토사유출 발생하고 분사현상이나 융기현상의 발생이 우려되므로 시공 시 유의해야 한다.

장점	• 비교적 경제적인 공법이다. • 단단한 지반에도 소음과 진동 없이 시공이 가능하다. • 시공 완료 후 회수해 재사용이 가능하다. • 굴착과 동시에 벽체가 완성되므로 공기가 비교적 짧다.
단점	• 차수성 벽체로는 부적합하다. • 흙막이판 설치 시 여굴이 생겨서 주변 지반의 이동과 침하가 우려된다. • 차수성이 나빠 Boiling, Heaving 현상이 생길 우려가 있다. • 토류판과 굴착면 사이에 공간이 생기면 안정에 문제가 생긴다. • 굴착 후 토류판 설치까지 자립이 안 되면 적용이 어렵다.

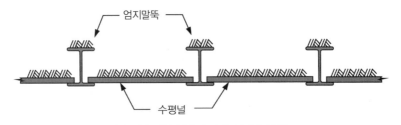

(a) 평면도(앞 플렌지 뒤에 수평널 설치)

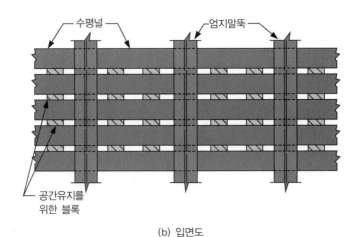

(b) 입면도

그림 3.16 토류판 벽체

3.3.2 흙시멘트 말뚝벽체(soil cement wall)

지반에 쏘일-시멘트 말뚝을 연결 시공하여 벽체를 형성하는 공법이다. 연속 벽체를 시공한 후 철근이나 강말뚝으로 보강할 수 있다. 쏘일-시멘트 말뚝을 설치하는 방법에는 오거 굴착으로 지반을 교반하여 흙과 시멘트를 혼합하는 공법과 제트 그라우팅 공법이 많이 적용되고 있다. 말뚝 간에 연결성이 좋으므로 차수성이 좋으며, 토사의 유실 가능성도 매우 적고 시공이 간편하고 공기가 빠르다는 장점이 있다. 한편 시공장비의 특성상 풍화암 이하에서는 시공이 불가능하므로 토사지반에만 설치가 가능하다. 장단점은 다음과 같다.

장점	• 말뚝 간에 연결성이 좋으므로 차수성이 좋다. • 토사의 유실 가능성도 매우 적고 강성도 큰 편이다. • 시공이 간편하고 공기가 빠르다.
단점	• 휨 모멘트에 취약하므로 적절히 보강해야 한다. • 시공장비의 특성상 풍화암 이하에서는 시공이 불가능하므로 토사지반에만 설치가 가능하다.

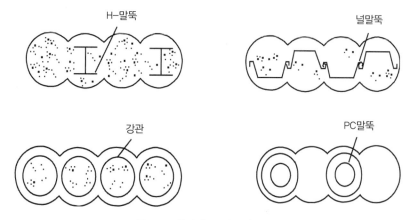

그림 3.17 흙시멘트 말뚝벽체의 보강

그림 3.18 SCW 공법+버팀대(strut) 공법

3.3.3 현장타설 콘크리트 말뚝벽체(C.I.P)

지반에 현장타설 콘크리트 말뚝을 연속적으로 설치하여 흙막이 벽체를 시공하는 방법이다. 주열식 말뚝이라고도 하는데 콘크리트의 직경 400~550mm를 많이 사용하며, 말뚝의 연결방식은 단순접속, 중복접속, 지그재그 접속 등이 있다. 단순접속의 경우 말뚝 사이로 그라우팅 실시해야 한다. 지반에 구멍을 뚫어 모르터를 주입한 후 H형강말뚝이나 철근을 삽입하고 말뚝을 연속적으로 형성하여 흙막이벽으로 사용하는 공법으로 모든 지반에 시공이 가능하며 벽체의 강성이 크다. 시공 시 연직도가 불량하면 말뚝 사이의 연결성이 나빠져 토사의 유실이 발생할 수 있어 주의해야 한다. 쏘일-시멘트 말뚝벽체에 비하여 강성이 크고 특수장비가 필요하지 않으며 천공할 수 있는 모든 지반에 설치할 수 있는 장점이 있다.

장점	• 비교적 차수성과 벽체 강성이 좋다. • 시공 중 단단한 지반에도 소음, 진동이 거의 없다. • 인접구조물의 영향이 작고 천공벽의 붕괴 우려가 적다. • 지지력을 향상시킬 수 있다(경암까지 굴진 가능). • 불균일한 평면형상에서도 쉽게 시공이 가능하다.
단점	• 깊은 심도에서는 시공 수직도 문제로 차수 그라우팅 보완이 필요하다. • 공기가 길고 공사비가 증가한다. • 일단 시공되면 철거가 어렵다(남의 땅일 경우 보상 문제). • 가설벽체로만 사용된다.

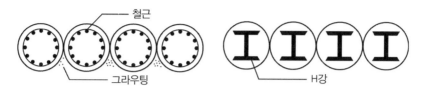

그림 3.19 주열식 벽체

3.3.4 지하연속벽(Diaphragm wall, Slurry wall)

벤토나이트 안정액을 사용하여 지반을 굴착하고 철근망을 삽입한 후, 콘크리트를 타설하여 지중에 철근 콘크리트 연속 벽체를 형성하는 공법이다. 지하연속벽 공법은 차수성이 좋고 근입부의 연속이 보장되며 단면 강성이 크므로 대규모, 대심도 굴착공사 시 영구벽체로 사용될 수 있고, 소음 및 진동이 적어 도심지 공사에 적합하다. 그러나 공기와 공사비 측면에서 비교적 불리하며, 안정액의 처리문제와 품질관리를 철저히 해야 한다. 지하연속벽의 시공순서는 다음과 같다.

① 굴착 시 흙이 무너지지 않도록 보호하는 안내벽 설치

② 벤토나이트 안정액을 주입하면서 굴착

③ 소정의 깊이까지 굴착 후 안정액 속에 혼합된 부유물과 슬라임(slime) 제거

④ 연결 부분의 거푸집 역할 및 차수효과를 위하여 맞물림관 설치

⑤ 철근망을 조립하여 설치

⑥ 트레미관을 이용하여 콘크리트를 타설하고 떠올라오는 벤토나이트 용액 회수

⑦ 콘크리트의 초기 경화가 이루어지면(4~5시간 후) 맞물림관 인발

장점	• 차수성이 좋고 근입부의 연속성이 보장된다. • 단면의 강성이 크므로 대규모, 대심도 굴착공사 시 영구벽체로 사용될 수 있다(Top down 공법 적용도 가능). • 소음 및 진동이 적어 도심지 공사에 적합하다. • 대지 경계선까지 시공 가능하므로 지하공간을 최대로 이용할 수 있다. • 강성이 커서 주변 구조물 보호에 적합하며, 주변 지반의 침하가 가장 적은 공법이다. • 근입 및 수밀성이 좋아 최악의 지반 조건에서도 안전한 공법이다.
단점	• 공기와 공사비가 비교적 불리하다(영구적 벽체 사용 시 별도). • 안정액의 처리문제와 품질관리가 철저하다. • 고도의 기술력이 요구된다.

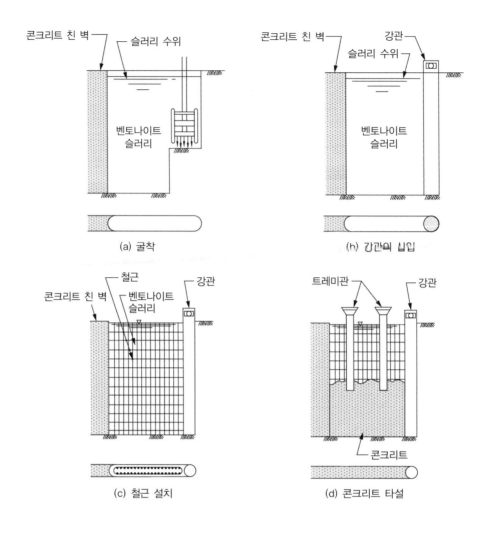

그림 3.20 슬러리 벽의 시공순서

3.3.5 흙막이벽 요약

널말뚝을 포함하여 앞에서 살펴본 흙막이 벽체의 공법 개요, 장단점, 재질, 시공순서, 안정성 등을 비교하여 정리하면 표 3.1과 같다.

표 3.1 흙막이벽 비교표

구분	토류판 벽체 (H-beam+lagging)	C.I.P	S.C.W	널말뚝	지하연속벽
공법 개요	• 천공하여 H-PILE 삽입 • 굴착하면서 토류판 설치	• Cast-In Placed Pile (주열식) • 철근 삽입 후 콘크리트 타설	• Soil Cement Wall (주열식) • 교반날개를 계획심도까지 천공 후 주입재를 투입 벽체로 형성하고 H-pile을 보강재로 삽입하여 토류벽으로 형성	강 널말뚝을 설치하여 차수벽과 토류벽의 역할을 동시에 함	• Diaphragm Wall (지중연속벽) • 특수장비로 트렌치 굴착 • 철근망 삽입 후 콘크리트 타설
장점	• 공사비 저렴 • 소음, 진동 영향 • 자재 재사용 가능 • 시공이 간단	• 벽체 강성이 좋음 • 불규칙한 평면에 적응성 좋음 • 인접구조물에 영향 적음 • 장비 소규모	• 별도 차수 필요 없음 • 토사의 유실이 매우 적음 • 공기가 짧음	• 시공이 빠름 • 특별한 장비 불필요 • 차수성 높음 • 대규모 공사에 적응	• 벽체 강성이 우수 • 완전차수 가능 • 건물벽체로 사용 가능 • 대심도 굴착가능
단점	• 차수성 벽체 시 차수 필요 • 벽체 변형 큼 • 토사유출 가능성 큼 • 토류판과 지반의 여굴로 주변 지반침하 우려	• 기둥 간 연결성 불량 및 수직도 문제로 보조차수 필요 • 암층은 공기 길어짐	• 자갈, 암층시공 곤란 • H-pile 사장 • 벽체로 이용 불가 • 철저한 시공관리 요망	• 항타로 소음 발생 • 연결부가 이탈할 경우 상당히 곤란 • 사력층, 조밀한 모래 지반에서는 시공 곤란	• 공사비 고가 • 장비규모가 큼 • 철저한 시공관리 요망
재질	H형강	철근 콘크리트	Soil Cement	U형, Z형 강 널말뚝	철근 콘크리트
시공 순서	• 천공 • 케이싱 설치 • H-PILE 설치 • 토류판 설치	• 천공 • 케이싱 설치 • 철근 설치 • 시멘트 Paste 주입 • 케이싱 해체	• 천공 • 안정제 주입혼합 교란 • H-pile 등 보강재 삽입	• Sheet 파일 설치 (직타 또는 진동) • Sheet 파일 해체 • 진동항타 등에 의해 설치가 불가능하면 천공 후 설치	• Guide wall 설치 • 굴착(T=60~80cm) • 철근망 삽입 • 콘크리트 타설 • 불량한 지층(자갈, 호박돌, 전석층)에서 크램셀로 굴착
안정성	강성체로서의 토류벽 역할을 할 수 있으나 벽체 변형이 큼	주열식 강성체로 토류벽 역할을 충분히 할 수 있음(굴착 깊이 15m 이내에 적용)	연속 벽체 차수 및 토류벽의 2중 역할을 충분히 할 수 있음(굴착 깊이 25m까지 가능)	• 연속 강성체로서의 토류벽 역할을 충분히 할 수 있음 • 재질적인 강도와 내구성이 비교적 우월	• 지중연속벽으로서 단면계수가 커서 토류벽 및 지하층 외벽 구조체로서의 역할을 할 수 있음 • 배면부 지반의 이완을 극소화 시킬 수 있음

3.4 흙막이벽에 작용하는 토압

3.4.1 개 요

굴착 흙막이벽에서의 토압은 대체로 삼각형 또는 사각형의 형태로 분포한다고 생각되는데, 삼각형 토압분포는 토류벽의 근입 깊이를 결정할 때와 캔틸레버식 또는 1단으로 지지된 벽체의 단면을 계산하는 데 사용한다. 사각형의 토압분포는 2~3단 이상으로 지지된 가설 흙막이 구조물의 경우에 많이 사용한다. 굴착 단계별 토압의 분포도는 그림 3.21과 같다.

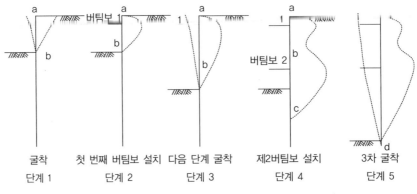

그림 3.21 굴착 단계별 토압분포(J. R. Bowles, 1988)

토압분포가 삼각형이라고 가정할 수 있는 경우에는 보통 Rankine의 토압공식을 사용한다. 여기서 다시 설명하면 Rankine의 주동토압과 수동토압을 계산하는 식은 다음과 같다.

$$주동토압 : \sigma_{ha} = (q + \gamma z)\tan^2(45° - \phi/2) - 2c\tan(45° - \phi/2) \tag{3.1}$$

$$수동토압 : \sigma_{hp} = (q + \gamma z)\tan^2(45° + \phi/2) + 2c\tan(45° + \phi/2) \tag{3.2}$$

여기서, σ_{ha} σ_{hp} : 깊이 z에서의 주동, 수동토압

γ : 흙의 단위중량

z : 지표면에서의 깊이

q : 상재하중

ϕ : 흙의 전단저항각

c : 흙의 점착절편

3.4.2 근입 깊이 결정에 사용되는 토압

흙막이벽의 근입 깊이를 결정하는 경우와 캔틸레버식 널말뚝 또는 1단으로 지지된 벽체의 단면을 결정하는 경우에는 일반적으로 Rankine의 토압이론을 사용한다. 즉, 그림 3.22와 같이 흙막이벽 뒤쪽에서는 주동토압이 작용하고, 앞쪽에서는 수동토압이 작용하는 경우에는 앞에서 설명한 식 (3.1) 및 식 (3.2)에 의해 주동토압과 수동토압을 구한다.

H-pile 또는 널말뚝의 근입장은 연직하중이나 측압, Heaving, Boiling에 대해서 안전하도록 검토해야 한다. 측압에 의한 H-pile 근입장의 검토는 다음 식과 같이 최하단 버팀대를 기준으로 주동토압에 의한 모멘트보다 수동토압에 의한 모멘트가 1.2배 이상 크도록 설계해야 한다(예제 3.1 참조). 널말뚝의 경우에는 널말뚝 최하단에 대한 주동토압보다 수동토압에 의한 모멘트가 2배 이상 크도록 설계하는 것이 보통이다.

$$F_s = \frac{M_r}{M_d} > 1.2 \tag{3.3}$$

여기서, F_s : 안전율

M_d : 최하단 버팀대 위치에 대한 주동토압에 의한 모멘트

M_r : 최하단 버팀대 위치에 대한 수동토압에 의한 모멘트

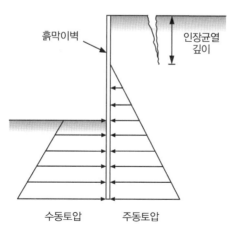

그림 3.22 H-Pile의 최소 근입장

예제 3.1   단위중량 γ_t=1.8t/m^3, 전단저항각 ϕ=40°인 사질토지반에서 12m를 굴착하면서 3m 간격으로 3단의 버팀대로 지지하려고 한다. 흙막이 벽체의 근입 깊이가 3m일 때 흙막이 벽체의 근입 깊이에 대한 안전율을 구하시오. 단, 지하수위는 무시한다.

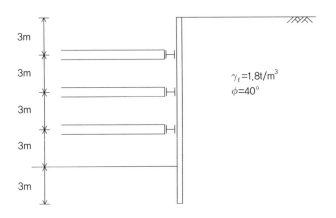

풀이

$$K_a = \frac{(1-\sin 40°)}{(1+\sin 40°)} = 0.217$$

$$K_p = \frac{(1+\sin 40°)}{(1-\sin 40°)} = 4.599$$

최하단 버팀대에서의 주동토압

$$\sigma_{ha1} = K_a\gamma_t z = (0.217)(1.8)(9) = 3.515\,\text{t/m}^2$$

최하단에서의 주동토압

$$\sigma_{ha2} = (0.217)(1.8)(15) = 5.859\,\text{t/m}^2$$

최하단에서의 수동토압

$$\sigma_{hp} = K_p\gamma_t z = (4.599)(1.8)(3) = 24.835\,\text{t/m}^2$$

최하단 버팀대를 기준으로 한 주동토압에 의한 모멘트

$$M_d = (3.515)(6)\left(\frac{6}{2}\right) + \left(\frac{1}{2}\right)(5.859 - 3.515)(6)\left(\frac{2}{3} \cdot 6\right) = 91.398 \text{t} \cdot \text{m/m}$$

최하단 버팀대를 기준으로 한 수동토압에 의한 모멘트

$$M_r = \left(\frac{1}{2}\right)(24.835)(3)\left(3 + \frac{2}{3} \cdot 3\right) = 186.263 \text{t} \cdot \text{m/m}$$

$$\therefore \ Fs = \frac{M_r}{M_d} = \frac{186.263}{91.398} = 2.038$$

3.4.3 단면계산에 사용되는 토압

H 말뚝과 토류판을 이용한 토류벽, 강 널말뚝, 연속지중벽, 띠장, 버팀대 등의 단면계산에 사용되는 토압분포는 경험 및 현장에서 계측된 토압분포를 토대로 제안된 값을 사용하고 있다. 실제로 대다수의 굴착 현장에서는 버팀보를 다단으로 설치하는데, 이때 토류벽의 토압분포는 사각형의 형상을 나타낸다. 토압분포의 형상과 크기는 뒤채움 흙의 종류, 지하수의 유무, 그리고 상재하중의 크기 등에 따라서 달라지며, 그동안 토압을 산정하는 여러 가지 방법에 제안되었는데 여기서는 그 중 많이 사용되고 있는 방법인 Tschebotarioff 방법과 Terzaghi-Peck 방법에 대해서만 설명하기로 한다.

1) 사질토의 경우

사질토의 경우 흙막이 벽체에 작용하는 토압은 그림 3.23에서 보는 것처럼 Tschebotarioff 는 사다리꼴로, Terzaghi-Peck 방법에서는 직사각형 형태라고 제안하였다.

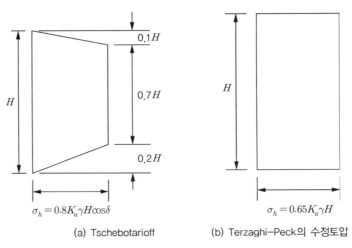

$\sigma_h = 0.8K_a\gamma H\cos\delta$ $\sigma_h = 0.65K_a\gamma H$

(a) Tschebotarioff   (b) Terzaghi–Peck의 수정토압

그림 3.23 시실토의 토압분포

① Tschebotarioff 방법

$$\sigma_h = 0.8K_a\gamma H\cos\delta \tag{3.4}$$

여기서, K_a : $\tan^2(45° - \phi/2)$

       H : 굴착 깊이

       γ : 흙의 단위체적중량

       δ : 벽 배면의 마찰각

         (단, 토류판 벽체의 경우 δ =0을 사용)

② Terzaghi–Peck 방법

$$\sigma_h = 0.65K_a\gamma H \tag{3.5}$$

여기서, K_a : $\tan^2(45° - \phi/2)$

       H : 굴착 깊이

       γ : 흙의 단위체적중량

2) 점성토의 경우

점성토의 경우 Tschebotarioff는 견고한 지반, 중간 지반, 연약한 지반으로 나누어 그림 3.24에서 보는 것처럼 삼각형 분포로 토압이 작용한다고 제안하였다. 또한 Terzaghi-Peck은 견고한 지반과 연약내지 중간 지반으로 나누어 그림 3.25에서 보는 바와 같이 사다리꼴 형태의 토압이 작용하는 것으로 제안하였다.

① Tschebotarioff 방법

견고한 지반

$$\sigma_{h1} = 0.5\gamma H \tag{3.6}$$

$$\sigma_{h2} = 0.3\gamma H \tag{3.7}$$

여기서, H : 굴착 깊이

γ : 흙의 단위체적중량

중간 정도의 지반

$$\sigma_{h1} = 0.5\gamma H \tag{3.8}$$

$$\sigma_{h2} = 0.375\gamma H \tag{3.9}$$

연약한 지반

$$\sigma_h = 0.25\gamma H \tag{3.10}$$

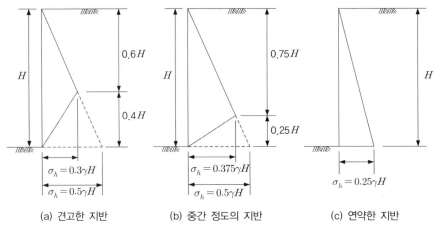

(a) 견고한 지반   (b) 중간 정도의 지반   (c) 연약한 지반

그림 3.24 점성토의 토압분포(Tschebotarioff)

② Terzaghi-Peck 방법

견고한 지반($\frac{\gamma H}{c} \le 4$)

$$\sigma_h = 0.2 \sim 0.4\gamma H \tag{3.11}$$

여기서, H : 굴착 깊이

γ : 흙의 단위체적중량

(단, 작은 토압의 토류벽 변위가 작고, 시공기간이 짧은 경우에 이용)

연약 내지 중간 지반($\frac{\gamma H}{c} > 4$) : 다음 두 식 중 큰 값을 사용

$$\sigma_h = \gamma H - 4c \tag{3.12}$$

$$\sigma_h = 0.3\gamma H \tag{3.13}$$

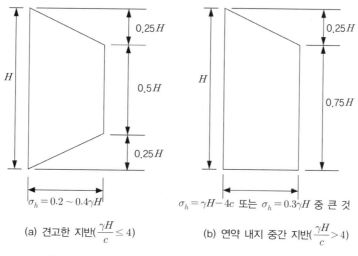

$\sigma_h = 0.2 \sim 0.4\gamma H$

$\sigma_h = \gamma H - 4c$ 또는 $\sigma_h = 0.3\gamma H$ 중 큰 것

(a) 견고한 지반($\frac{\gamma H}{c} \leq 4$)

(b) 연약 내지 중간 지반($\frac{\gamma H}{c} > 4$)

그림 3.25 점성토의 토압분포(Terzaghi-Peck의 수정토압)

3.5 버팀대식 흙막이벽의 단면 설계

3.5.1 버팀대 단면의 결정

버팀대식 흙막이벽의 단면을 결정하는 방법에는 주로 약산법이 사용되며, 약산법에는 벽체를 연속보로 취급하는 방법과 단순보로 취급하는 방법이 있는데, 여기서는 많이 사용되고 있는 벽체를 단순보로 취급하는 방법에 대해서 설명하기로 한다.

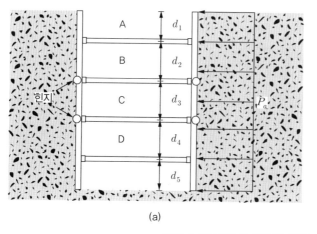

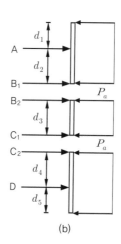

(a)

(b)

그림 3.26 버팀대 하중의 결정

버팀대에 작용하는 하중을 계산하는 방법은 다음과 같다.

① 그림 3.26 (a)와 같이 흙막이 벽체의 버팀대 위치를 표시하고, 토압분포선을 그린다.
② 최상단 버팀대와 최하단 버팀대를 제외한 나머지를 제외한 버팀대 위치를 힌지(hinge)로 가정한다.
③ 흙막이벽을 각 힌지에서 분리된 단순보 또는 캔틸레버보로 가정하고, 각 보의 반력을 구한다.
④ 각 버팀대가 받는 하중은 다음과 같이 계산한다.

$$P_A = R_A \cdot s \tag{3.14}$$

$$P_B = (R_{B1} + R_{B2}) \cdot s \tag{3.15}$$

$$P_C = (R_{C1} + R_{C2}) \cdot s \tag{3.16}$$

$$P_D = R_D \cdot s \tag{3.17}$$

여기서, P_A, P_B, P_C, P_D : A, B, C, D 버팀대가 받는 하중

⑤ 위에서 구한 버팀대의 하중과 기타 필요한 조건을 고려하여 적절한 단면의 버팀대를 선정한다.

3.5.2 흙막이벽의 단면 결정

H-pile(엄지말뚝, soldier beam)이나 널말뚝을 흙막이벽으로 사용할 때 단면의 결정하는 방법은 다음과 같다.

① 그림 3.26과 같이 단순보로 가정한 단면에 작용하는 전단력을 계산한다.
② 각 단면에 작용하는 휨 모멘트를 구하고, 최대 휨 모멘트 $M_{\max}$를 결정한다.
③ H-pile이나 널말뚝의 필요한 단면계수 Z를 계산한다.

$$Z = \frac{M_{\max}}{\sigma_a} \qquad (3.18)$$

여기서, σ_a : 엄지말뚝 또는 널말뚝 재료의 허용휨응력

④ 단면계수를 만족하는 H-pile이나 널말뚝을 선정한다.

3.5.3 띠장 단면의 결정

띠장은 연속 수평부재이지만, 편의상 버팀대 위치에서 힌지로 되어 있다고 가정하여 단순보로 취급하고 다음과 같이 계산한다.

① 단순보로 가정한 각 띠장의 최대 모멘트는 다음과 같다(그림 3.26 참조).

$$\text{위치 A} : M_{\max} = \frac{R_A \cdot s^2}{8} \qquad (3.19)$$

$$\text{위치 B} : M_{\max} = \frac{(R_{B1} + R_{B2}) \cdot s^2}{8} \qquad (3.20)$$

$$\text{위치 C} : M_{\max} = \frac{(R_{C1} + R_{C2}) \cdot s^2}{8} \qquad (3.21)$$

$$\text{위치 D} : M_{\max} = \frac{R_D \cdot s^2}{8} \qquad (3.22)$$

② 띠장의 필요한 단면계수를 계산한다.

$$Z = \frac{M_{\max}}{\sigma_a} \qquad (3.23)$$

예제 3.2 그림과 같이 사질토지반에 널말뚝과 버팀대를 이용하여 흙막이 구조물을 시공하고자 한다. 버팀대의 수평간격이 3.5m이고, 흙의 단위중량과 전단저항각이 γ_t=1.8t/m³, ϕ=35°이고, 강재의 허용응력이 σ_a=15,000t/m²일 때 A, B, C 버팀대가 받는 하중과 널말뚝에 필요한 단면계수를 구하시오.

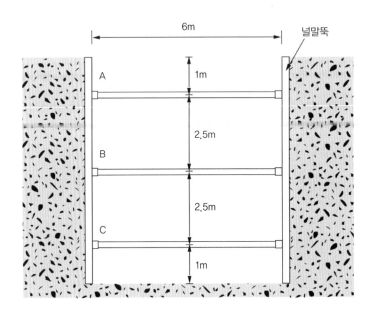

풀이

(1) Terzaghi-Peck 방법을 사용하면 사질토의 경우 토압분포는 직사각형이다.

$$K_a = \frac{1 - \sin\phi}{1 + \sin\phi} = \frac{1 - \sin 35}{1 + \sin 35} = 0.271$$

$$\sigma_{ha} = 0.65\,K_a\gamma_t H = (0.65)(0.271)(1.8)(7) = 2.219\,\text{t/m}^2$$

버팀대 위치를 잘라 단순보로 만들고 등분포하중이 작용한다고 가정하면

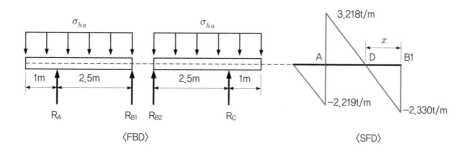

⟨FBD⟩   ⟨SFD⟩

$\sum M_{B1} = 0$;

$$(2.5)R_A = \left(\frac{3.5}{2}\right)(2.219)(3.5), \ \ R_A = 5.437\,\text{t/m}$$

$\sum F_V = 0$;

$$5.437 + R_{B1} - (2.219)(3.5) = 0, \ \ R_{B1} = 2.330\,\text{t/m}$$

두 개의 보가 서로 대칭이므로

$$R_{B2} = 2.330\,\text{t/m}, \ \ R_C = 5.437\,\text{t/m}$$

버팀대가 받는 하중은 다음과 같다.

$$P_A = R_A \cdot s = (5.437)(3.5) = 19.030\,\text{t}$$

$$P_B = R_B \cdot s = (2.330 + 2.330)(3.5) = 16.310\,\text{t}$$

$$P_C = R_C \cdot s = (5.437)(3.5) = 19.030\,\text{t}$$

(2) 널말뚝에 작용하는 최대 모멘트를 구하기 위해 전단력이 0인 곳을 찾는다.

앞의 그림 SFD에서 B1지점을 원점으로 하는 직선방정식으로부터 D점의 위치(x)를 구하면,

$$x = \frac{2.330}{2.219} = 1.050\,\text{m}$$

점 D에서의 모멘트, $M_D = \left(\frac{1}{2}\right)(1.050)(2.330) = 1.223\,\text{t} \cdot \text{m/m}$

점 A에서의 모멘트, $M_A = \left(\dfrac{1}{2}\right)(1)(2.219) = 1.110\,\mathrm{t\cdot m/m}$

두 개의 보가 서로 대칭이므로 최대 모멘트는 $M_{\max} = M_D = 1.223\,\mathrm{t\cdot m/m}$ 이다.

널말뚝 길이 1m당 필요한 단면계수는 다음과 같다.

$$Z = \frac{M_{\max}}{\sigma_a} = \frac{1.223}{15,000} = 8.153 \times 10^{-5}\,\mathrm{m^3/m}$$

예제 3.3　　그림과 같이 점토지반에 널말뚝과 버팀대를 이용하여 흙막이 구조물을 시공하고자 한다. 버팀대의 수평간격이 4m이고, $\gamma_t = 2.0\,\mathrm{t/m^3}$, $c = 4.0\,\mathrm{t/m^2}$, 강재의 허용응력이 $\sigma_a = 20,000\,\mathrm{t/m^2}$ 일 때 A, B, C 버팀대가 받는 하중과 널말뚝에 필요한 단면계수를 구하시오.

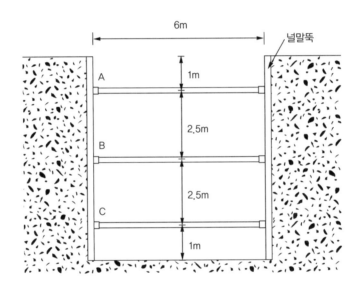

 풀이

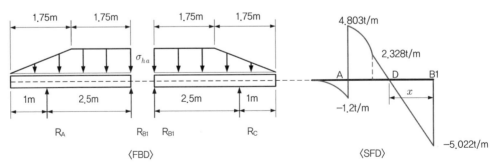

(1) 이등변 사다리꼴 분포이므로

$$\sigma_{ha} = 0.3\gamma_t H = (0.3)(2.0)(7) = 4.2 \, \text{t/m}^2$$

$\Sigma M_{B_1} = 0$

$$(2.5)R_A = \left(\frac{1.75}{2}\right)(4.2)(1.75) + \left(1.75 + \frac{1.75}{3}\right)\left(\frac{1}{2}\right)(4.2)(1.75)$$

$$R_A = 6.003 \, \text{t/m}$$

$\Sigma F_v = 0$

$$6.003 + R_{B1} - (4.2)(1.75) - \left(\frac{1}{2}\right)(4.2)(1.75) = 0$$

$$R_{B1} = 5.022 \, \text{t/m}$$

두 개의 보가 서로 대칭이므로

$$R_{B2} = 5.022 \, \text{t/m}, \quad R_C = 6.003 \, \text{t/m}$$

버팀대가 받는 하중은

$$P_A = R_A \cdot s = (6.003)(4) = 24.012 \, \text{t}$$

$$P_B = R_B \cdot s = (5.022 + 5.022)(4) = 40.176 \, \text{t}$$

$$P_C = R_C \cdot s = (6.003)(4) = 24.012 \, \text{t}$$

(2) 널말뚝에 작용하는 최대 모멘트를 구하기 위해 전단력이 0인 곳을 찾는다.

$$x = \frac{5.022}{4.2} = 1.196 \, \text{m}$$

점 A에서의 모멘트, $M_A = \left(\frac{1}{3}\right)\left(\frac{1}{2}\right)\left(\frac{4.2}{1.75}\right)(1) = 0.4 \, \text{t} \cdot \text{m/m}$

점 D에서의 모멘트, $M_D = \left(\frac{1}{2}\right)(1.196)(5.022) = 3.003 \, \text{t} \cdot \text{m/m}$

두 개의 보가 서로 대칭이므로 최대 모멘트는 $M_{\max} = M_D = 3.003 \, \text{t} \cdot \text{m/m}$이다.

널말뚝 1m당 단면계수는

$$Z = \frac{M_{\max}}{\sigma_a} = \frac{3.003}{20,000} = 1.501 \times 10^{-4}\,\text{m}^3/\text{m}$$

예제 3.4 단위중량 γ_t=1.8t/m³, ϕ=33°인 모래지반에 흙막이 벽체를 시공하고 8m 깊이로 굴착하였으며 굴착하면서 2m 간격으로 총 3단의 버팀대를 시공하였다. 버팀대 수평간격이 3.0m일 때 다음을 구하시오.

(1) Peck 토압분포를 적용하여 1, 2, 3단 버팀대가 각각 받는 하중을 구하시오.
(2) 허용응력 $\sigma_a = 17000 t/m^2$일 때 널말뚝에 필요한 단면계수를 구하시오.

풀이

(1) Terzaghi–Peck 방법에 의해 토압분포는 직사각형 분포이다.

$$K_a = \frac{1 - \sin\phi}{1 + \sin\phi} = \frac{1 - \sin 33°}{1 + \sin 33°} = 0.295$$

$$\sigma_{ha} = 0.65\,K_a\gamma_t H = (0.65)(0.295)(1.8)(8) = 2.761\,\text{t/m}^2$$

$\sum M_{B_1} = 0$

$$(2)R_A = \left(\frac{4}{2}\right)(2.761)(4), \ R_A = 11.044\,\text{t/m}$$

$\sum F_v = 0$

$$11.044 + R_{B1} - (2.761)(4) = 0, \ R_{B1} = 0$$

서로 대칭이므로

$$R_{B2} = 0, \ R_C = 11.044\,\text{t/m}$$

버팀대가 받는 하중

$$P_A = R_A \cdot s = (11.044)(3) = 33.132\,\text{t}$$
$$P_B = R_B \cdot s = (0)(3.5) = 0$$

$$P_C = R_C \cdot s = (11.044)(3) = 33.132\text{t}$$

(2) 널말뚝에 작용하는 최대 모멘트를 구하기 위해 전단력이 0인 곳을 찾는다.

A 점에서의 모멘트, $M_A = \left(\dfrac{1}{2}\right)(5.522)(2) = 5.522\text{t} \cdot \text{m/m}$

최대 모멘트, $M_{\max} = M_A = 5.522\text{t} \cdot \text{m/m}$

널말뚝 1m당 단면계수는

$$Z = \frac{M_{\max}}{\sigma_a} = \frac{5.522}{17,000} = 3.248 \times 10^{-4}\,\text{m}^3/\text{m}$$

3.5.4 엄지말뚝의 변위검토

엄지말뚝의 변위는 자립식 흙막이의 변형량이나 제 1단 버팀대 설치위치를 결정하기 위해 버팀대 설치 전의 처짐을 검토할 목적으로 행한다. 엄지말뚝의 변위를 검토하기 위해서는 일반적으로 굴착 바닥면에서의 변위를 구하여 이들 값이 선정된 기준치를 넘지 않도록 설계하여야 한다. 엄지말뚝 변위의 기준치로는 각 현장마다 차이가 있으나 통상 아래의 값을 억제 기준치로 사용한다.

- 굴착 바닥 → 점성토 : 1cm, 사질토 : 0.3cm
- 엄지말뚝 상단 : 3cm

단, 엄지말뚝 상단의 변위가 3cm을 넘는 경우에는 두부연결을 설치하거나 사용부재를 변경하여야 한다.

3.5.5 엄지말뚝의 응력검토

응력산정에서 얻은 모멘트와 전단력에 대해서 다음과 같이 단면을 검토한다. 엄지말뚝의 경우 흙막이벽 전체로서의 $M_{\max}$, $Q_{\max}$에 대해서 단일 부재로 설계되어야 하며 보통 sheet pile 과는 달리 응력을 엄지말뚝 간격마다 환산해서 산정한다. 엄지말뚝은 재사용되기도 하므로 실제로 사용하는 것에 대해서 단면 결손이나 이음상황을 고려해서 저감된 단면의 허용응력을 고려해야 한다.

- 휨에 대한 검토

$$\sigma_b = \frac{M_{max}ay}{I} \tag{3.24}$$

$$\frac{\sigma_b}{\sigma_a} < 1.0 \tag{3.25}$$

여기서, σ_a : 엄지말뚝의 허용응력

σ_b : 외력에 의해 발생된 응력

M_{max} : 외력에 의한 최대 휨 모멘트

a : 엄지말뚝 간격

y : 엄지말뚝 단면의 중심선에서 최외각까지의 거리

I : 엄지말뚝의 단면 2차 모멘트

- 전단에 대한 검토

$$\tau_b = \frac{Q_{max}a}{A_s} \tag{3.26}$$

$$\frac{\tau_b}{\tau_a} < 1.0 \tag{3.27}$$

여기서, τ_a : 엄지말뚝의 허용전단응력

τ_b : 외력에 의해 발생된 전단응력

Q_{max} : 외력에 의해 발생된 최대 전단력

A_s : 엄지말뚝 단면의 면적

3.5.6 상재하중에 대한 말뚝의 지지력

보통 흙막이 말뚝의 지지력은 타격에 의해 관입시킨 경우 N값 30 이상의 사질토층 또는 고결 점토층에 3m 이상 관입시키면 지지력을 계산하지 않아도 된다. 양질의 지반에 3m 이상 관입시키지 않을 때에는 다음의 계산식에 의해 극한지지력을 구하고 그 값을 안전율 2로 나눈 값을 허용지지력으로 한다.

$$Q = A \cdot q_d + \alpha \cdot \beta \cdot R_t \tag{3.28}$$

여기서, Q : 극한지지력(t)

A : 말뚝의 양 플렌지로 둘러싸인 면적(m^2)

q_d : 말뚝 선단지반의 극한지지력(t/m^2)

R_t : 극한주면마찰력

표 3.2 α, β의 값

α	Pre-boring에 의한 시공	몰탈 충진	0.8
		모래 충진	0.5
	충격에 의한 시공(Vibrating Hammer 시공)		1.0
β	말뚝 주위에 흙이 있을 때(밑넣기 부분)		1.0
	말뚝의 한쪽 면이 굴착될 때(흙막이 말뚝의 굴착 부분)		0.5

3.5.7 Heaving 현상에 대한 안정

연약한 점토지반을 굴착할 때 흙막이 벽체 뒷면의 흙의 무게와 상재하중이 굴착 바닥면 아래 지반의 지지력보다 클 경우 지반활동이 일어나 굴착 바닥면이 부풀어 오르는 현상이 발생할 수 있는데 이러한 현상을 융기현상(heaving)이라고 한다.

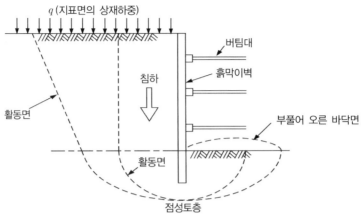

그림 3.27 Heaving 현상의 설명도

1) 융기현상 판정방법

점성토 지반에서의 굴착 저면 융기에 대한 안정성은 굴착 깊이에 따라 적용되는 파괴 메커니즘이 다르기 때문에 굴착 심도(H)가 굴착 너비(B)보다 작은 얕은 굴착($H/B < 1$)인 경우와 굴착 심도가 굴착 너비보다 큰 깊은 굴착($H/B > 1$)으로 나누어 해석한다.

① 얕은 굴착 ($H/B < 1$)

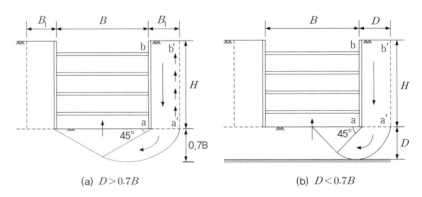

(a) $D > 0.7B$　　　　　　　(b) $D < 0.7B$

그림 3.28 얕은 굴착 시 저면 융기에 대한 안정성(Terzaghi, 1943)

얕은 굴착 시 저면 융기에 의한 파괴면은 그림 3.28 (a)에 나타난 것처럼 굴착 배면 측의 지표면까지 확장되는 것으로 가정한다. Terzaghi(1943)는 지반의 전단저항이 비배수 전단강도 c_u로 나타나는 균질한 점성토 지반에 대한 저면 융기에 대한 안정성을 다음과 같이 고찰하였다.

그림 3.28 (a)의 aa'에 작용하는 배면토사에 의한 벽체 단위길이당 하중은

$$Q = \gamma H B_1 - H c_u = B_1 H \left(\gamma - \frac{c_u}{B_1} \right) \tag{3.29}$$

이며, 이때 굴착 저면에서의 파괴면은 내부마찰각이 0이기 때문에 저면 수평면과 45°의 각도를 가지며, 따라서 B_1은 $0.7B$의 값을 갖게 됨을 알 수 있다. 그리고 aa'에서의 지지력은 Terzaghi의 지지력 공식에서 내부마찰각이 0인 근입되지 않은 표면 띠기초의 경우에는 아래의 식과 같다.

$$Q_u = 5.7 c_u B_1 \tag{3.30}$$

따라서 배면 측 굴착 저면 심도에서의 지지력 검토를 통하여 나타난 저면 융기에 대한 안정성은 다음 식과 같은 안전율로 나타낼 수 있다.

$$FS = \frac{Q_u}{Q} = \frac{5.7 c_u}{H \left(\gamma - \dfrac{c_u}{B_1} \right)} = \frac{5.7 c_u}{H \left(\gamma - \dfrac{c_u}{0.7B} \right)} \tag{3.31}$$

위의 식은 굴착 저면 아래 $0.7B$ 이상의 깊이까지 균질한 점성토층으로 구성되는 조건에 한하며, 굴착 저면 가까운 깊이 즉 $0.7B$보다 작은 깊이에 암반과 같은 단단한 층이 있는 경우에는 파괴면이 그림 3.28 (b)와 같으며, 그에 따른 저면 융기에 대한 안전율은 다음 식과 같다.

$$FS = \frac{5.7 c_u}{H \left(\gamma - \dfrac{c_u}{D} \right)} \tag{3.32}$$

Tschebotarioff(1973)는 제한된 굴착 길이(L)의 효과를 고려하여 점성토 지반에서의 저면 융기에 대한 안정성을 그림 3.29 (a)와 (b)에 나타난 바와 같이 단단한 층까지의 깊이(D)가 굴착 너비(B)보다 클 경우와 작을 경우로 나누어 검토하였다. $D/B < 1$인 경우[그림 3.29 (a)]에 대하여 살펴보면 굴착 시 배면 측 파괴토괴에 의한 굴착 저면에서의 압력(q)은 토괴의 벽체와 나란한 연직면뿐만 아니라 양단에서의 전단 저항력을 고려하여야 하므로 다음 식과 같다.

$$q = \frac{\gamma HDL - (c_u(HL + 2HD))}{DL} = H\left(\gamma - c_u\left(\frac{1}{D} + \frac{2}{L}\right)\right) \qquad (3.33)$$

배면 측 굴착 저면에서의 지지력은 직사각형 형상을 고려하여 다음 식과 같으며, 이때 기초의 점착력에 대한 지지력계수는 5.14를 사용하였다.

$$q_u = 5.14c_u\left(1 + 0.44\frac{D}{L}\right) \qquad (3.34)$$

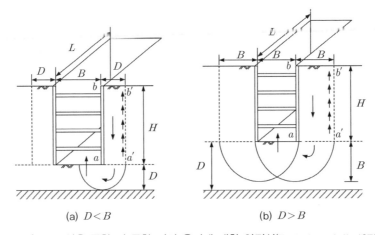

그림 3.29 얕은 굴착 시 굴착 저면 융기에 대한 안정성(Tschebotarioff, 1973)

따라서 저면융기에 대한 안전율은 다음 식과 같다.

$$FS = \frac{q_u}{q} = \frac{5.14c_u\left(1 + 0.44\frac{D}{L}\right)}{H\left(\gamma - 2c_u\left(\frac{1}{2D} + \frac{1}{L}\right)\right)} \quad (L \leq D) \qquad (3.35)$$

굴착 길이(L)가 굴착 저면 아래로부터 단단한 지층까지의 거리(D)보다 큰 경우에는 파괴 토괴 양단에서의 전단저항에 의한 구속효과가 감소하므로 안전율은 다음 식으로 표현할 수 있다.

$$FS = \frac{5.14c_u\left(1 + 0.44\dfrac{2D-L}{L}\right)}{H\left(\gamma - 2c_u\left(\dfrac{1}{2D} + \dfrac{2D-L}{DL}\right)\right)} \quad (D \le L \le 2D) \tag{3.36}$$

L이 $2D$보다 큰 경우에는 양단에서의 구속효과를 무시하여 식 (3.36)에서 $L = D$를 대입하여 구한 다음 식으로 안전율을 나타낼 수 있다.

$$FS = \frac{5.14c_u}{H\left(\gamma - \dfrac{c_u}{D}\right)} \quad (L \ge 2D) \tag{3.37}$$

굴착 저면에서 단단한 층까지의 심도가 굴착 너비보다 큰 경우에 대하여 Tschebotarioff (1973)는 그림 3.29 (b)에 나타난 바와 같이 파괴면이 흙막이 벽체에서 굴착 너비(B)만큼 이격되어 있다고 가정하여 식 (3.36)과 (3.37)에서 D 대신에 B를 대입한 다음 식으로 나타내었다.

$$FS = \frac{5.14c_u\left(1 + 0.44\dfrac{2B-L}{L}\right)}{H\left(\gamma - 2c_u\left(\dfrac{1}{2B} + \dfrac{2B-L}{BL}\right)\right)} \quad (L \le 2B) \tag{3.38}$$

$$FS = \frac{5.14c_u}{H\left(\gamma - \dfrac{c_u}{B}\right)} \quad (L > 2B) \tag{3.39}$$

② 깊은 굴착($H/B > 1$)

깊은 굴착의 경우 파괴면은 그림 3.30에 나타난 바와 같이 배면 측 지표면까지 확장되지 않고, 저면 주위에 국한하여 나타나는 깊은 기초와 같은 형태를 갖게 된다.

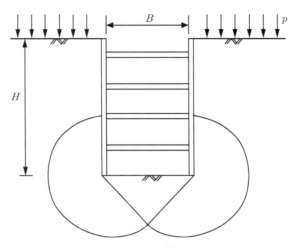

그림 3.30 깊은 굴착 시 저면 융기에 대한 안정성(Bjerrum & Eide, 1956)

Bjerrum & Eide(1956)는 그림 3.30과 같이 배면 측에 상재하중(p)이 있는 깊은 굴착 시 안정성을 깊은 기초의 선단지지력 공식을 이용, 검토하여 아래 식을 제안하였다.

$$FS = \frac{c_u N_c}{\gamma H + p} \tag{3.40}$$

여기서, N_c는 Skempton(1951)이 제시한 깊은 기초에 대한 지지력계수로 굴착 깊이와 형상에 따라서 그림 3.31과 같이 나타난다.

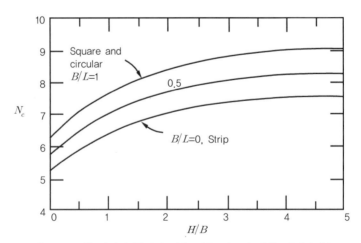

그림 3.31 굴착 깊이와 형상에 따른 깊은 기초에 대한 지지력계수

Reddy & Srinivasan(1967)은 식 (3.40)을 굴착 저면이 연약한 점성토층과 그 하부에 단단한 점성토층으로 이루어진 경우[그림 3.32 (a)]에 대한 안전율을 굴착형상을 함께 고려하여 다음 식으로 수정하였다.

$$FS = \frac{c_{u1}(N'_{c(strip)} F_D) F_s}{\gamma H + p} \tag{3.41}$$

그림 3.32 (b)에 의해 결정되는 굴착 깊이에 관한 계수 F_D는 H/B에 따라 그림 3.32 (c)로부터 구할 수 있으며, 형상계수 F_s를 구하는 식은 다음과 같다.

$$F_s = 1 + 0.2 B/L \tag{3.42}$$

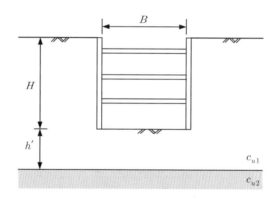

(a) 굴착 저면 아래에 다른 점착력을 가진 층이 있는 경우

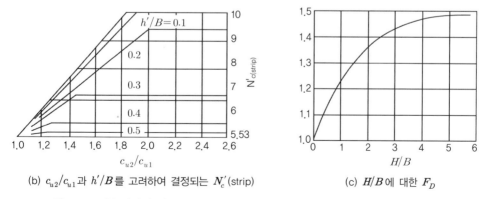

(b) c_{u2}/c_{u1}과 h'/B를 고려하여 결정되는 N'_c(strip)

(c) H/B에 대한 F_D

그림 3.32 굴착 저면이 연약 점성토층과 그 하부에 단단한 점성토층으로 이루어진 경우

Hansbo(1994)는 Bjerrum & Eide의 깊은 굴착에 관한 해석방법을 토대로 하여 굴착 저부에 근입된 벽체에 의한 저항효과를 고려한 다음 식을 제안하였다.

$$FS = \frac{c_u N_c + 2c_w d/(B+L)}{\gamma H + p}$$

(3.43)

일반적으로 벽체와 흙 사이의 부착력(c_w)에 의한 효과는 무시하므로 안전율은 Bjerrum & Eide이 제안한 식 (3.40)과 같이 나타나며, 벽체 근입에 의한 효과는 깊은 기초의 지지력계수 결정 시 굴착 깊이(H) 대신에 벽체의 전체 길이($H+d$)를 적용하여 그림 3.33을 통하여 이루어진다. 그림 3.33은 다음의 식과 같이 간략히 표현할 수 있다

$$N_c = \left(1 + 0.2\frac{B}{L}\right)\left[5.14 + \frac{1}{3}\left(\frac{H+d}{B}\left(8 - \frac{H+d}{B}\right)^{0.7}\right)\right]$$

(3.44)

이때, $(H+d)/B > 4$일 경우에는 $(H+d)/B = 4$일 때의 N_c값을 사용하며, c_u는 굴착 저면에서 $0.7B$까지의 값을 평균하여 사용한다.

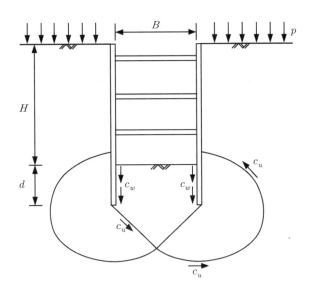

그림 3.33 깊은 굴착 시 점성토 지반에 대한 저면 융기의 안정성(Hansbo, 1994)

2) 융기현상에 대한 대책

연약한 점토지반 굴착 시 발생하는 융기현상을 방지하기 위한 대책에는 다음과 같은 방법이 있다(그림 3.34).

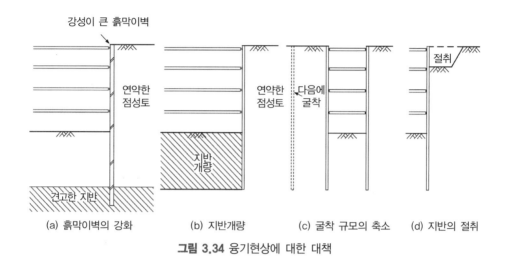

그림 3.34 융기현상에 대한 대책

① 흙막이벽의 근입 깊이와 강성을 크게 한다.
② 굴착 바닥면 아래의 점토를 개량하여 전단강도를 크게 한다.
③ 굴착 깊이를 작게 하거나 굴착 평면 규모를 축소한다.
④ 흙막이벽 뒤쪽의 흙을 절취하거나 안쪽 하단의 흙을 일부 남긴다.
⑤ 굴착 주변의 지반을 되도록 흐트러뜨리지 않는다.

예제 3.5 단위중량 γ_t=1.9t/m³, 점착력 c=4.5t/m²인 점토지반을 폭 12m, 길이 24m, 굴토 깊이 18m로 굴착하려고 한다. 융기현상에 대한 안전율을 Bjerrum & Eide(1956) 방법으로 산정하시오.

풀이

그림 3.31에서 $B/L = \dfrac{12}{24} = 0.5$, $H/B = \dfrac{18}{12} = 1.5$일 때 $N_c = 7.7$이다.

$$F_s = \frac{cN_c}{\gamma_t H + p} = \frac{(4.5)(7.7)}{(1.9)(18) + 0} = 1.013$$

3.5.8 Piping 현상에 대한 안정 검토

지하수위가 높은 모래 혹은 자갈층과 같은 투수성의 지반을 차수성이 큰 벽으로 차단하고 터파기 내부를 배수하면서 굴착하면 벽의 배면과 터파기면의 지하수위 차에 따라 생기는 상향의 침투압에 의해 모래의 유효응력이 감소 또는 소멸되어 벽체 부근의 모래가 boiling 현상이 진행되어 작은 유로가 형성되는 piping 현상이 일어난다.

이 경우 벽 전면의 수동 측 저항과 벽 하단의 지지력이 없어질 뿐 아니라 흙입자의 이동도 발생하여 구조물 및 주변 지반이 파괴되고 예기치 못한 사고로 연결된다. 또한 boiling을 일으킨 지반은 그것이 정지된 후에도 일반적으로 대단히 느슨한 상태가 되므로 지지력이 크게 감소한다.

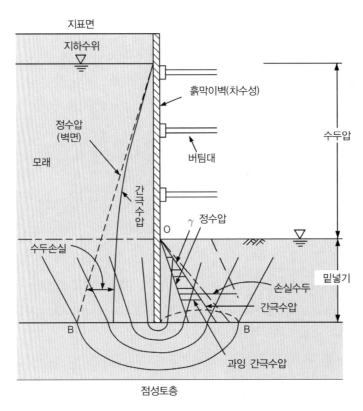

그림 3.35 Boiling 현상의 설명도

1) Piping 현상 판정방법

Terzaghi는 모래지반에 대한 몇 가지 모형실험을 한 후 굴착 저면의 파이핑이 보통 널말뚝으로부터 $D/2$ 안에 있는 지역에서 발생한다고 하였다(D=널말뚝이 투수층에 박힌 깊이). 따라서 파이핑에 대한 안정성 평가는 그림 3.36에서와 같이 $D \times D/2$ 크기 부분에 대해 검토한다. 파이핑에 대한 안전율은 다음과 같이 정의된다.

$$F_s = \frac{W}{J} = \frac{\frac{1}{2}\gamma_{sub}D^2}{\frac{1}{2}DH_{ave}\gamma_w} = \frac{D\gamma_{sub}}{H_{ave}\gamma_w} \tag{3.45}$$

여기서, W : 널말뚝의 단위 폭당 융기 영역 내에 있는 흙의 수중중량

J : 흙의 같은 체적에 대한 상향 침투력

$$J = \frac{H_{ave}}{D}\gamma_w\left(\frac{1}{2}D^2\right) = \frac{1}{2}\gamma_w DH_{ave}$$

H_{ave} : 파이핑 검토영역의 바닥에서 하류 측 지표면까지의 평균 수두손실

(유선망 작도를 통해 결정)

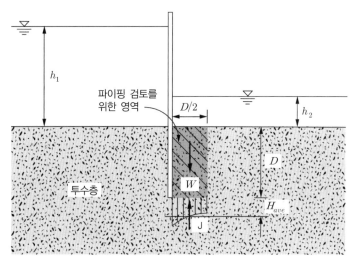

그림 3.36 널말뚝 하류 측의 파이핑 검토

2) Piping 현상에 대한 대책

Piping이나 boiling의 확실한 방지법은 well point 혹은 deep well 등 적당한 배수공법을 채용하거나, 벽체 근입 깊이를 크게 하는 것이 효과적이다. 또한 벽체 밑넣기 깊이 이하로

적당한 차수재를 주입하는 등의 차수공법도 효과가 있는데 이 경우에는 boiling 현상이 일어나서 물의 흐름이 부분적으로 생기면 차수효과가 감소하므로 신속히 시공하는 것이 바람직하다.

예제 3.6 그림에 보인 바와 같은 널말뚝의 파이핑에 대한 안전율을 구하시오. 이 흙의 전체 단위중량은 1.7t/m³이며 $\overline{BC} = \dfrac{1}{2}\overline{AB}$ 이다.

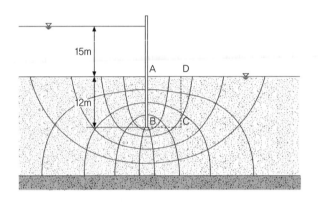

풀이

B 점에서 하류면으로 침투 시 수두 손실량, $\Delta h_B = (15)\left(\dfrac{4}{9}\right) = 6.667\,\text{m}$

C 점에서 하류면으로 침투 시 수두 손실량, $\Delta h_C = (15)\left(\dfrac{2.5}{9}\right) = 4.167\,\text{m}$

평균 수두 손실량, $\Delta H_{ave} = \dfrac{6.667 + 4.167}{2} = 5.417\,\text{m}$

흙 ABCD의 단위 폭당 체적 $V = (12)(6) = 72\,\text{m}^3/\text{m}$

전 침투력 $J = i\gamma_w V = \dfrac{\Delta H_{ave}}{D}\gamma_w V = \left(\dfrac{5.417}{12}\right)(1)(72) = 32.502\,\text{t/m}$

전 유효단위중량 $W = \dfrac{1}{2}\gamma_{sub}D^2 = \left(\dfrac{1}{2}\right)(1.7-1)(12^2) = 50.4\,\text{t/m}$

$$\therefore F_s = \dfrac{W}{J} = \dfrac{50.4}{32.502} = 1.551$$

3.6 주변 지반의 안정성 검토

지반공학은 흙이라는 자연물질을 원위치에서 다루는 학문으로, 지반구조물의 충분한 안전율을 확보하여 파괴를 방지하는 데 초점을 맞춰 발달해왔다. 그러나 현대 사회로 접어들어 지반구조물에 관한 다양한 요구들이 생겨나면서 충분한 안전율과 더불어 사용성(serviceability)을 중시한 기술도 필요로 하게 되었다. 특히 도심지의 경우 기존 구조물들이 현장에 인접한 경우가 많아 공사 시 인접구조물의 균열과 같은 피해를 주지 않기 위해 지반의 변형까지도 제어해야하는 경우가 많다. 이 절에서는 굴착 현장 주변 지반의 침하 평가 방안에 대해 소개한다.

3.6.1 주변 지반의 안정성에 영향을 미치는 원인

지반굴착 시 주변 지반의 안정성에 영향을 미치는 원인을 살펴보면 다음과 같다.

① 벽체설치를 위한 굴착 시 지반변형
② 앵커공 천공 시 지반이완
③ 벽 사이로 토사 유실
④ 벽체의 변형
  • 토류벽의 휨
  • 버팀대의 탄·소성 변형
  • 버팀대 설치의 시간적 지체(단계별 설치)
  • 토류벽 근입 깊이의 부족
⑤ 굴토공사 시의 지반진동
⑥ 지하수위 강하

그림 3.37 도심지 근접 시공

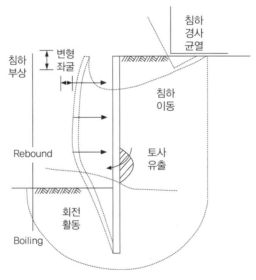

그림 3.38 굴착공사에 따른 제반거동

3.6.2 굴착 시 흙막이 벽체의 수평변위와 주변 지반의 침하

강성이 큰 흙막이 벽체를 사용하고 버팀대 단수를 늘리고 버팀대에 선행하중을 가해주면 벽체의 변형이 덜 발생하겠지만, 굴착공사로 흙막이 벽체에 변형이 생기는 것은 어쩌면 당연한 일이다. 흙막이 벽체의 횡방향 변형은 주변 지반의 지반침하를 일으킨다. 그동안 많은 사람이 굴착과 관련한 연구를 수행했는데 그 내용을 정리하면 표 3.3 및 표 3.4와 같다.

표 3.3에서 보는 바와 같이 굴착 시 흙막이 벽체의 최대 수평변위는 지반 조건과 흙막이 구조물 종류에 따라 다르며, 토류벽 높이의 0.2%에서 2.0%에 이르는 것으로 보고되었다. 표

3.4에서 보는 것처럼 굴착으로 발생하는 주변 지반의 최대 침하량과 영향 거리 역시 지반 조건과 흙막이 벽체 종류에 따라 다르다. 주변 지반의 최대 침하량은 대략 벽체 높이의 0.3% 정도이며, 많은 연구자에 의해 다양한 공식이 개발되어 사용되고 있다.

굴착으로 인해 주변 지반에 침하가 발생하는 영향거리는 최대 3H(벽체 높이의 3배)로 알려져 있으며, 흙막이 벽체로부터 멀어질수록 작아지는 것이 보통이다. Ou et al.(1993)은 현장 계측결과를 바탕으로 배면 지반의 굴착으로 인한 영향 범위(AIR, Apparent Influence Range)를 산정하는 방법을 제안하였다. AIR 범위 밖에 구조물이 위치하는 경우 굴착으로 인한 심각한 영향은 받지 않는 것으로 나타났으며, AIR은 다음과 같이 산정 가능하다.

$$\text{AIR} = (H_e + H_p)\tan(45° - \phi/2) \leq (H_e + H_p) \tag{3.46}$$

여기서, H_e는 최종 굴착 깊이이며, H_p는 벽체의 근입 깊이를 의미한다. 최대 침하는 토류벽에서 발생하며 토류벽으로부터 횡방향 거리 증가에 따라 침하가 감소하는 것으로 단순화하였다.

표 3.3 굴착 시 흙막이벽 최대 수평변위에 관한 연구결과

항목	지반 조건	흙막이 구조물 종류	제안값 및 측정	제안자
토류벽의 최대 수평변위 ($\delta_{h,m}$)	단단한 점토, 잔적토, 모래	• 널말뚝 • 엄지말뚝+토류판	1.0%H	Peck(1969)
	조밀한 사질토, 빙적토(till)	스트러트 지지	0.2%H보다 작음 (타이백인 경우에는 보통 더 작음)	NAVAFAC DM-7.2(1982)
	단단한 균열성 점토 (stiff fissured clays)	–	시공의 질적 상태에 따라 0.5%H, 또는 그 이상에 이를 수 있음	
	연약한 점토지반	–	0.5%H~2.0%H	
	단단한 점성토, 잔적토, 모래	강성이 작은 것부터 큰 것까지 다양함	0.2%H(이 값은 평균치이며, 상한치는 0.5%H 임)	Clough & O'Rourke (1990)
	실트질 모래와 실트질 점토가 번갈아가며 지반을 형성	대부분 지하연속벽과 스트러트 지지	0.2%H~0.5%H	Chang Yu-Ou et al.(1993)
	암반을 포함한 다층 지반으로 구성된 서울 지역 4개 현장	• 강 널말뚝 • 지하연속벽	0.2%H	이종규 등(1993)
	포아송비에 포함	강 널말뚝	해석적 방법 또는 계측치	Caspe(1966) 및 Bowls(1988)

표 3.4 최대 지표침하량 및 침하 영향거리 연구결과 요약

항목	지반 조건	흙막이 구조물	제안값 및 측정값	제안자
굴착 인접 지반 지표의 최대 침하량 ($\delta_{v,m}$) 최대 침하 영향거리 (D_1)	느슨한 모래, 자갈	엄지말뚝+토류판, 강 널말뚝	$\delta_{v,m} : 0.5\%H$	Terzaghi & Peck (1976)
	중간~조밀한 모래, 단단한 점토가 끼어 있는 모래	엄지말뚝+토류판	$\delta_{v,m} : 0.3\%H$ $D_1 : 2.0H$	O'Rourke(1975)
	단단한 점토	지하연속벽, Top-Down 공법	$\delta_{v,m} : 0.3\%H$ $D_1 : 3.0H$	St. John(1975)
	연약 · 중간진토	–	$\delta_{v,m} \rangle \delta_{h,m}$ $D_1 : 2.0H$	Goldberg et al. (1976)
	매우 단단~ 견고한 점토	–	$\delta_{v,m} = (1/2\sim1)\delta_{h,m}$ $D_1 : 2.0H$ (모래지반의 경우 $D_1 \leq 2.0H$)	$\delta_{v,m} = (1/2\sim1)\ \delta_{h,m}$ 대부분의 경우는 $\delta_{v,m} = (2/3\sim11/3)\delta_{h,m}$ $\delta_{v,m},\ \delta_{h,m} \leq 0.5\%H$
	연약~중간 점토	스트러트	$\delta_{v,m} : (0.5\sim1.0)$ $\delta_{h,m}$	Mana & Clough (1981)
	단단한 점토	강성이 작은 것부터 큰 것까지 다양함	$\delta_{v,m} : 0.3\%H$ $D_1 : 3.0H$	Clough & O'Rourke (1990) (단단한 점토, 잔적 토, 모래 : 평균 $\delta_{v,m}$ $: 0.15\%H$)
	모래, 조립토		$\delta_{v,m} : 0.3\%H$ $D_1 : 2.0H$	
	실트질 모래와 실트 질 점토가 번갈아가 며 지반을 형성	대부분이 지하연속벽 과 스트러트	$\delta_{v,m} : (0.5\sim0.7)$ $\delta_{h,m}$	Chang Yu-Ou et al. (1993)
	–	강 널말뚝	$S_x = S_w \times \left(\dfrac{D_1 - x}{D_1}\right)^2$	Caspe(1966) & Bowls(1988)
	완전탄성 및 포화지반	트렌치 굴착	$\delta_v = \dfrac{\gamma H^2}{E}(c_3 k_0 + c_4)$	Fry et al(1983)

$\delta_{v,m}$: 최대 지표 침하량, $\delta_{h,m}$: 토류벽의 최대 수평변위량, H : 최종 굴토 깊이,

D_1 : 침하 영향거리, S_w : 계산된 벽체에서 표면침하량, x : 벽체에서의 거리,

δ_v : 연직변위, E : 지반의 탄성계수, K_0 : 정지토압계수,

γ : 흙의 단위중량, C_3 : 상수

3.6.3 주변 지반의 침하량 산정방법

굴착공사 시 인접 배면 지반의 침하를 발생시키는 요인으로는 토류벽체 및 지지구조체의 강성, 지반 조건, 상재하중 등 다양하기 때문에 굴착으로 인한 인접 지반의 침하량을 정확하게 산정하기는 매우 어렵다. 특히 암반층에서 토사지반의 침하량 추정방법으로 침하량을 추정할 때는 암반 절리, 균열 등 불연속면의 형태에 따라 거동양상이 크게 달라질 수 있기 때문에 더욱 어렵다. 따라서 정밀한 지반조사가 없는 상황에서 굴착에 따른 배면 지반침하량을 추정하는 것은 한계가 있다. 현재까지 연구, 제안된 방법 중에서 다음과 같은 경험 및 반경험적 침하량 예측방법이 많이 사용되고 있다.

① Peck의 침하곡선을 이용한 경험적 방법
② Caspe의 벽체수평변위에 의한 침하량 추정방법
③ Clough et. al의 토질별 침하량 추정방법
④ Bowles의 제안 식

1) Peck의 침하곡선을 이용한 경험적 방법

Peck(1969)은 여러 굴착 현장의 지반특성 및 굴착 깊이에 따라 흙막이 벽체로부터 거리별 침하량을 종합하여 그림 3.39와 같은 침하곡선을 제시하였다. 이 방법은 스팬드럴(spandrel) 형태의 지반침하에 적합한 분석 방법으로, 최대 침하는 토류벽에서 발생하며 토류벽으로부터 횡방향 거리 증가에 따라 침하가 감소하는 것으로 단순화하였다. 벽체의 강성이나 지하수의 영향은 고려하지 않고 현장의 토질 특성별로 I, II, III 영역으로 구분하여 지반침하량을 산정하는 방법을 제안하였다. Peck의 경험적 방법은 1969년 이전에 널말뚝이나 엄지말뚝과 흙막이 판을 이용한 지지벽체 시공 시 발생한 지반침하 데이터를 바탕으로 작성된 것으로, 지중연속벽 (diaphram wall)과 같이 상대적으로 최근 공법을 사용한 경우 최대 침하량은 제안식보다 작게 발생한다.

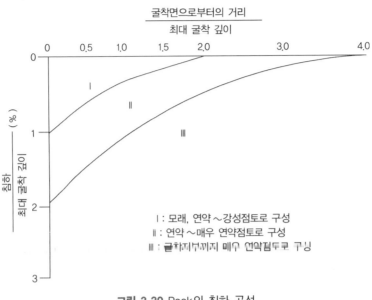

그림 3.39 Peck의 침하 곡선

> **예제 3.7**　연약한 점토지반에서 깊이는 38m까지 굴착작업을 수행할 예정이다. Peck 침하곡선을 이용하여 굴착면으로부터 거리별 침하량을 산정하시오.

풀이

그림 3.39로부터 최대 침하량을 1.0%H라고 가정하여(영역 I과 II의 경계선) 굴착면으로부터의 거리별 침하량 산정하면 다음과 같다.

1.0%H=0.01×38=0.38m=38cm(상당히 크게 발생)

흙막이벽으로부터 거리(m)	0	20	40	60	76
침하(cm)	38.0	23.9	13.3	5.7	0

2) Caspe의 벽체수평변위에 의한 침하량 추정방법

Caspe(1966)는 굴착공사 시 주변 지반에 발생하는 총 침하면적은 토류벽의 수평변위에 따른 변위면적과 같다고 가정하여 침하량을 산정하는 방법을 제안하였다. 이 방법은 실측되거나 설계 시 계산된 수평변위량을 이용하여 실제와 근사한 침하량을 산정할 수 있는 방법이나 대상 지반이 일반 토사층이 아니라 암반층의 경우 암반의 특성으로 인하여 예측침하량이 다소 과다하게 산정될 수 있다. 주변 지반의 침하량은 산정하는 순서는 다음과 같다.

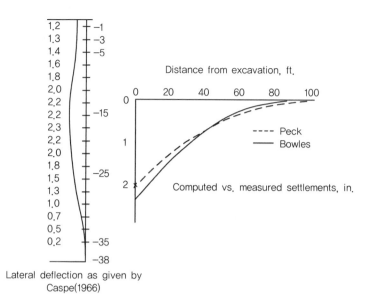

Lateral deflection as given by
Caspe(1966)

그림 3.40 굴착에 따른 수평변위

① 굴토하부 깊이(H_p) :

$$H_p = 0.5 \times B \times \tan\left(45° + \phi/2\right)$$
(3.47)

② 침하영향거리(D_1) :

$$D_1 = H_t \times \tan\left(45° - \phi/2\right)$$
(3.48)

③ 굴착면 직상에서의 침하량(S_w) :

$$S_w = (4 \times V_s)/D_1$$
(3.49)

④ 표준침하량(S_x)

$$S_x = S_w \times \left(\frac{D_1 - x}{D_1}\right)^2$$
(3.50)

여기서, B : 굴착 폭

$$H_t = H_w + H_p$$

H_w : 굴토깊이(m)

ϕ : 흙의 내부마찰각(°)

V_s : 수평변위량의 총합 (m^3/m)

(평면단면적법, 사다리꼴 공식 또는 simpson의 제1공식 적용)

S_x : 벽면에서 x만큼 떨어진 곳에서 발생되는 예상침하량(cm)

예제 3.8　굴토 깊이가 38m, 흙의 내부마찰각이 34°, 굴토 폭 20m, 굴착에 따른 수평변위가 그림 3.40과 같을 때 굴착면에서의 거리별 침하량을 계산하시오.

풀이

굴착면으로부터의 거리별 침하량은 다음과 같이 계산된다.

$$H_p = 0.5B\tan(45° + \phi/2) = (0.5)(20)\tan(45° + 34/2) = 18.807\,\text{m}$$

$$H_t = H_p + H_w = 18.807 + 38 = 56.807\,\text{m}$$

$$D = H_t\tan(45° - \phi/2) = (56.807)\tan(45° - 34/2) = 30.205\,\text{m}$$

V_s를 그림 3.40에서 구하면 대략 0.5440m^3/m이다.

$$S_w = \frac{4V_s}{D} = \frac{(4)(0.544)}{30.205} = 0.072\text{m} = 7.2\text{cm}$$

거리에 따른 지표면 침하량은 다음 표와 같다.

흙막이벽으로부터　거리(m)	0	5	10	20	30.2
침하량(cm)	7.20	5.01	3.22	0.82	0.00

3) Clough et. al 방법에 의한 예상침하량

Clough et. al(1989)은 흙막이벽 배면 지반의 변위를 예측하기 위하여 사질토 지반과 점성토 지반을 구분하여 예측방법을 제시하였다. 즉, 모래 지반, 견고한 점토지반, 그리고 중간 내지 연약한 점토지반 등 지반을 3가지로 구분하고 각각의 경우 굴착을 시행했을 때 토류벽체 배면고의 거리별 침하량을 현장 측정결과 및 유한요소법으로 각각 구하여 그림 3.41과 같이 제안하였다. 그림 3.41에서 H는 굴착 깊이, d는 토류벽체로부터의 거리이며, $\delta_{v,m}$은 최대 침하량이고 δ_v는 거리별 침하량이다. 이 방법은 엄지말뚝, 널말뚝, 지하연속벽(diapharam wall) 등의 흙막이벽이 버팀대나 앵커로 지지되는 것에 관계없이 적용할 수 있으며, 대체로 안전 측 결과를 주는 것으로 알려졌다. 한편 중간 내지 연약한 점토층에서 거리별 침하량[그림 3.41 (c)]은 사다리꼴로서 $0 \le d/H \le 0.75$인 경우 최대 침하가 일어나며 $0.75 \le d/H \le 2.0$ 인 경우 직선적으로 감소하는 것으로 제안하였다. 그림 3.41을 사용하는 경우, 문제는 최대 침하량 $\delta_{v,m}$을 추정하는 것인데 지반조건에 따라 다음과 같다고 가정한다.

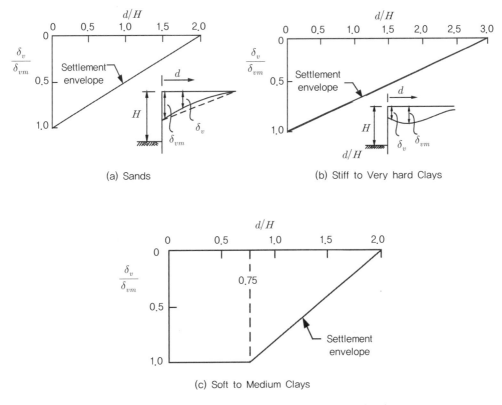

그림 3.41 Clough et. al의 방법에 의한 주변 지반침하량

ⓐ 견고한 점토, 잔류토 및 모래지반인 경우

Clough et al.(1989)은 최대 침하량은 대부분 $0.3\%H$ 이내이며, 평균적으로 $0.15\%H$ 정도 라고 제안하였다. 이 경우 벽체의 종류에 관계없을 뿐 아니라 쏘일네일(soil nail) 및 쏘일시멘 트 벽까지 포함된다고 한다. 최대 침하량이 $0.5\%H$보다 큰 경우도 있는데 수평판 또는 기타

가설지지 구조가 설치되었거나 지하수 등이 굴착으로 내측으로 유입되는 등이 그런 경우에 속한다.

ⓑ 연약 내지 중간 정도의 점토지반

점토층에서 벽체의 최대 수평변위(δ_{LM})와 최대 침하량($\delta_{v,m}$) 추정은 저면에서의 히빙에 대한 안전율, 가설구조체의 강성(system stiffness)에 관련되는 것이지만 실용적인 면에서는 배면 지반의 최대 침하량($\delta_{v,m}$)은 그런 효과를 고려하지 않는 경우 벽체의 최대 수평변위와 같다고 보고 배면 침하량을 계산할 수 있다.

4) Bowles의 제안 식

Bowles(1988)은 스팬드럴 형태의 침하가 발생했을 때, 지반의 침하량을 산정하는 방법을 다음과 같이 제안하였다.

(1) 지지벽체의 수평방향 변형량을 산정한다.
(2) 수평 이동한 토체의 부피(V_s)를 계산한다.
(3) 지반침하 영향 범위(D)를 Caspe(1966)이 제안한 다음 식을 이용하여 산정한다.

$$D = (H_e + H_d)\tan(45° - \phi/2) \tag{3.51}$$

여기서 H_e는 최종 굴착 깊이, ϕ는 흙의 마찰각을 의미한다. B가 굴착 폭일 때, 점성토에 대해서는 $H_d = B$, 사질토에 대해서는 $H_d = 0.5B\tan(45° + \phi/2)$를 이용하여 계산한다.

(4) 지반의 최대 침하량이 지지벽체에서 발생한다고 가정할 때, 최대 지반침하량(δ_{vm})은 다음과 같이 산정한다.

$$\delta_{vm} = 4V_s/D \tag{3.52}$$

(5) 침하 곡선은 포물선으로 가정할 때, 침하량(δ_v)은 지지벽체로부터의 거리 d에 대한 다음과 같은 식으로 표현된다. 여기서, $D - x$가 지지벽체로부터의 거리를 의미한다.

$$\delta_v = \delta_{vm}\,(x/D)^2 \qquad\qquad (3.53)$$

일반적으로 굴착으로 인한 지반의 침하는 굴착 깊이, 시공 순서, 지보 시스템과 같은 많은 인자들에 의해 영향을 받는다. 이 영향인자들은 지지벽체의 변형에도 영향을 미친다. 따라서 압밀에 의한 영향을 배제한다면, 벽체의 수평방향 변형이 지반침하에 영향을 미친다는 Bowles 의 산정방법은 타당한 방법으로 판단된다.

3.6.4 지반의 미소변형 및 구성 모델

실제 공용하중 상태에서의 변형률의 크기가 지반의 항복 상태 변형률보다 매우 작다는 것이 Burland(1989)에 의해 밝혀졌다. 도심지 굴착 현장 주변 지반의 변형, 기초의 침하 등 여러 가지 지반구조물 건설에 있어서 지반의 미소변형률 구간에서의 강성이 중요한 요소임이 인식 되었다. 일반적으로 현장에서 계측된 공용하중 상태에서 지반의 변형률은 0.1% 이하로 나타나 며, 이 구간을 미소변형률(small strain) 구간이라 한다. 미소변형률 구간은 그림 3.42에 나타 난 바와 같이 강성의 비선형성이 두드러진다. 따라서 굴착 현장 주변 지반의 변형 예측을 위한 전산 해석 시 미소변형률 구간 강성의 비선형적 특성을 반영해야 정확한 예측이 가능하다.

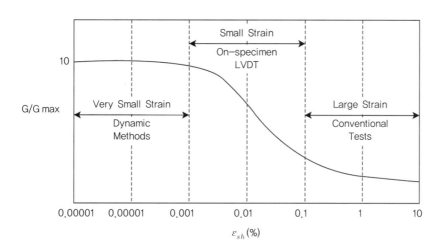

그림 3.42 변형률에 따른 지반의 강성 감쇠 곡선

변형률에 따른 강성 변화 특성을 고려하지 않는 구성 모델(constitutive model)의 경우 대변 형률(large strain) 구간의 상대적으로 작은 강성을 사용하는 것이 보통이다. 작은 강성 값을

이용할 경우 실제 현장에서 발생하는 변형보다 크게 예측이 되기 때문에 안전 측이라 생각하기 쉬우나 반드시 그런 것은 아니다. 그림 3.43은 19m 깊이의 굴착 현장 인접 지반의 침하 계측 값과 대변형률 구간의 작은 강성을 이용한 예측값을 나타낸다(Hight and Higgins, 1995). 그림에 나타난 바와 같이 지반의 침하는 예측값이 계측 값보다 크게 나타나고, 굴착면으로부터 먼 곳까지 침하가 발생하는 것으로 나타났다. 이는 앞서 언급한 바와 같이 변형률에 따른 강성 변화를 고려하지 않고 작은 지반 강성을 일괄적으로 적용하여 전산해석을 통해 예측하였을 때 나타나는 전형적인 침하 형상으로, 이 예측결과를 바탕으로 설계한다면 과다 설계가 될 것이다. 또한 굴착면으로 약 5~10m 떨어진 구간의 침하 형상을 살펴보면, 부등침하의 형태가 계측 값이 예측값보다 심한 것을 알 수 있다. 지반구조물 및 굴착 현장 주변에 매설된 각종 관들을 고려해볼 때, 부등침하로 인한 기울기가 균등침하보다 더 치명적인 수 있다. 따라서 변형률에 따른 지반 강성의 변화를 고려하지 않은 전산해석을 통한 지반변형의 예측은 과다한 설계 혹은 불안전한 설계를 초래할 수 있다.

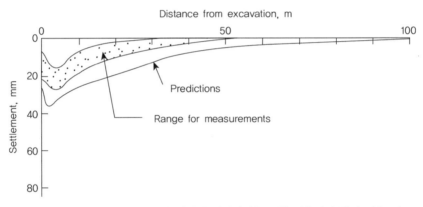

그림 3.43 깊은 굴착 현장 주변 침하의 전산해석을 통한 예측값과 현장 계측 값
(Hight & Higgins, 1995)

변형률에 따른 강성 비선형적 거동 특성을 고려할 수 있는 구성 모델들이 개발되었으며, 지반공학 관련 전산해석 프로그램에 사용되는 모델들의 예는 다음과 같다.

① SS(Soft Soil) 모델 : 이 모델은 MCC(Modified Cam Clay)을 바탕으로 개발되었으며, 체적변형률(volumetric strain)과 평균유효응력(mean effective stress)이 대수선형적인 관계가 있다고 가정하고 있다. 응력 변화에 따른 강성의 변화, 하중의 재하 및 제하-재재하(unloading-reloading) 등을 모사할 수 있으나, 압축 하중이 지배적인 경우에

적합하다.

② HS(Hardening Soil) 모델 및 HSS(Hardening Soil with Small strain) : 앞서 언급한 바와 같이 흙은 하중이 재하되었을 때 강성이 감소하는 특성을 나타내는데, 이는 쌍곡선 함수(hyperbola equation)를 이용하여 모사가 가능하다. HS 모델은 기본적으로 이 관계를 이용하고 있으며, 흙의 체적팽창(dilatancy) 모사가 가능하다. 기존의 쌍곡선을 이용한 모델들에 비해 진보한 모델이기는 하나 체적팽창에 따른 연화(softening)의 모사, 비등방성을 모사하는 데는 한계가 있으며 결정적으로 미소변형률 구간에서의 강성의 비선형성을 모사할 수 없다. 이 단점을 극복하기 위해 HSS 모델이 개발되었다. HSS 모델의 기본적인 구성은 HS 모델과 동일하나 미소변형률 구간에서의 강성의 비선형적 거동 특성을 모사할 수 있는 장점을 갖고 있다. 응력이력(stress history effect)에 따른 강성의 변화 특성을 모사할 수 없으므로, 복잡한 응력이력을 갖는 굴착 현장에는 적합하지 않다.

③ 3SKH(3-Surface Kinematic Hardening) 모델 : 비선형적인 강성 거동을 모사할 수 있으며 나아가 응력이력에 따른 강성의 변화도 고려할 수 있다. 다만 이 모델의 항복면은 8면의 응력 공간(octahedral stress space)에서 원형의 형태로 나타나 Lode 각에 대한 고려를 할 수 없으며, 강성은 등방적으로만 변한다고 가정하여 이방적인 지중 응력 특성을 갖는 도심지 굴착을 모사하는 경우는 한계가 있을 수 있다.

④ HC(Hypoplasticity Clay) 모델 : HC 모델은 비선형적 응력-변형률 관계를 모사하기 위해 작성되었다. Mastuoka and Nakai(1974)가 제안한 파괴 규준을 따르며, 미소변형률 구간에서의 지반거동도 모사할 수 있다. 또한 입계변형률(intergranular strain) 개념을 이용하여 응력이력에 대한 모사가 가능하도록 구성되어있다. 따라서 복잡한 응력이력을 갖는 지반의 대한 변형 예측이 가능하나 상대적으로 많은 변수들을 사용하는 단점이 있다.

3.6.5 흙막이 구조물 전산해석 프로그램

컴퓨터의 발달로 지반공학 관련 프로젝트 수행 시 유한요소해석 프로그램과 같은 전산해석을 많이 이용하고 있다. 범용 전산해석 프로그램으로는 ABACUS 및 ANSYS 등을 예로 들 수 있으며, 지반공학에 특화된 전산해석 프로그램으로는 PLAXIS, MIDAS GTS를 그 예로 들 수 있다. 흙막이 구조물설계에 특화된 프로그램도 별도로 개발되어 있는데, 설계 실무에 널리 사용되는 프로그램으로는 SUNEX, MIDAS GeoXD 등이 있다.

① SUNEX : 단계별 지하굴착에 대한 탄소성 해석프로그램으로 각종 가설구조물에 적용할 수 있다. 굴착, 매립, 지보재 설치, 상재하중, 수압 등을 고려할 수 있으며, 흙막이 벽체의 변위, 전단력, 휨 모멘트 및 지보공의 축방향력을 계산하는 데 널리 사용된다.

② MIDAS GeoXD : 각종 가설구조물에 대해 2차원 및 3차원 해석이 가능한 전산해석 프로그램으로 GUI(Graphi User Interface)가 잘 발달되어 있어 사용자가 편리하게 이용할 수 있다. 침투에 의한 수위변화 고려와 더불어 동수경사에 의한 침투력까지도 고려할 수 있는 장점이 있으며, 3차원 해석 시 각종 지보재의 간섭 여부도 판단할 수 있다. 공사비 산출 프로그램인 EBS와 연동 가능하여 최저공사비 산출에도 유용하게 사용 기능하다.

3.6.6 3차원 효과

굴착으로 인한 지반의 변형을 전산 해석을 통해 예측할 때, 일반적으로 평면 변형률(plane strain) 상태에서 해석을 실시하게 된다. 그러나 실제 현장은 2차원이 아닌 3차원으로 굴착 모서리 부분은 높은 강성 값을 갖게 되어, 굴착 중앙부에 비해 상대적으로 작은 지반변형이 발생하게 된다. 또한, 굴착 중앙부에서 발생하는 변형이 평면 변형률로 가정하여 산정한 변형과 100% 일치하지는 않는다. Finno et al.(2007)은 HS 모델을 사용하여 3차원 해석과 2차원 해석을 실시하여 3차원 효과를 분석하였다. 3차원 해석으로 산정한 굴착 중앙부에서 발생한 벽체 변형과 2차원 해석으로 산정한 벽체 변형의 비율을 평면변형률비(PSR; plane strain ratio)라고 정의하고 다음과 같은 결과를 얻었다.

1) PSR은 L/H_e, L/B, 벽체의 강성, 굴착 바닥면의 융기에 대한 안전율에 영향을 받으며 다음 식과 같은 관계를 갖는다.

$$PSR = (1 - e^{-kC(L/H_e)}) + 0.05(L/B - 1) \tag{3.54}$$

여기서, k는 벽체의 강성과 관계된 계수로 S가 벽체의 강성일 때, $k = 1 - 0.0001(S)$의 관계를 갖는다. C는 바닥면 융기 안전율(FS_{BH})과 관련된 계수로 $C = 1 - \{0.5(1.8 - FS_{BH})\}$의 관계가 있다. L은 굴착 길이, B는 굴착 폭, H_e는 굴착 깊이를 의미한다.

2) L/H_e가 6보다 클 때, PSR은 1로 나타났다. 즉, 평면변형률로 산정한 2차원 해석 결과와 3차원 해석한 결과가 굴착 중앙부에서 동일한 것으로 나타났다.

3) 모든 조건은 동일하다고 가정할 때, 높은 L/B 값이 낮은 PSR 값을 보이는 것으로 나타났다.

4) 모든 조건은 동일하다고 가정할 때, 벽체 강성이 높을 경우 낮은 PSR 값을 보이는 것으로 나타났다.

5) 모든 조건은 동일하다고 가정할 때, 바닥면 융기에 대한 안전율 (FS_{BH})이 낮을 때 낮은 PSR 값을 보이는 것으로 나타났다.

일반적으로 3차원에서 벽체의 변형 형태는 그림 3.44와 같이 나타나며, 이는 다음의 오차함수를 이용하여 모사가 가능하다.

$$\delta(x) = \delta_{\max}\left(1 - \frac{1}{2} \times erfc\left(\frac{2.8\left(x + L\left[0.015 + 0.035\ln\frac{H_e}{L}\right]\right)}{0.5L - L\left[0.015 + 0.035\ln\frac{H_e}{L}\right]}\right)\right)$$

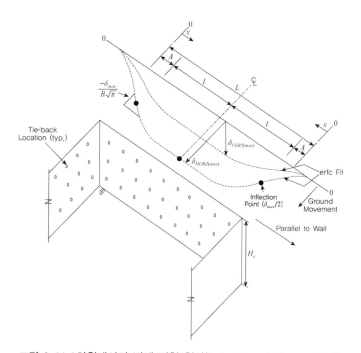

그림 3.44 3차원에서의 벽체 변형 형상(Roboski and Finno, 2006)

예제 3.9 모래지반에서 굴토깊이가 38m일 때 벽체로부터 거리에 따른 침하량을 산정하시오. 단, $\delta_{v,m}$은 0.15%H를 적용하시오.

풀이

$\delta_{v,m} = 0.15\% \times 38\text{m} = 0.057\text{m} = 5.70\text{cm}$

흙막이벽으로부터 거리(m)	0	10	20	30	40	50	60	76
$\delta_v/\delta_{v,m}$	1.00	0.87	0.74	0.61	0.47	0.34	0.21	0
δ_v(cm)	5.70	4.96	4.22	3.48	2.68	1.94	1.20	0

예제 3.10 모래지반에서 대형 쇼핑센터를 시공하기 위해 20m 깊이까지 굴착하고자 한다. 흙의 내부마찰각이 34°, 굴토 폭 및 길이는 각각 30m & 50m이고, 굴착에 따른 수평변위량의 총합은 대략 0.86m³/m일 때 굴착면으로부터의 거리별 침하량을 (1) Peck 방법 (2) Caspe 방법 (3) Clough et. al 방법으로 각각 계산하시오.

풀이

(1) Peck 방법

그림 3.39로부터 최대 침하량을 1.0%H라고 가정하여 굴착면으로부터의 거리별 침하량 산정하면 다음과 같다.

$1.0\%H = 0.01 \times 20 = 0.20\,\text{m} = 20\,\text{cm}$ (상당히 크게 발생)

흙막이벽으로부터 거리(m)	0	10	20	30	40
침하(cm)	20.0	12.4	7.2	3.4	0

(2) Caspe 방법

굴착면으로부터의 거리별 침하량은 다음과 같이 계산된다.

$H_P = 0.5 \times 30 \times \tan(45° + 34/2) = 28.2\text{m}$

$H_t = 20\text{m} + 28.2\text{m} = 48.2\text{m}$

$D = 48.2\text{m} \times \tan(45° - 34/2) = 25.63\,\text{m}$

굴착에 따른 수평변위량의 총합(V_s)은 $0.86\mathrm{m}^3/\mathrm{m}$이다.

$$S_w = (4 \times 0.86)/25.63 = 0.1342\mathrm{m} = 13.42\mathrm{cm}$$

거리에 따른 지표면 침하량은 다음 표와 같다.

흙막이벽으로부터 거리(m)	0	5	10	15	20	25.63
침하량(cm)	13.42	8.70	4.99	2.31	0.65	0

(3) Clough et. al 방법

$$\delta_{v,m} = 0.15\% \times 20\mathrm{m} = 0.03\mathrm{m} = 3.0\mathrm{cm}$$

흙막이벽으로부터 거리(m)	0	10	20	30	40
$\delta_v/\delta_{v,m}$	1.00	0.75	0.55	0.30	0
δ_v(cm)	3.00	2.25	1.50	0.75	0

3.7 구조물 허용침하량

3.7.1 Skempton & MacDonald(1956)

Skempton & MacDonald는 98개 빌딩의 거동을 조사하고, 구조물의 전체적인 기움에 의한 영향을 제외한 순수한 수직변위에 대한 조사결과로부터 표 3.5와 같은 한계 기준을 제시하였다. 조사 대상인 구조물은 전통적인 강재와 콘크리트 뼈대 구조와 내력벽으로 이루어져 있다. 이들이 사용한 손상 지표는 기초의 최대 침하, 두 기초사이의 최대 부등침하, 기초 사이에서 발생하는 최대 각변위이다. 여기서, 각변위는 두 개의 인접한 기초 사이에서 발생한 부등침하를 기초 간의 수평거리로 나눈 값이다. 최대 각변위에 대한 지표는 휨 모멘트보다는 전단 뒤틀림에 의한 손상에 더 많이 연관된다. Terzaghi & Peck(1948)과 마찬가지로, 지반 종류와 기초 형태에 따라서 각각 다른 침하 기준을 제시하였다. 대부분의 경우에 있어서 손상은 말 그대로 구조물의 손상이라기보다는 일차적으로 구조물의 기능 또는 미관에 관련된 문제이다. 각변위가 1/300인 경우는 내, 외벽에 균열 발생이 예상되는 한계값이며, 1/150에서는 구조적인 손상이 예상된다. 설계를 위한 한계값으로는 1/500이 추천되며, 매우 민감한 구조물일 경우에는 1/1000까지 기준값을 줄일 수 있다.

표 3.5 침하기준(Skempton & MacDonald, 1956)

기준		독립기초	띠기초
각변위($\delta\rho/L$)		1/300	1/300
최대 부등침하($(\delta\rho)_{\max}$)	모래	1.25in(30mm)	1.25in(30mm)
	점토	1.75in(45mm)	1.75in(45mm)
최대 침하($\rho_{\max}$)	모래	2in(50mm)	2~3in(50~75mm)
	점토	3in(75mm)	3~5in(75~125mm)

3.7.2 Bjerrum(1963)

구소물의 손상을 야기하는 부등침하에 대한 이론적인 예측이 불가능하다는 것이 현장 계측에서 분명하게 나타난다. 이는 구조물의 실제적인 정적 거동이 이론적인 계산에서는 고려할 수 없는 많은 인자에 큰 영향을 받기 때문이다. 대표적인 영향인자로는 구조물과 2차 요소 간의 상호작용, 시간계수, 그리고 하중 재분배 등을 들 수 있다.

그러므로 구조물의 허용침하량은 유사한 형태의 구조물에 대한 계측결과에 근거하여 결정되어야 한다. Bjerrum(1963)은 Skempton & MacDonald(1956)에 의한 연구결과와 추가로 실시된 현장 계측결과를 종합하여 그림 3.45와 같은 부등침하량에 따른 구조물 손상 기준을 제안하였다.

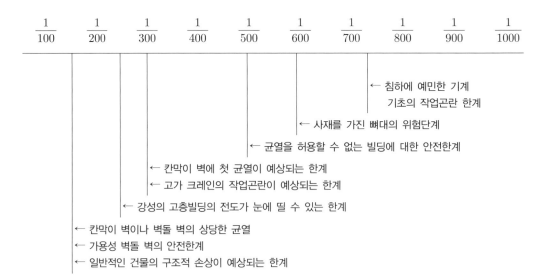

그림 3.45 구조물 손상 한계(Bjerrum, 1963)

3.7.3 Wilun & Starzewski(1975)

폴란드 규정에 근거한 표 3.6은 구조물 형태에 따른 최대 허용침하량과 각 변형율에 관련된 기준을 제공한다.

표 3.6 기초의 허용 전체침하량 및 부등침하량 기준(Wilun & Starzewski, 1975)

구분	구조물 형식	최대 허용 침하량(mm)	최대 허용 각 변형율
1	강성의 중량콘크리트 기초나 cellular 또는 강성의 철근 콘크리트 raft 위에 놓여 있으며 수평축에 대하여 상당한 강성을 갖는 중량 구조물	150~200 (6in~8in)	
2	pin joint를 갖는 정정 구조물과 목조 구조물	100~150 (4in~6in)	1/100 ~1/200
3	부정정 철재 구조물과 길이방향의 철근 콘크리트 띠기초로 이루어져 있으며 중심간격이 6m 이하인 최소 250mm 두께의 내벽을 가지고 있는, 매 층마다 철근 콘크리트 환형 보가 설치된 내력 벽돌구조와 띠기초 또는 raft 기초로 이루어진, 기둥 간격이 6m 이하인 철근 콘크리트 뼈대 구조물	80~100 (3.5in~4in)	1/200 ~1/300
4	3번 항에서 언급된 조건 중의 하나가 만족하지 않는 경우와 독립기초로 지지된 철근 콘크리트 구조물	60~80	1/300 ~1/500
5	대규모의 슬래브와 블록 요소로 이루어진 조립식 구조물	50~60	1/500 ~1/700

(1) 하한값은 부등침하에 매우 민감한 외장재나 구조 요소를 갖는 건물, 공공건물 등에 적용되며, 상한값은 수평방향에 대하여 매우 큰 강성을 갖는 높은 건물이나 이러한 변위를 수용할 수 있는 구조물에 적용된다.
(2) 특수한 경우(고압의 보일러, 특수 저장탱크, 차등 하중을 받는 사일로)에는 허용 최대, 부등침하량은 운영자나 관리자가 명시한 값을 적용하여야 한다.

3.7.4 Boscardin & Cording(1989)

지반 변위에 대한 구조물의 응답은 전통적으로 부등침하에 의하여 발생하는 변형의 관점에서 언급되었다. 그러나 지반 변위는 수직성분뿐만 아니라 수평성분을 가지고 있다. 인접구조물에 대한 영향 평가의 핵심은 수평변위의 영향을 인지하고, 인접구조물에 대한 잠재적인 손상 정도에 따른 부등침하의 크기를 결정하는 것이다. 구조물의 수평변위와 수직변위에 대한 상호작용은 많은 학자들에 의하여 연구되어 왔다. Boscardin & Cording은 변형에 대한 구조물 반응의 이론적 고려와 현장 계측결과에 근거하여 구조물의 손상 예상영역이 포함된 각변위와 수평변형률 관계도표를 제시하였다(그림 3.46 참조). 이 도표는 지반 종류에 따라서 구조물의 손상 정도를 평가할 수 있다.

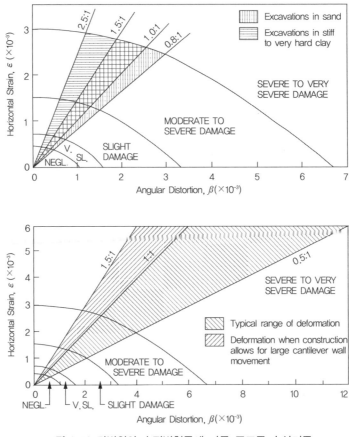

그림 3.46 각변위와 수평변형률에 따른 구조물 손상기준

3.8 굴착 시 지하수 처리 문제

3.8.1 개 요

지하수위 이하의 굴착공사에서는 지하수를 어떻게 처리하느냐에 따라 공사의 난이도가 좌우되고 공기와 공사비에 큰 영향을 미친다. 지하수의 처리는 굴착공사에 있어서 안전시공, 재해방지 및 주변에 대한 영향에 큰 관계가 있다. 만약 지하수에 대한 검토가 불충분했다거나 지하수처리를 잘못할 경우에는 흙막이 구조의 붕괴, 터파기 공사장 안으로 토사유출에 의한 벽체 배면에서의 지반 함몰을 유발시킨다. 피압수가 있는 경우에는 지지층이 되는 굴착 바닥면을 교란시켜 지지력을 감소시키는 일이 발생할 수 있다. 또 지반침하와 수위저하로 인한 피해 등이 예상된다.

1) 투수성 지반에 대한 검토

투수층이라 함은 보통 투수계수가 1.0×10^{-4}cm/sec 이상인 지층을 말한다. 투수계수가 1.0×10^{-4}cm/sec 미만의 지층에서는 유수방향으로 발달된 모래심(sand seam)이 없으면 굴착을 해도 침투수에 의한 문제는 그리 크지 않은 것으로 알려졌다.

2) 지하수 처리 계획 검토

지하수위 처리 방법에는 크게 배수공법과 차수공법이 있다. 종래의 지하수 처리는 배수공법이 주였으나 최근에는 공사장 주변에 영향을 미치는 공법은 채택이 곤란하여 차수성이 높은 흙막이벽이나 주입공법 등이 발달하게 되었다.

3.8.2 지하수 처리공법의 종류

지하수 처리공법은 크게 배수공법과 차수공법으로 나눌 수 있다. 배수공법은 지하수위를 굴착 바닥면 아래로 저하시키는 공법으로 그림 3.47과 같이 중력배수공법, 진공배수공법(웰포인트공법 등), 전기침투공법으로 나뉜다. 차수공법은 굴착 바닥면 및 주변을 불투수층으로 만들어 지하수 유입을 방지하는 공법으로 그림 3.47과 같이 물리적 방법인 차수 흙막이벽을 시공하는 것과 화학적 방법인 주입공법을 사용하는 것으로 분류된다. 그림 3.48에는 흙입자의 크기에 따른 배수공법의 적용범위가 나타나 있다.

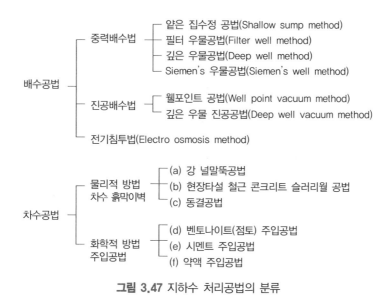

그림 3.47 지하수 처리공법의 분류

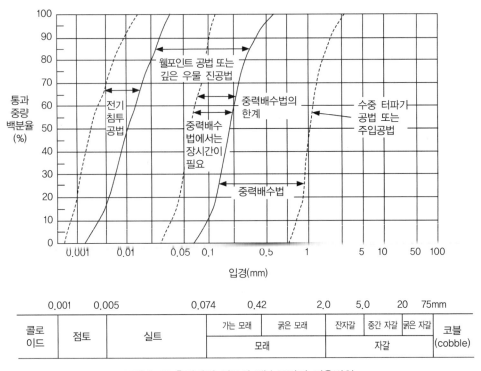

그림 3.48 흙입자의 입도와 배수공법의 적용범위

3.8.3 배수공법

여러 가지 배수공법 중에서 현장에서 흔히 사용되고 있는 얕은 집수정 공법, 깊은 우물공법, 그리고 웰포인트 공법에 대하여 간단히 알아보기로 한다.

1) 얕은 집수정 공법

이 방법은 가장 간단한 방법이며, 굴착 저면보다 약간 깊은 곳에 집수정을 설치하여 지하수와 빗물 등을 자연적으로 모은 후 펌프로 양수하여 처리하는 공법이다. 모이는 물의 양이 적을 때 적합한 공법이다.

2) 깊은 우물 공법

이 공법은 굴착면 안쪽이나 뒤쪽에 직경 40~120cm, 깊이 5~15m의 깊은 우물을 설치하여 물을 모은 후 펌프로 양수하여 처리하는 공법이다(그림 3.49 참조). 사질토 지반과 같이 투수성이 좋고 대수층이 두꺼워 많은 물이 모일 때 적합한 공법이다.

3) 웰포인트 공법(well point method)

웰포인트는 한쪽 끝에 미세한 구멍이 있는 직경 5~10cm의 관으로 진공펌프를 작동시키면 웰포인트 부근에 있는 지하수가 미세한 구멍으로 흡입되어 수위가 저하된다. 이 공법은 모래층 내지 실트층에 적합한 공법으로 굴착 현장 주변에 여러 개의 웰포인트를 1~4m 간격으로 설치하여 양수관과 집수관을 통하여 진공펌프로 지하수를 양수하는 방법이다.

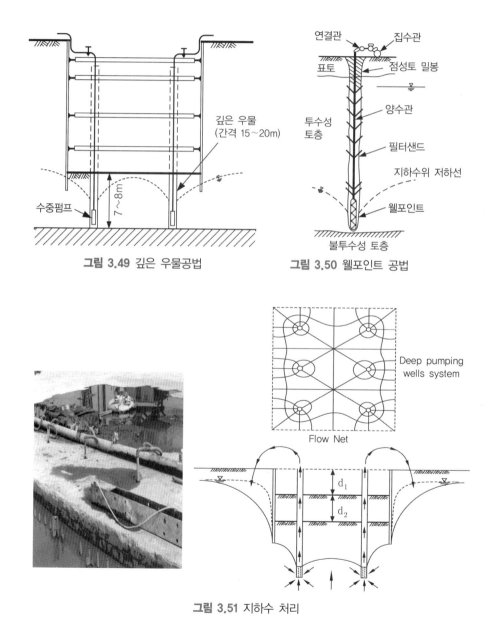

그림 3.49 깊은 우물공법

그림 3.50 웰포인트 공법

그림 3.51 지하수 처리

3.9 흙막이공사 시 발생할 수 있는 문제

3.9.1 주변 지반침하

경제 규모가 커짐에 따라 도심지역에서 수행되는 굴착공사가 대규모·대심도화되고 있다. 이러한 대규모·대심도 굴착공사에서 사고가 발생하는 경우 인명 및 재산 피해는 물론 사회적 문제로도 인식되고 있다. 따라서 도심지역에서의 굴착공사 시에는 흙막이 벽체의 붕괴가 일어나지 않는 경우에도 주변 지반의 침하가 큰 피해를 유발할 수 있다. 도심지 굴착공사 시, 주변 지반의 침하는 인접구조물들의 안정성에 영향을 끼치게 되며, 상수도관, 하수관거, 가스관, 전력구 등의 지중 매설물들이 위치하고 있기 때문에 굴착공사로 인하여 지중매설물이 파손되는 경우 매우 심각한 피해가 발생할 수 있다.

굴착을 하는 부지의 주변도로에 매설되어 있는 가스나 상하수도관 등은 침하에 의해서 굴착을 하는 쪽으로 당겨진다. 이 때문에 그림 3.52와 같이 T자형 도로가 부지 중앙부에 접하는 경우에는 T자형 조인트가 벌어지기 쉽고, 가스의 경우에는 폭발이나 화재가 발생할 수 있으며 수도의 경우에는 이상토압이 발생하며 흙막이벽에서 토사가 유출하는 등 대형 사고의 원인이 된다. 또 주변 지반의 침하나 이동에 의해 주변 건물에도 침하나 경사가 발생하고, 근처에 고속 철도나 지하철이 있는 경우에는 약간의 침하나 이동으로도 탈선으로 이어져 사회적인 문제를 피할 수 없게 된다.

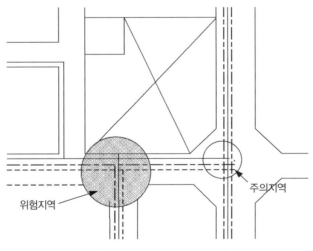

그림 3.52 매설관류의 파손 예

그림 3.53 주변 지반의 침하

3.9.2 굴착 바닥 지반의 파괴

흙막이벽은 일반적으로 버팀대와 굴착 바닥 지반의 수동저항에 의해서 측압을 지지하고 있다. 그러므로 어느 쪽이 파괴되어도 굴착공은 무너진다. 특히 터파기 바닥 지반의 파괴는 대처 공법이 거의 없기 때문에 피해는 대단히 크다.

1) Boiling 현상에 의한 피해

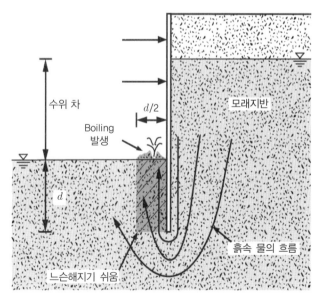

그림 3.54 Boiling 현상

Boiling 파괴현상은 그림 3.54과 같이 차수성 흙막이벽 내외의 수압 차가 균형을 유지하려고 하기 때문에 굴착 바닥의 사질지반에서 샘처럼 물이 용출하여 모래층이 가진 수동저항이나 지지력을 잃게 되고 흙막이 가설구조가 무너지게 된다.

보일링 현상이 발생하였던 사질지반이 건물의 지지지반이 될 경우에는 설계시점에서 지반 지지력을 잃게 되어 건물이 완성된 후에 부등침하나 크랙이 발생할 뿐 아니라 미관을 손상시키는 누수의 원인이 된다. 이를 방지하기 위해서는 배수 설계나 지하수위의 측정 관리를 충분히 실시하여야 한다.

2) Heaving 현상에 의한 피해

Heaving 현상은 연약한 점토지반에서 굴착 바닥의 기반이 위쪽으로 올라오는 것으로, 흙막이벽 선단부가 안쪽으로 차올려지거나 아래방향으로 끌어들여져 최하단 버팀대가 좌굴을 일으키고 흙막이 가설구조 전체가 붕괴하게 된다. 또 선행 시공되고 있는 말뚝 등이 있는 경우에는 말뚝 자체가 파손되거나 위치가 어긋나는 일이 동시에 발생하기 때문에 완전히 파괴되지 않는다 하더라도 설계 변경은 불가피하다.

바닥 지반의 상승, 최하단 버팀대 축력의 상승, 직상부 버팀대 축력의 저하, 흙막이벽 침하량의 증대, 흙막이벽의 휨과 이동량의 증대, 주변 지반침하 증대 등의 조짐이 나타나고 그 속도가 빨라지는 경우에는 Heaving 현상이 발생한 것으로 판단하고 대처공법을 한시라도 빨리 검토할 필요가 있다.

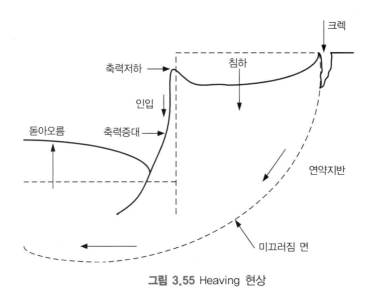

그림 3.55 Heaving 현상

그러나 대부분은 측정이 곤란하고 버팀대 축력을 설계값과 대비하거나 증가 경향과 버팀재의 좌굴 등에 주의하면 그 조짐을 느낄 수 있는데 그 후에 그 외 항목의 측정을 실시하여 정확히 상황을 파악하면 대처할 수 있다.

3) 지반팽창 현상에 의한 파괴

지반팽창 현상은 Heaving과는 달리 단지 바닥 지반이 부풀어 오르는 현상이다. 지반도 탄성체이기 때문에 굴착으로 큰 하중을 제거하면 바닥 지반이나 측면은 탄성적으로 부풀어 오른다. 그러나 그 양은 아주 적어서 이 원인만으로 사고가 발생하는 경우는 드물다.

사고를 유발시킬 우려가 있는 지반팽창으로는 굴착 바닥면 불투수층 하부에 있는 피압대수층의 지하수압이 그 상부의 흙의 하중을 초과하면 바닥 전체가 부풀어 올라 흙막이벽 근입부분의 수동저항을 잃게 하고 버팀대의 지주가 뽑혀 흙막이 가설구조가 전면적으로 붕괴하게 된다. 전면적인 붕괴에 이르지 않는 경우에도 Heaving 또는 Boiling 현상과 똑같이 지지지반의 내력 저하나 선행 시공되고 있는 기초말뚝이 파손되어 부득이 계획이 변경되는 일도 있다. 따라서 점토층 하부의 피압대수층의 수압은 사전에 측정하고 필요에 따라 감압공법 등을 시행하면 예방할 수 있다.

3.9.3 가설 흙막이 구조의 파괴

가설 흙막이 구조는 흙막이벽, 띠장, 버팀대 및 지주 등 터파기 굴착에 의해서 발생하는 측압을 지지하는 구조체이다. 따라서 흙막이벽이나 버팀대 등 가설 흙막이 구조의 일부분의 파괴는 연쇄적으로 가설 흙막이 구조 전체에 파급된다.

1) 흙막이벽 파괴에 의한 피해

흙막이벽 중 널말뚝은 유연하기 때문에 휨 모멘트가 크게 발생하지는 않지만 변형이 커져서 배면토의 강도저하나 상·하수도의 파손에 의한 이상토압이 발생하기 쉽다. 반대로 대단면의 RC 연속벽과 같은 경우는 변형되기 어렵기 때문에 흙막이벽에 큰 휨 모멘트가 발생하며 이 경우 버팀대에 커다란 축력이 발생한다.

가장 발생하기 쉬운 흙막이벽의 파괴는 제1차 굴착 시, 즉 버팀대가 걸리지 않은 자립상태인 때와 바닥 지반의 파괴에 의한 휨 파괴로 어느 쪽이나 커다란 변형을 동반한다.

2) 버팀대 파괴에 의한 피해

버팀대는 압축재로서 면 내는 격점 간, 면 외는 버팀대 지주 간의 거리가 좌굴장이 된다. 파괴는 압괴 외에도 이 좌굴 구속력을 유지하는 U볼트의 이완, 지주의 지지력 부족에 의한 사행, 버팀대 위에 철근 등 중량물을 설계하중 이상으로 재하함으로써 휨 응력을 누적시키는 등으로 인하여 조인트부의 볼트가 파단되는 경우가 많다.

버팀대 파괴는 급격하게 발생하기 때문에 버팀대 축력계 지시치의 이상한 상승 외에도 사행이나 솟아오르는 등의 조짐이 관측되면 즉시 그 원인을 확인하여 대책을 강구해야 한다.

3) 어스앵커 파괴에 의한 피해

어스앵커 공법은 시공기술이 향상됨에 따라 흙막이벽 지지 공법으로 많이 사용되고 있다. 어스앵커는 경사진 아래 방향의 지반 내로 반력을 가지는 단순 인장구조이기 때문에 하나가 파괴되면 연쇄 반응적인 대사고로 이어진다.

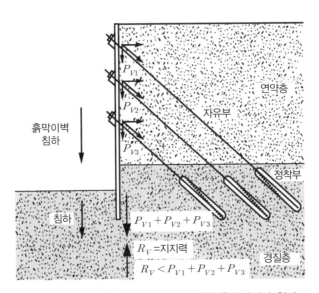

그림 3.56 어스앵커의 연직분력에 의한 흙막이벽의 침하

또 불량 개소로 판명되더라도 보강 내지 복구가 대단히 곤란한 경우가 많고 사용이 불가능한 앵커의 해체 시 이상토압 발생 등 예측할 수 없는 사태가 발생할 수 있으므로 주의해야 한다. 버팀대와 달리 어스앵커의 경우 벽체를 지지하는 수평분력뿐만 아니라 수직분력도 작용하기 때문에 벽체 설계 시 이를 고려하여야 한다. 그림 3.56은 어스앵커에 작용하는 수직분력에 의하여 벽체 침하가 발생하는 모식도를 나타낸 것이다.

또한 어스앵커의 경우 정착장이 예상 파괴면보다 뒤쪽에 위치하여 파괴면이 발생하지 않도록 지반을 잡아주는 역할을 하게 되는데, 설계 시 산정되었던 예상 파괴면보다 뒤쪽에서 파괴가 일어날 경우 어스앵커가 지지력을 발현할 수 없게 된다. 그림 3.57은 지하철 역사 공사 시 발생한 철도 노반 붕괴 현장의 사고 전, 후 사진과 사고원인 모식도이다. 현장 파괴면이 어스앵커 정착장 뒷부분에 위치하여 설계 시 예상 파괴면보다 훨씬 뒤쪽에서 발생한 것으로 나타났다.

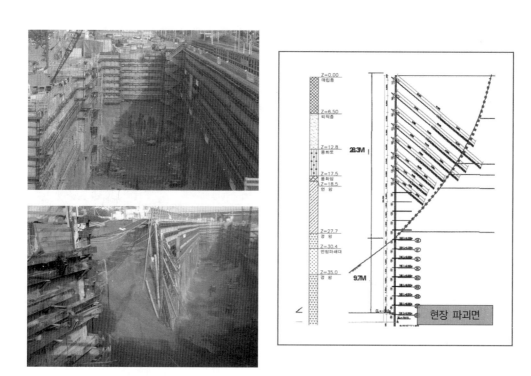

그림 3.57 어스앵커의 연직분력에 의한 흙막이벽의 침하

4) 띠장 파괴에 의한 파괴

띠장은 흙막이벽에 작용하는 측압을 버팀대로 전하기 위한 휨부재이기 때문에 커다란 휨 탄성과 연속성이 요구된다. 따라서 띠장이 파괴되면 흙막이벽의 지점간 거리가 급증하여 흙막이벽의 휨 파괴, 또는 버팀대의 붕괴로 직결된다. 최근에는 철물의 정밀도와 조립기술이 향상되어 휨응력에 의한 파괴는 줄어들고 있다. 흙막이벽의 변형량이 커지면 그림 3.58과 같이 띠장이 뒤틀려 플랜지 부분의 국부 좌굴이나 조인트부의 볼트가 파단되는 일도 있다.

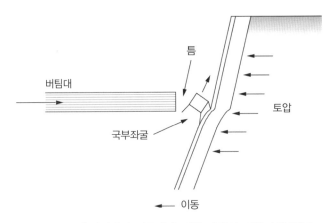

그림 3.58 흙막이벽의 이동력에 의한 띠장의 이탈·국부좌굴

그림 3.59 띠장 폐합 불량에 의한 버팀대 및 벽체 탈락

상대적으로 넓은 지역의 지반 굴착 시, 어스앵커를 사용하여 벽체를 지지하고 코너 부분에는 대각선 버팀대를 설치하여 토압에 대하여 벽체를 지지하는 경우가 있다. 이러한 경우 띠장이 서로 폐합되어 버팀대로부터 전달되는 힘을 벽체에 전달하여야 하는데, 이러한 띠장의 폐합이 잘 이루어지지 않는 경우 코너 버팀대, 띠장, 벽체가 동시에 파괴되는 경우가 발생할 수 있다. 이러한 경우에는 버팀대 축력계에는 큰 이상이 나타나지 않기 때문에 더욱 위험하며, 시공 시 철저한 관리 감독을 통하여 띠장의 폐합을 확인하여야 한다. 그림 3.59는 굴착 현장에서 발생한 띠장 폐합 불량에 의한 버팀대 및 벽체 탈락을 보여주고 있다. 일반적인 버팀대의 축력 과다로 인한 파괴 형상과는 다르게 버팀대의 변형이 전혀 없는 상황에서 벽체가 붕괴되고 버팀대와 띠장이 탈락한 것을 확인할 수 있다.

5) 작업용 가설구조 파괴에 의한 피해

터파기나 지하 구체공사를 실시하기 위한 크람쉘이나 덤프트럭, 믹서차 등이 장내로 진입할 때 작업용 가대는 가설 흙막이 구조의 일부는 아니지만 가설 흙막이 구조와 병행하여 조립된다. 그러므로 작업용 가대의 파괴는 연동하고 있는 가설 흙막이 구조의 파괴로 이어진다. 터파기 흙막이 공사의 사고 중에서 약 절반 정도는 작업용 가대와 관련된 것이다.

6) 가설 흙막이 구조물의 설치 및 해체 시공 시 지반변형에 의한 피해

가설 흙막이 구조물 중, 널말뚝 시공 시, 진동압입 및 항타를 하는 경우, 이로 인한 진동이 지반의 침하를 초래하는 경우가 있다. 또한 가시설 흙막이인 경우, 굴착공사가 종료된 후, 인발 과정을 거치게 되는데, 인발 과정에서도 적용된 진동으로 인하여 지반변형이 일어날 수 있으며 또한 널말뚝 인발 시 널말뚝에 부착된 토사가 같이 인발되어 지반의 과다한 변형이 발생하여 인접 도로 및 구조물에 변형을 일으킬 수 있다. 이러한 널말뚝 설치 및 해체 과정에서 발생할 수 있는 문제들은 설계나 해석에서 반영될 수 없는 부분들이 많기 때문에 철저한 시공관리를 통하여 주의를 기울여야 할 것이다.

앞에서 말한 흙막이 공사에서의 사고는 여러 가지 원인이 복합되어 발생하는 경우가 대부분이다. 따라서 실제의 원인을 밝히는 것은 쉬운 일이 아니다.

표 3.7 터파기·흙막이 공사의 사고원인

설계	설계방법, 자료 부족	
	측압분포의 가정	이상토압의 발생
		지진 시의 측압
	설계자의 경험 부족이나 검토 부족	
시공	시공방법	
	계측관리	부적당한 측정
		오보 및 설치문제
	흙막이 가설구조	흙막이벽
		버팀대
		띠장
		가대
	시공 담당자의 경험이나 검토 부족	

3.10 계측관리

3.10.1 개 요

계측관리란 굴착에 따른 지반 및 흙막이벽 등의 거동을 측정하여 설계조건 및 계산결과와 비교 검토하고 공사의 안정성을 판단하여 다음 시공 단계에서의 거동을 예측분석하는 것을 말한다. 도심지 지하굴착은 시공조건과 현장지반의 공학적 특성에 따라 다양한 문제들을 내포한다. 계측의 중요성을 강조하는 이유는 설계에 필요한 공학적 특성치를 정확한 수치로 정하는 것이 곤란한 경우가 많고, 대다수의 경우 많은 불확실성을 내포하고 있기 때문이다. 하지만 시공과정에서 지반거동을 계측 관리한다면 설계에서 추정한 특성치의 정도를 평가한 수 있으며, 필요시에는 추정 값을 변경하고 재설계를 할 수도 있다. 계측관리의 목적은 다음과 같다.

(1) 시공과정에서 발견한 지반 조건, 계측값 등을 검토하여 설계의 타당성을 확인한다.
(2) 계측값으로부터 공사의 안전성, 주변 지반의 영향을 판단하여 공사사고를 방지한다.
(3) 다음 시공 단계의 거동을 예측하고 대책을 수립한다.
(4) 기술자료를 축적하고 다음 설계에 반영한다.
(5) 민원에 대한 공학적 자료를 확보한다.

그림 3.60 버팀대에 설치된 여러 가지 계측장치

3.10.2 계측항목과 계측기의 종류

흙막이 벽체와 주변 지반에 대한 주요 계측항목은 다음과 같으며, 계측기 설치 개념도는 그림 3.61과 같다.

(1) 흙막이벽의 토압 : 토압계(earth pressure cell)

(2) 버팀대/어스앵커의 축력과 변위 : 하중계(load cell), 변형률계(strain gauge)

(3) 흙막이벽 및 띠장의 변위와 응력 : 변형률계(strain gauge)

(4) 주변 지반의 변위 : 지표침하계, 층별침하계, 지중경사계(inclinometer)

(5) 지하수위 및 간극수압 : 지하수위계, 간극수압계(piezometer)

(6) 인접구조물 침하와 균열 : 건물경사계, 균열측정계(crack gauge)

(7) 진동 및 소음 : 진동측정기

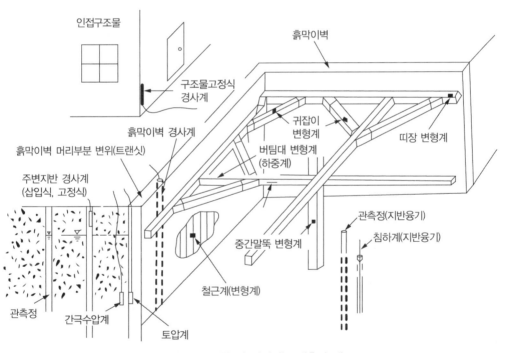

그림 3.61 굴착 시 설치되는 계측기 예

3.10.3 계측결과의 관리

계측 연관도는 그림 3.63과 같으며, 계측결과의 관리와 관련된 사항을 정리하여 설명하면 다음과 같다.

(1) 계측치가 관리기준치의 한계 이상 → 긴급대책 수립 → 재설계나 보강설계
(2) 현장관리와 안전관리를 위한 계측관리기법
   • 절대치관리 : 시공 전에 미리 설정한 관리기준치와 실측치를 비교 검토하여 공사의 안 전성을 평가하는 방법
   • 예측관리 : 이전 단계의 실측치에 의하여 예측된 다음 단계의 예측치와 관리기준치를 비교하여 안정성을 평가하는 방법
(3) 현장의 위험도에 따른 계측관리 체제
   • 정상관리체제 : 1주일에 1회 계측하여 이상이 없으면 공사 진행
   • 주의체제 : 계측치가 1차 관리기준치를 초과
     → 1일 1회 계측하여 이상 상태가 지속되면 원인 규명하고 대책 협의
   • 경계체제 : 계측치가 2차 관리기준치를 초과
     → 1일 2회 계측하여 본격적인 원인 규명과 대책을 협의 실시
   • 공사중지체제 : 계측치가 3차 관리기준치를 초과
     → 위험하다고 판단되면 공사 중지
   • 대책 실시 → 계측치가 안정 → 경계체제
(4) 1차 관리기준치는 허용치의 80%, 2차 관리기준치는 허용치의 100%, 3차 관리기준치는 허용치의 120%

(a) 간이 경사계를 이용한 경사각 측정   (b) 건물 외벽에 설치한 경사계

그림 3.62 경사계에서 건물의 경사각을 측정하는 모습

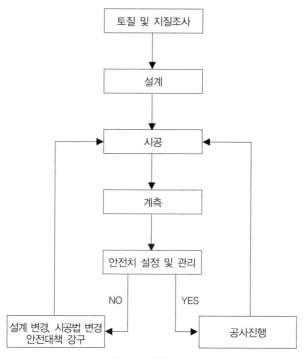

그림 3.63 계측 연관도

3.10.4 계측을 통한 굴착 거동 예측 및 관리

굴착과 관련되어 가장 큰 문제가 되는 것은 시공현장 인접 지반에 변형이 발생하는 것이며 이로 인하여 기존 구조물에 예기치 않은 피해를 주게 된다. 따라서 이를 방지하기 위한 많은 연구들이 수행되어 왔다. 3.6.3절 주변 지반의 침하량 산정방법에서 제시한 것과 같은 이전의 시공사례들을 기반으로 한 반경험적인 연구들(예 Goldberg et al. 1976; Mana & Clough 1981; Clough & O'Rourke 1990)도 다수 진행되었으며, 다양한 종류의 수치해석 프로그램 및 지반의 구성 모델을 통하여 예측하는 연구도 많이 진행되었다.

최근 기술의 발전과 더불어 다양한 수치해석기법 및 프로그램이 개발되면서 굴착 주변 지반의 변형 문제가 크게 우려가 되는 도심지에서 지반구조물을 설계 및 시공할 경우, 수치해석을 수행하여 변형을 예측하는 것이 일반화되고 있다. 하지만 이러한 수치해석을 통하여 변형을 예측하는 것에는 흙이나 암반의 대표 물성치 획득의 어려움 및 지반의 불균질성에 따른 문제점, 수치해석이나 흙 구성 모델의 한계로 인하여 정성적 예측은 어느 정도 가능해졌으나, 정량적 예측은 대부분의 경우 정확하지 않은 경우가 많다. 이러한 한계를 극복하고자 제안된 방법이 계측에 의한 변형예측방법(Observational method)으로 지반의 변형 및 지보재의 응력을 계측한 결과를 토대로 역해석을 하여 지반의 물성치를 갱신하여 다음 단계 굴착에서의 지반변형을 예측하는 방법이다(Peck, 1969; Morgenstern, 1995; Whitman, 1996; Finno & Calvello, 2005).

이 절에서는 이러한 계측에 의한 변형예측방법(Observational method)를 소개하고자한다. 대부분의 굴착은 단계별로 진행되며 최초 굴착, 첫 번째 지보재 설치, 2단계 굴착, 두 번째 지보재 설치 등의 과정을 거쳐 최종 굴착면까지 진행하게 된다. 이러한 과정에서 초기 지반조사과정을 거쳐 획득된 지반의 물성치를 통하여 굴착 저면과 배면의 변형을 예측하게 된다. 최종적인 변형이 허용 변위 내에 들어야 함은 물론이고, 각 단계별 변형 또한 허용 범위 내에서 조절되어야 한다.

이러한 계측에 의한 변형예측방법은 개념적으로는 Terzaghi에 의하여 처음 제시되었고 Peck(1969)에 의하여 구체화된 방법으로, 컴퓨터를 이용한 수치해석방법이 원활하지 않은 상황에서 제시되었으며, 이후 컴퓨터의 발달 및 수치해석 프로그램의 발전과 더불어 다양한 연구가 진행되었다. 이 방법의 주 내용은 각 굴착과정에서의 계측결과를 통하여 지반의 물성치를 갱신하는 데 있다. 일반적으로는 지반조사, 즉 현장시험 및 수치해석을 통하여 지반의 역학적 특성을 파악하고, 이를 수치해석과정에서 사용되는 지반의 구성 모델에 맞추어 필요한 강도정수나 변형계수 등을 산정하게 된다. 산정된 지반의 물성치를 입력하고 각 굴착단계에서의 수치해석과정을 통하여 지반의 변형을 예측하게 된다. 이러한 과정에서 초기에 입력된 지반의 역학적 특성은 각 굴착단계에서 일관되게 적용되며, 단계별 변형을 예측하게 된다. 예측된 결과를 통하여 최초 계획된 설계의 공학적 타당성을 평가하게 되며, 예측된 변형이 허용 변위량을 넘지 않게 되면 설계된 내용이 타당하다고 판단되어 시공을 시작하게 된다.

하지만 이러한 경우, 지반 조건의 불확실성 혹은 수치해석으로 나타낼 수 없는 시공과정 등에 의하여 예측된 결과와는 다른 결과를 나타낼 수 있어, 인접구조물이 많이 존재하는 도심지 굴착에서는 인접구조물에 대한 영향으로 인하여 보상 문제가 발생할 수 있으며, 이러한 문제를 해결하기 위하여 계측에 의한 변형예측방법이 제시되었다.

계측에 의한 변형예측방법은 굴착 단계별 계측결과를 역해석(inverse analysis)하여 지반의 물성치를 갱신하는 과정이 추가되며, 갱신된 지반의 입력 물성치를 통하여 그 이후 단계의 변형을 예측하는 과정이 추가로 이루어진다. 일반적인 수치해석의 경우, 지반의 특성이 입력 정수로 들어가서 지반의 변형이 결과로 나오는 과정이며 역해석(inverse analysis)이란 지반의 변형을 통하여 지반의 입력 정수를 예측하는 과정을 뜻한다. 계측에 의한 변형예측방법에서는 계측결과를 통하여 이러한 결과가 나오기 위한 입력 정수들을 분석하여 입력 정수들을 갱신하여 이후 예측결과의 신뢰도를 높이기 위한 방법으로 계측결과는 지반변형뿐만 아니라 지보재의 응력, 벽체의 변형 등 2~3개의 계측결과를 통하여 입력 정수들을 추출하게 된다. 역해석방법으로는 민감도 분석(sensitivity analysis)을 통하여 회귀분석을 실시하는 방법(Finno & Calvello, 2005; Rechea et al., 2008)과 인공신경망(artificial neural network)을 사용하는 방법(Hashash et al. 2003) 등이 있으며 이와 관련된 자세한 내용은 이 책의 범위를 벗어나기 때문에 본문에 수록하지는 않았다.

Finno & Calvello(2005)는 민감도 분석을 통하여 회귀분석을 실시하여 입력 물성치를 갱신하는 방법을 통하여 점토지반에서의 굴착과정에서 계측에 의한 변형예측방법을 적용하였다.

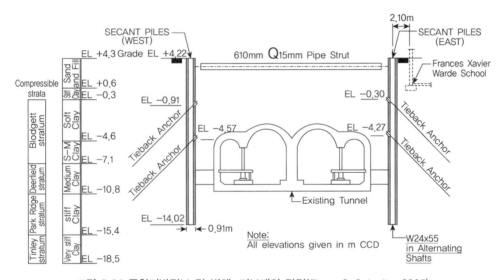

그림 3.64 굴착지반정보 및 벽체, 지보재의 단면(Finno & Calvello, 2005)

그림 3.64는 대상 지반정보와 굴착지반의 벽체와 지보재의 단면을 나타낸 그림이다. 굴착벽체는 주열식 벽체(secant pile)를 굴착 동쪽과 서쪽에 설치하였으며, 굴착 심도는 지표로부터 12.2m이다. 최상단의 스트럿과 하부의 2단의 프리스트레스 앵커를 지보재로 적용하였다. 해석 프로그램으로는 PLAXIS 7.11(Brinkgreve & Vermeer, 1998)을 활용하였으며, 점토지반의 구성 모델로는 Hardening Soil 모델(Schanz et al., 1999)을 적용하였다. 기존의 터널과 동쪽 벽체 2.10m에 위치한 학교의 설치 및 이후 압밀과정을 수치해석에 적용하였으며, 벽체 설치(stage 1), 1단계 굴착, 최상단 스트럿 설치(stage 2), 2단계 굴착, 첫 번째 앵커 설치(stage 3), 3단계 굴착 및 두 번째 앵커 설치(stage 4), 최종 굴착(stage 5)의 순서로 시공 단계를 적용하였다.

다음 그림 3.65는 초기 입력 정수를 사용하여 예측된 동, 서쪽 벽체의 변위와 현장 계측결과를 비교한 그림이다. 각 시공 단계별 예측변위와 측정 변위의 차이는 초기에서도 최대변위 위치나 변위의 형상이 달랐으며 시공 단계가 진행됨에 따라 커짐을 나타내고 있다.

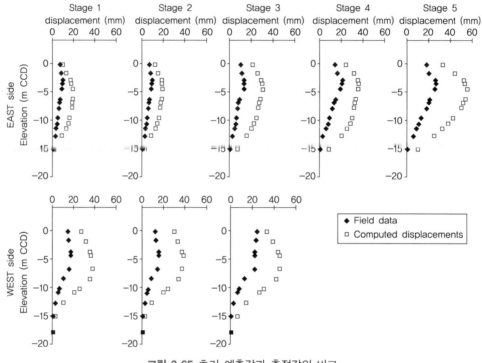

그림 3.65 초기 예측값과 측정값의 비교

그림 3.66은 벽체 설치 이후 계측된 변형을 통하여 갱신된 지반 특성으로 그 이후 단계의 변형을 예측한 결과와 계측결과를 비교한 그림이다. 그림 3.65과는 달리 계측결과와 예측결과가 상당히 유사함을 알 수 있다. 첫 번째 단계(stage 1)에서의 계측정보만이 반영된 지반 물성치로도 전체적인 예측결과의 정확도가 높아질 수 있는 결과를 나타내었다. 다음 그림 3.67은 굴착 전 과정에서의 계측결과를 토대로 역해석한 결과로 갱신된 예측결과와 계측결과를 비교한 그림으로 전체적인 예측의 정확도가 더욱더 향상된 것을 확인할 수 있다.

예시된 굴착과정을 정확히 예측하기 위해서는 stage 1에서의 정보만을 가지고 역해석하여 갱신된 지반정보를 통하여 예측하는 것으로 충분할 수 있으나, 이는 지반 조건 및 굴착과정에 따라 달라질 수 있으며, 이러한 과정을 통하여 향상되는 예측의 정확도 또한 지반정보나 굴착과정 수치해석의 정확성에 따라 달라질 수 있으나, 초기 해석과 비교하여 계측에 의한 변형예측방법을 적용하면 정확하게 발생되는 변위를 예측할 수 있게 된다.

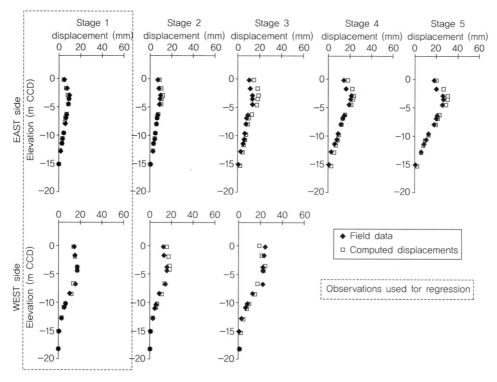

그림 3.66 벽체 설치 후 변위(stage 1)의 계측정보를 이용하여 갱신된
지반정보를 통하여 예측한 변위와 계측변위와의 비교

　계측에 의한 변형예측방법을 적용할 경우, 시공은 계속 진행이 되는 상황에서 현재 계측된
결과를 통하여 지반정보를 갱신하고 다음 단계의 지반변형을 예측하는 과정이 추가적으로 필
요하기 때문에 시간적인 제약이 있으며, 초기 지반정보가 정확하지 않을 경우, 지반 물성치
갱신이 불가한 경우가 발생할 수 있다. 따라서 계측에 의한 변형예측방법을 적용할 경우에도
초기 지반조사의 과정은 매우 중요하며, 수치해석에서 시공과정을 모의하는 과정이 정확히
현장을 대표할 수 있도록 체계적인 시공관리가 필요하다.

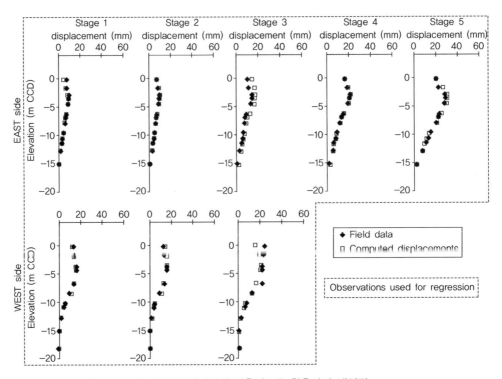

그림 3.67 모든 건설 단계에서의 계측정보를 활용하여 갱신된
정보를 통한 예측변위와 계측변위와의 비교

3장 연습문제

1. 흙막이 벽체 종류 5가지의 벽체 단면(평면도)을 그리고 시공법에 대하여 간단히 설명하시오.

2. γ_t=18kN/m³, ϕ=30°, c=30kN/m²의 점성토 지반을 10m 굴착하기 위해 엄지말뚝+토류판 벽체와 버팀대를 이용하고자 한다. 버팀대는 총 4단으로 지지하며, 연식간격은 모두 2.0m, 수평간격은 3.0m, 폭은 15m로 설계하였다. 강재의 허용응력이 σ_a=120,000kN/m²일 때 다음 물음에 답하시오

   (1) 위부터 아래로 A, B, C, D 버팀대가 받는 하중을 구하시오.
   (2) 버팀대에 필요한 단면계수를 구하시오. 단, 토압분포도는 Terzaghi-Peck이 제안한 방법을 사용하시오.

3. [문제 2]와 똑같은 조건에서 흙막이 벽체의 근입 깊이가 3.0m로 결정되었다. 근입 깊이가 적절하게 결정되었는지 판정하시오. 단, 지하수위는 무시한다.

4. [문제 2]와 똑같은 조건의 흙막이 벽체에 대해 Terzaghi가 제안한 방법에 의해 융기현상에 대한 안전율을 산정하고 기준안전율(F_s=1.5)을 만족하는지 판단하시오.

5. γ_t=17kN/m³, ϕ=25°, c=40kN/m²의 점성토 지반을 12m 굴착하기 위해 엄지말뚝+토류판 벽체와 버팀대를 이용하고자 한다. 버팀대는 총 3단으로 지지하며, 연직간격은 모두 3.0m, 수평간격은 3.0m, 폭은 20m로 설계하였다. 강재의 허용응력이 σ_a=160,000kN/m²일 때 Terzaghi-Peck이 제안한 토압분포도를 이용하여 다음 물음에 답하시오.

   (1) 위부터 아래로 A, B, C 버팀대가 받는 하중을 구하시오.
   (2) 엄지말뚝에 작용하는 최대 휨 모멘트를 구하고 필요한 단면계수를 결정하시오.

6. [문제 5]와 똑같은 조건의 흙막이 벽체에 대해 다음 물음에 답하시오.
   (1) Terzaghi가 제안한 방법에 의해 융기현상에 대한 안전율을 산정하고 기준안전율(F_s =1.5)을 만족하는지 판단하시오.

(2) 기준안전율을 만족시키지 못한다면 어떤 대책을 수립해야 하는지 설명하시오.

7. 계측관리의 목적이 무엇인지 나열하시오.

8. 그림과 같이 강 널말뚝을 흙막이 벽체로 사용하는 경우 파이핑 현상에 대한 안전율을 구하기 위해 유선망을 작도하였다. 이 흙의 전체 단위중량이 17kN/m³일 때 안전율을 계산하시오.

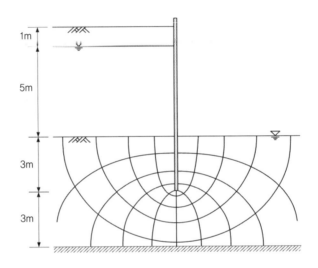

9. 단위중량 γ_t=17.5kN/m³, ϕ=29°, c=0의 사질토 지반을 10m 굴착하기 위해 엄지말뚝+토류판 벽체와 버팀대를 사용하려고 한다. 버팀대는 총 3단으로 지지하며, 연직간격은 위에서부터 2.0m, 3.0m, 3.0m, 2.0m이다. 또한 버팀대의 수평간격은 2.5m로 설계하였다. 버팀대와 띠장의 강재 허용응력이 σ_a=190,000kN/m²일 때 다음 물음에 답하시오. 단, 토압분포도는 Terzaghi-Peck이 제안한 방법을 사용하시오.

(1) 흙막이 벽체의 근입 깊이가 3.0m라 가정하고 근입 깊이가 적절하게 결정되었는지 판정하시오. 단, 지하수위는 무시한다.

(2) 위부터 아래로 A, B, C 버팀대가 받는 하중을 구하시오.

(3) 버팀대에 필요한 단면계수를 구하시오.

(4) 위부터 아래로 A, B, C 띠장이 받는 최대 모멘트를 구하고 띠장의 필요한 단면계수를 구하시오.

10. 단위중량 γ_t =18.2kN/m^3, c_u =36kN/m^{2}의 점성토 지반을 폭 20m, 길이 30m, 굴토깊이 15m로 굴착하려고 한다. 지표아래 20m 깊이에 단단한 암반이 존재할 때 융기현상에 대한 안전율을 산정하고 기준안전율(F_s =1.5)을 만족하는지 판단하시오.

11. 역타(top down)공법에 대하여 설명하시오.

12. 건물시공을 위해 15m 깊이로 굴토하려고 한다. 지반의 전단저항각 ϕ =30°의 균질한 사질토이며, 굴토 폭이 20m이고 굴토로 인해 흙막이 벽체에 발생한 수평변위가 다음과 같이 계산되었다. 굴토면으로부터 거리별 연직침하량을 Caspe 방법으로 구하시오.

깊이(m)	1	2	3	4	5	6	7	8	9	10	11	12	13	14	15
수평변위(cm)	1.2	1.4	2.1	2.3	2.7	3.3	3.8	3.2	2.7	2.5	1.1	0.9	0.5	0.3	0

13. 단위중량 γ_t = 17.7kN/m^3, 전단저항각 ϕ =39°인 사질토지반에서 15m를 굴착하면서 3m 간격으로 4단의 버팀대로 지지하려고 한다. 흙막이 벽체의 근입 깊이가 2.5m일 때 흙막이 벽체의 근입 깊이에 대한 안전율을 구하시오. 단, 지하수위는 무시한다.

14. [문제 13] 조건에서 버팀대의 수평간격이 2.8m이고, 강재의 허용응력이 σ_a =130,000kN/m^{2}일 때 각 버팀대가 받는 하중과 널말뚝에 필요한 단면계수를 구하시오.

15. 건물시공을 위해 24m 깊이로 굴토하려고 한다. 지반은 전단저항각 ϕ =32.5°의 균질한 사질토이며, 굴토 폭이 32m이고 굴토로 인해 발생한 수평변위가 다음과 같이 계산되었다. 굴토면으로부터 거리별 연직침하량을 Caspe 방법으로 구하시오.

지표면으로부터 깊이(m)	0	2	4	6	8	10	12	14	16	18	20	22	24
수평변위량(cm)	1.2	1.4	1.5	2.2	2.5	3.2	2.7	2.1	1.8	1.3	0.9	0.4	0.2

16. 단위중량 γ_t =16.9kN/m^3, 점착절편 c =48kN/m^{2}인 점성토지반에서 14m를 굴착하면서 3.5m 간격으로 3단의 버팀대로 지지하려고 한다. 버팀대의 수평간격이 3.0m이고, 강재의 허용응

력이 $\sigma_a = 175,000 \ kN/m^2$일 때 다음 물음에 답하시오.

(1) 각 버팀대가 받는 하중을 구하시오.

(2) 널말뚝 흙막이 벽체에 필요한 단면계수를 구하시오.

17. 그림과 같이 강 널말뚝을 흙막이 벽체로 사용하는 경우 파이핑 현상에 대한 안전율을 구하기 위해 유선망을 작도하였다. 이 흙의 전체 단위중량이 17.3kN/m³일 때 안전율을 계산하시오.

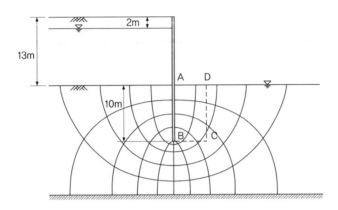

▎참고문헌

김명모, 김홍택(1992), 흙막이 구조물(2), 한국지반공학회지, 제8권, 제1호.

남순성, 이종성, 이도범(2000), "건설 기초·지반 설계 시공 편람" pp.995~1001.

대한토목학회(1999), 토목기술강좌(1) 토목시공 지반분야(2), 기문당.

서효원 역 (1994), 기초지반공학, 탐구문화사.

신은철, 김광일, 최병길(2000) "흙막이공의 지반변형이 주변 구조물에 미치는 영향", 대한토목
학회지, 제20권, 6호 pp.525~534.

이상덕(1999), 기초공학, 도서출판 새론.

임병조(1974), 기초공학, 야정문화사.

임희대, 박수용, 고근식(2001) "도심지 지반굴착으로 인한 주변 지반의 침하예측", 대한토목학
회지, 제21권, 1호 pp.39~47.

정철호(1999), 지반굴착기술, 구미서관.

최정범(1992), 흙막이 구조물(5), 한국지반공학회지, 제8권, 제4호, 1992.

한국지반공학회(1992), 굴착 및 흙막이 공법, 지반공학 시리즈 3.

한국지반공학회(1997), 구조물 기초 설계기준, 구미서관.

한국지반공학회(1997), "굴착 및 흙막이 공법", pp.318~323.

홍성영 역(1995), 흙막이공의 설계 시공 노하우, 탐구문화사.

홍원표, 김학문(1991), 흙막이 구조물(1), 한국지반공학회지, 제7권, 제3호.

홍원표, 이영남(1993), 흙막이 구조물(7), 한국지반공학회지, 제9권, 제3호.

Bjerrum, L. & Eide, O.(1956), "Stability of Strutted Excavation in Clay", Geotechnique,
Vol. 6, No. 1, pp.32~47.

Bowles, J. E.(1997), Foundation Analysis and Design, 5th ed., McGraw-Hill, New
York.

Brinkgreve R. B. J., and Vermeer P. A. (1998). *Finite element code for soil and rock
Analysis. PLAXIS 7.0 manual*, Balkema, Rotterdam, The Netherlands.

Clough, G. W., and O'Rourke, T. D. (1990). "Construction induced movements of in situ
walls." *Proc., Conf. on Design and Performance of Earth Retaining Structures*,
ASCE, Geotechnical Special Publication No. 25, ASCE, New York, pp.439~470.

Craig, R. F.(1983), Soil Mechanics, 3rd ed., Van Nostrad Reinhold Co. Ltd. Das, B. M.(1995), Principles of Foundation Engineering, Brooks Cole Engineering Division, California.

Finno, R. J., and Calvello, M. (2005). "Supported excavations : The observational method and inverse modeling." J. Geotech. Geoenviron. Eng., 131(7), pp.826~836.

Gill, S. A.(1980), "Applications of Slurry Walls in Civil Engineering", Journal of Construction Division, ASCE, Vol. 106, CO 2, pp.155~167.

Goldberg, D. T., Jaworski, W. E., and Gordon, M. D. (1976). "Lateral support systems and underpinning." Vol. 1 Design and Construction, *FHWA-RD-75-128*, Federal Highway Administration, Washington, D.C.

Hashash, Y., Marulanda, C., Ghaboussi, J. and Jung, S. (2003). "Systematic update of deep excavation model using field performance data." Computers and Geotechnics, 30, pp.477~488.

Mana, A. I. & Clough, G. W. (1981). "Prediction of Movements for Braced Cuts in Caly", Journal of the Geotechnical Engineering Division, ASCE, Vol. 101, No. CO4, pp.945~949.

Mana, A. I., and Cough, G. W. (1981). "Prediction of movements for braced cuts in clay." *J. Geotech. Eng. Div., Am. Soc. Civ. Eng.*, 107(8), pp.759~777.

Marsland, A.(1958), "Model Experiments to Study the Influence of Seepage on the Stability Excavation in Sand", Geotechnique, Vol. 3, p.223.

Morgenstern, N. (1995). "Managing risk in geotechnical engineering." *Proc., 10th Pan American Conf. on Soil Mechanics and Foundation Engineering*, Vol. 4.

Peck, R. B. (1969). "Deep excavations and tunneling in soft ground." *Proc., 7th Int. Conf. on Soil Mechanics and Foundation Engineering*, State-of-the-Art Volume, pp.225~290.

Peck, R. B.(1943), "Earth Pressure Measurements in Open Cuts, Chicago Subway", Construction Division, ASCE, Vol. 106, CO 2, pp.155~167.

Peck, R. B.(1969), "Deep Excavation and Tunneling in Soft Ground", Proceedings, 7th International Conference on Soil Mechanics and Foundation Engineering, Mexico City, State of the Art Volume, pp.225~290.

Rechea, C., Levasseur, S. and Finno, R.(2008), "Inverse analysis techniques for parameter identification in simulation of excavation support systems" Computers and Geotechnics, 35, pp.331~345.

Schanz, T., Vermeer, P. A., and Bonnier, P. G.(1999). "The hardening soil model-formulation and verification." *Proc., Plaxis Symposium Beyond 2000 in Computational Geotechnics*, Balkema, Amsterdam, The Netherlands, pp.281~296.

Terzagi, K.(1943), Theoretical Soil Mechanics, Wiley, New York.

Transactions, ASCE, Vol. 108, pp.1008~1058.

Tschebotarioff, G. P.(1973), Foundations, Retaining and Earth Structures, 2nd Edition, McGraw-Hill Book Company, New York.

Whitman, R. V.(2000). "Organizing and evaluating uncertainty in geotechnical engineering." *J. Geotech. Geoenviron. Eng.*, 126(7), pp.583~593.

04

널 말뚝

널말뚝

4.1 널말뚝 개요

4.1.1 널말뚝이란?

흙막이나 물막이를 목적으로 지반(地盤)에 설치하는 판 모양의 말뚝을 널말뚝이라고 한다. 일반적으로 벽 모양으로 연속해서 지반 속에 설치하여 가로방향의 외력에 저항하도록 하며, 여러 가지 목적으로 사용될 수 있으나 주로 흙막이벽이나 물막이벽으로 사용한다. 널말뚝은 재료에 따라 나무 널말뚝, 콘크리트널 말뚝, 강 널말뚝 등으로 구분된다. 나무 널말뚝은 소규모의 간이흙막이에 사용되는데, 내구성이 부족하고 단면이 넓은 것을 구하기 어려워, 지금은 대부분 강 널말뚝으로 대치되고 있다. 콘크리트널 말뚝은 중량이 커서 취급하기가 불편한 반면, 부식에 강하며, 얕은 수로측구(水路側溝)나 간단한 영구 흙막이벽으로 쓰이는 경우가 많다. 콘크리트널 말뚝에는 철근 콘크리트널 말뚝, 프리스트레스트 콘크리트널 말뚝 등이 있다. 대부분의 토목공사에 사용되고 있는 강 널말뚝 종류에는 U형, Z형, 일자형 등 많은 단면이 개발되어 사용되고 있는데 여기에 대해서는 뒤에서 자세히 설명된다.

표 4.1에서 보는 것처럼 널말뚝은 지중차수벽, 흙막이벽, 호안 및 해안의 물막이벽, 그리고 교량교대 등으로 이용되고 있는데 이 중 가장 흔하게 사용되고 있는 것이 지중차수벽이며, 하천 제방에서 침투수에 의해 제방하부에 발생하는 파이핑현상을 방지하거나 쓰레기 매립장에서 오염된 침출수의 누출을 방지하기 위해서 사용된다.

4.1.2 널말뚝의 적용

널말뚝을 지중차수벽이나 흙막이벽으로 사용할 경우 장단점은 다음과 같다.

장점	• 차수성이 좋아 물막이 공사에 많이 사용하며 깊은 굴착에 적용 • 시공이 간단하고 반복사용 가능, 공사비가 싸고 급속 시공 가능 • 수밀성이 좋고 사질층의 지반유출 예방, 지반에 따라 벽체 강성 조절 • 근입 깊이 조절로 Heaving이나 Boiling 방지
단점	• 타입이 가능한 지반에만 적용 가능하고 타입 시 소음과 진동 발생 • 강성이 작아 변형이 크고 주변의 지반 침하가 발생 • 지하매설물이 있으면 시공상 문제, 시공 이음의 정밀도 나쁘면 깊은 굴착 곤란

표 4.1 강 널말뚝의 용도

용도	개념도	적용처	주요특징	적용사례
지중 차수벽		• 하천제방 • 쓰레기 매립장	• 차수성 및 신뢰성 우수 • 영구벽체로서 내구성 우수 • 사질토에서 시공성 우수	• 낙동강 신성제 수해복구 • 경기도 연천 청산 매립장
흙막이벽		• 상하수도, 지하차도 공사 • 건축물 가설 흙막이벽	• 토류벽과 차수벽 역할 • 시공이 간편, 공기 단축 • 연약지반에서 많이 적용	• 인천 안국 아파트 공사 • 인천대교 물막이 공사
호안·해상 물막이벽		• 하천 및 발전소 호안 • 어항 및 물양장 안벽	• 토류벽과 차수벽 역할 • 직립식 호안 구축 • 세굴방지 효과 우수 • 내해수강 적용 가능	• 중랑천 하도정비 공사 • 충남 태안 화력발전소
교량교대		중소규모 하천교량	• 기초와 벽체의 역할 • 공기단축 가능 • 유럽에서 많이 적용	경북 성주 소천교량

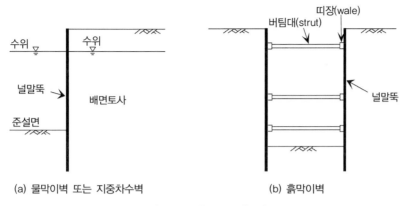

그림 4.1 널말뚝의 적용 예

4.1.3 널말뚝 종류

널말뚝은 재료에 따라 나무 널말뚝, 기성 콘크리트 널말뚝, 강 널말뚝 등으로 나눌 수 있으며, 각 종류별 특징은 다음과 같다.

1) 나무 널말뚝 : 지하수위 위에 있는 가벼운 일시적인 가설물에 사용

- 나무 널말뚝은 소나무, 낙엽송의 생나무가 사용되고, 근입 깊이가 깊어지면 미송을 쓸 수도 있다.
- 나무 널말뚝의 깊이는 4m까지가 보통이며, 그 이상일 때는 강 널말뚝을 사용한다.
- 나무 널말뚝은 가지런히 줄을 맞추어 수직으로 시공한다.
- 나무 널말뚝의 끝 부분은 경사지게 깎아서 설치하며, 설치할 때 널말뚝을 죄여서 틈이 생기지 않도록 시공한다.
- 나무 널말뚝 끝은 철제로 보강하며, 말뚝머리는 설치할 때 깨어지지 않게 쇠가락지 등으로 감아서 보강한다.
- 나무 널말뚝 시공 시 물이 나올 때에는 흙포대 등으로 막는다.
- 나무 널말뚝을 뉘어서 사용할 때에는 I형강, 철재 널말뚝, 레일(rail) 등의 엄지말뚝을 설치하고 흙파기를 하면서 널말뚝을 1장씩 끼워 넣는다.
- 널말뚝 뒷면에는 토사를 충분히 충전하여야 한다.

2) 기성 콘크리트 널말뚝 : 큰 중량, 시공 후 구조물이 계속 받을 응력에 저항, 시공 중 발생하는 응력 수용

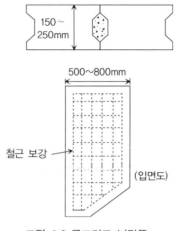

그림 4.2 콘크리트 널말뚝

3) 강 널말뚝 : 타입 시 높은 응력에 저항, 재사용 가능

- 강 널말뚝은 용수(湧水)가 많고 토압이 크고 깊이가 깊을 때 사용한다.
- 위치를 정확하게 시공하기 위하여 양옆에 정렬된 안내보를 시공한 후 설치한다.
- 시공해나가는 방향으로 기울어지기 쉬우므로 검사하면서 설치한다.
- 철재 말뚝머리에는 직경 5cm 정도의 구멍을 뚫어 당김줄의 연결 또는 빼내기에 이용한다.
- 널말뚝 배면의 토사가 유수 등에 의하여 유출될 염려가 있을 경우에는 엇물림이 충분한 구조의 강 널말뚝을 이용하여 합쳐지는 부분에서 토사유출이 되지 않도록 주의하여야 한다.
- 파내기 중에 널말뚝이 합쳐지는 부분에 불량이 발견되었을 때는 토사가 유출되지 않도록 신속히 조치한다.
- 널말뚝의 제거는 인접주변 구조물에 영향이 없도록 하며 제거한 구멍은 모래로 채운다.

그림 4.3 강 널말뚝의 시공 예

4.1.4 널말뚝의 시공법

널말뚝은 크게 캔틸레버식 널말뚝과 앵커식 널말뚝으로 나눌 수 있다. 캔틸레버식에 앵커를 설치하는 앵커식 널말뚝은 앵커 설치에 비용이 많이 소요되나 널말뚝의 근입 깊이를 줄여주고 또한 널말뚝의 단면적을 줄여주어 더 경제적인 설계가 될 수 있다.

널말뚝을 시공하는 방법에는 준설을 먼저하고 널말뚝을 시공하는 뒤채움식과 널말뚝을 먼저 설치하고 마지막에 준설을 하는 준설식이 있다. 앵커의 시공순서는 다음과 같다.

1) 뒤채움식 시공법 : 그림 4.4 참조

① 시공할 구조물의 앞과 뒷부분에 있는 현장 흙 준설

② 널말뚝 타입

③ 앵커 위치까지 뒤채움을 하고 앵커 설치

④ 널말뚝 상단까지 뒤채움

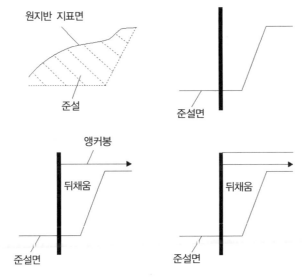

그림 4.4 뒤채움식 널말뚝 시공순서

2) 준설식 시공법 : 그림 4.5 참조

① 널말뚝 타입

② 앵커 위치까지 뒤채움 후 앵커 설치

③ 널말뚝 상단까지 뒤채움

④ 널말뚝 앞부분 준설

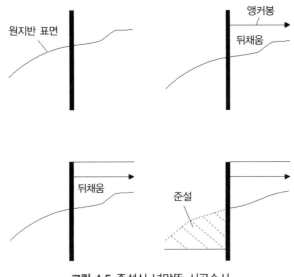

그림 4.5 준설식 널말뚝 시공순서

4.2 캔틸레버식 널말뚝의 설계방법

4.2.1 캔틸레버 널말뚝벽의 설계개념

캔틸레버 널말뚝으로 지지되는 벽체는 보통 준설선에서 10m 미만의 깊이로 박히는 임시 구조물로 사용되는데 벽체를 넘어뜨리려고 작용하는 수평토압을 준설선 이하에서의 수동토압으로 저항하도록 설계된다. 캔틸레버 널말뚝벽의 설계 시 기본적인 고려사항은 준설선 이하로 어느 깊이까지 널말뚝을 근입시켜야 하는가와 널말뚝이 토압에 의한 최대 휨 모멘트에 견디기 위해서는 널말뚝의 단면계수가 얼마가 되어야 하는가이다. 이 문제의 해결을 위해서 그림 4.6에서 보는 바와 같은 지반거동을 많이 가정한다. 그림 4.6 (a)는 널말뚝이 캔틸레버 형태로 지반에 박혀 있는 경우의 널말뚝벽의 거동을 보여준다. 이 그림과 같이 널말뚝은 준설선 아래의 어떤 점을 회전축으로 하여 회전한다. 그러면 벽체의 양쪽에는 그림 4.6에서 보는 바와 같은 지반 압력 분포가 형성되는데 설계 목적상 그림 4.6 (c)와 같이 단순화시켜서 사용한다. 그림 4.6에서 보는 바와 같이 널말뚝의 경우 벽체 양쪽에는 수면이 존재하는데, 항만구조물이나 지하 터파기에 사용되는 널말뚝의 경우 벽체 왼쪽의 수위가 오른쪽의 수위보다 낮은 경우가 있다. 이 경우에는 벽체 양쪽의 수위 차에 따른 수압을 설계 시 고려하여야 한다. 수위 차가 있고 지반의 투수성이 높아 침윤현상이 발생할 경우 이로 인한 수압은 침윤선을 작도하여 산정 가능하나 보다 간편하게 계산하기 위해서는 Terzaghi가 제안한 간편법이 사용될 수도 있다.

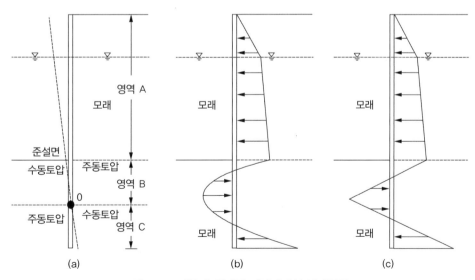

그림 4.6 모래층에 설치된 캔틸레버식 널말뚝벽

4.2.2 모래지반에 설치된 캔틸레버 널말뚝벽

준설선 아래의 지반이 모래지반인 경우와 점토지반인 경우의 압력 분포도는 기본적으로 다르며 고전적인 해석방법은 준설선 아래의 지반이 점착력이 전혀 없는 모래지반이거나 내부마찰각이 존재하지 않고 점착력이 있는 경우에만 가능하다.

그림 4.7에서 수위면은 벽체 상단에서 L_1 깊이에 존재하며 모래지반의 내부마찰은 ϕ로서 준설선 아래와 윗부분이 모두 같은 경우를 생각한다. 그러나 준설선 위의 내부마찰각은 준설선 아래의 내부마찰각과 같을 필요가 없으며 여러 층의 다른 흙으로 구성되어 있어도 해석에 전혀 영향을 미치지 않는다. 지표면에서부터의 깊이 $z = L_1$ 인 경우의 주동토압 크기는

$$p_1 = \gamma L_1 K_a \tag{4.1}$$

이다. 여기서 계수 K_a는 주동토압계수이며, Rankine이나 Coulomb 토압 모두를 사용할 수 있고, 널말뚝이 연성벽체로써 변위가 많이 발생하기 때문에 Coulomb 토압에 가까운 거동을 하기는 하나 해석의 편의상 Rankine 토압이 많이 사용된다.

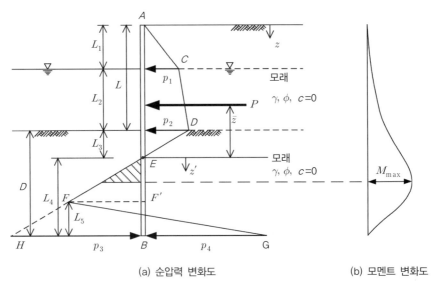

(a) 순압력 변화도   (b) 모멘트 변화도

그림 4.7 캔틸레버 널말뚝

따라서 여기에서 주동토압계수 K_a와 수동토압계수 K_p는 Rankine 토압계수를 사용하기로 한다. 또한 γ는 수면위의 지반의 단위체적중량이며, 수면 아래에서의 $\gamma' = \gamma_{sat} - \gamma_w$는 유효 단위체적중량을 나타낸다.

마찬가지로 $z = L_1 + L_2$(준설선)에서의 주동토압의 크기는

$$p_2 = (\gamma L_1 + \gamma' L_2)K_a \tag{4.2}$$

이다. 준설선 아래의 어느 지점에 회전점이 존재하므로 벽체의 왼쪽을 보면 준설선 아래에서 회전점까지는 수동토압이 작용하고 회전점 아래에서는 다시 주동토압이 작용하며 벽체의 오른쪽에는 그 반대의 토압이 작용한다. 수위의 차이가 벽체 좌우에서 발생하지 않는 경우에는 수압의 차이가 없으므로 깊이 z에서 벽체 오른쪽에 작용하는 주동토압의 크기는

$$p_a = \left[\gamma L_1 + \gamma' L_2 + \gamma'(z - L_1 - L_2) \right] \cdot K_a \tag{4.3}$$

가 되고 벽체 왼쪽에 작용하는 수동토압의 크기는

$$p_p = \gamma'(z - L_1 - L_2)K_p \tag{4.4}$$

가 된다. 벽체 양쪽에 가해지는 수평토압의 합이 0이 되는 점을 식 (4.3)과 식 (4.4)로부터 p_a와 p_p의 차가 0인 준설선 아래 L_3의 깊이이며,

$$L_3 = \frac{p_2}{\gamma'(K_p - K_a)} \tag{4.5}$$

가 된다. 그림 4.7에서 준설선 아래의 순토압의 분포선 DEF의 기울기는 수평으로는 $\gamma'(K_p - K_a)$: 수직으로는 1이 된다. 따라서

$$HB = p_3 = L_4(K_p - K_a)\gamma' \tag{4.6}$$

이다. 널말뚝 바닥면에서 수동토압은 벽체 왼쪽으로 작용하고 주동토압은 벽체 오른쪽으로 작용한다. 따라서 $L = L_1 + L_2$라고 할 때 널말뚝 바닥면의 깊이 $z = L + D$에서 수동토압의 크기는

$$p_p = [\gamma L_1 + \gamma' L_2 + \gamma' D] K_p \tag{4.7}$$

이고

$$p_a = \gamma' D K_a \tag{4.8}$$

이므로 널말뚝 바닥에서의 순 수평토압의 크기는

$$p_p - p_a = p_4 = p_5 + \gamma' L_4 (K_p - K_a) \tag{4.9}$$

로 표시되는데, 여기서

$$p_5 = (\gamma L_1 + \gamma' L_2) K_p + \gamma' L_3 (K_p - K_a) \tag{4.10}$$

$$D = L_3 + L_4 \tag{4.11}$$

이다.

그림 4.7을 보면 미지수는 L_4와 D, 2개로서 벽체의 정역학적 평형조건, $\sum F_x = 0$과 $\sum M_B = 0$을 이용하여 벽체가 평형을 이루기 위한 널말뚝 근입 깊이 D를 산정할 수 있다. 즉, $\sum F_x = 0$로부터 그림 4.7의

ACDE의 면적 − EFHB의 면적 + FHBG의 면적 = 0

혹은

$$P - \frac{1}{2}p_3L_4 + \frac{1}{2}(p_3 + p_4)L_5 = 0 \tag{4.12}$$

의 식이 만들어지는데, 여기서 P=ACDE의 면적이다.

또한 $\sum M_B = 0$에서

$$P(L_4 + \bar{z}) - \frac{1}{2}(L_4p_3) \cdot \frac{L_4}{3} + \frac{1}{2}L_5(p_3 + p_4) \cdot \frac{L_5}{3} = 0 \tag{4.13}$$

이고 식 (4.12)에서

$$L_5 = \frac{p_3L_4 - 2P}{p_3 + p_4} \tag{4.14}$$

가 되며 식 (4.6), (4.9), (4.13) 및 식 (4.14)로부터 다음 식이 얻어진다.

$$L_4^4 + A_1L_4^3 - A_2L_4^2 - A_3L_4 - A_4 = 0 \tag{4.15}$$

여기서

$$A_1 = \frac{p_5}{\gamma'(K_p - K_a)}, \quad A_2 = \frac{8P}{\gamma'(K_p - K_a)}$$

$$A_3 = \frac{6P[2\bar{z}\gamma'(K_p - K_a) + p_5]}{\gamma'^2(K_p - K_a)^2}, \quad A_4 = \frac{P(6\bar{z}p_5 + 4P)}{\gamma'^2(K_p - K_a)^2}$$

이상에서 유도된 이론에 근거하여 모래지반에 설치되는 캔틸레버 널말뚝의 근입 깊이를 산정하기 위한 단계별 계산절차는 다음과 같다.

(1) Rankine 토압계수 K_a 및 K_p 산정

(2) 식 (4.1) 및 (4.2)로부터 p_1과 p_2 산정

(3) 식 (4.5)로부터 L_3 산정

(4) p_1, p_2와 L_1, L_2, L_3를 이용하여 P 산정

(5) ACDE의 토압 중심점 $\bar{z}$ 산정

(6) 식 (4.10)으로부터 p_5 산정

(7) 식 (4.15)의 상수항 A_1, A_2, A_3, A_4 산정

(8) 식 (4.15)로부터 시산법으로 L_4 산정

(9) 식 (4.9)로부터 p_4 산정(생략 가능)

(10) 식 (4.6)으로부터 p_3 산정(생략 가능)

(11) 식 (4.14)로부터 L_5 산정(생략 가능)

(12) 널말뚝 근입 깊이 $L_3 + L_4$ 산정

널말뚝의 근입 깊이가 산정되면 널말뚝벽에 발생하는 최대 휨 모멘트를 산정하고 이에 견딜 수 있는 널말뚝 단면을 선정한다. 일반적인 널말뚝의 휨 모멘트도는 그림 4.7 (b)에서 보는 바와 같다. 캔틸레버 널말뚝의 경우 최대 휨 모멘트는 그림의 E점과 F점 사이에서 발생한다. 이 최대 휨 모멘트는 전단력이 0인 점에 발생되므로 이 점을 알아야 한다. 따라서 그림 4.7에서 순수평력이 0인 E점에서 새로운 좌표축을 잡고 전단력이 0인 점까지의 깊이 z'를 산정하면

$$P = \frac{1}{2}(z')^2(K_p - K_a)\gamma'$$

또는

$$z' = \sqrt{\frac{2P}{(K_p - K_a)\gamma'}} \tag{4.16}$$

이 된다. 따라서 이 지점의 최대 휨 모멘트는

$$M_{\max} = P(\bar{z} + z') - \frac{1}{2}\gamma'(z')^2(K_p - K_a)\left(\frac{z'}{3}\right) \tag{4.17}$$

로 계산되며 필요한 널말뚝은 소요단면계수, Z를 다음 식으로 산정하여 계산할 수 있다.

$$Z = \frac{M_{\max}}{\sigma_a} \tag{4.18}$$

일반적으로 근입 깊이에 대한 안전율은 평형을 유지하기 위하여 필요한 근입 깊이를 20~30% 증가시키든가 아니면 수동토압계수에 안전율 1.5~2.0을 적용하여

$$K_{p(Design)} = \frac{K_p}{F.S} \tag{4.19}$$

로부터 수동토압을 산정하고 평형을 이루기 위한 근입 깊이 D를 결정하는 방법이 사용된다.
이상에서 열거한 캔틸레버 널말뚝의 경우, 그 계산과정이 단순하기 때문에 널말뚝 양쪽의 지반이 균질한 모래지반이고 수위가 양쪽이 같은 경우의 널말뚝 근입 깊이 D와 최대 모멘트비(무차원)는 그림 4.8로부터 산정할 수 있다.

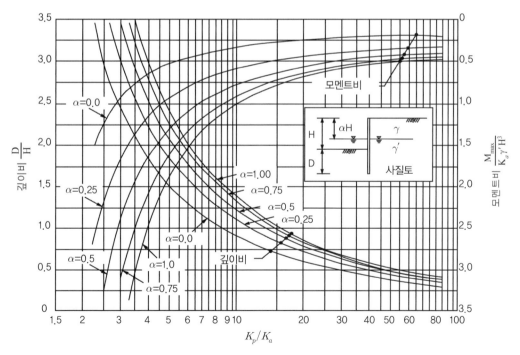

그림 4.8 균질 모래질 흙의 캔틸레버 널말뚝 근입 깊이와 최대 모멘트

예제 4.1 그림과 같이 사질토지반에 널말뚝을 시공하고자 한다. L_1=3m, L_2=5m, γ_t=1.6t/m³, γ_{sat}=1.8t/m³, ϕ=35°일 때 계산식에 의해 다음을 구하시오.

(1) 적합한 널말뚝의 근입장 D를 결정하시오.

(2) 허용휨응력이 σ_a=1,600kg/cm²일 때 널말뚝의 단면계수를 계산하시오.

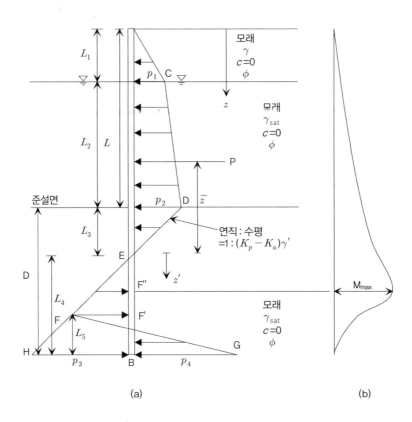

(a) (b)

풀이

(1) $K_a = \tan^2(45° - \phi/2) = \tan^2(45° - 35°/2) = 0.271$

$K_p = \tan^2(45° + \phi/2) = \tan^2(45° + 35°/2) = 3.690$

$p_1 = \gamma_t L_1 K_a = (1.6)(3)(0.271) = 1.301\,\text{t/m}^2$

$p_2 = (\gamma_t L_1 + \gamma' L_2)K_a = [(1.6)(3) + (0.8)(5)](0.271) = 2.385\,\text{t/m}^2$

z깊이에서의 토압

$$p_a = [\gamma L_1 + \gamma' L_2 + \gamma'(z - L_1 - L_2)]K_a$$

$$p_p = \gamma'(z - L_1 - L_2)K_p$$

수평토압의 합이 0이 되는 지점이 p_a와 p_p의 차가 0인 준설선 아래 L_3의 깊이로써

$$p_a - p_p = (\gamma L_1 + \gamma' L_2)K_a - \gamma' L_3(K_p - K_a) = 0$$

$$L_3 = \frac{p_2}{\gamma'(K_p - K_a)} = \frac{2.385}{(0.8)(3.690 - 0.271)} = 0.872\,\mathrm{m}$$

$$P = \frac{1}{2}p_1 L_1 + p_1 L_2 + \frac{1}{2}(p_2 - p_1)L_2 + \frac{1}{2}p_2 L_3$$

$$= \left(\frac{1}{2}\right)(1.301)(3) + (1.301)(5) + \left(\frac{1}{2}\right)(2.385 - 1.301)(5) + \left(\frac{1}{2}\right)(2.385)(0.872)$$

$$= 12.206\,\mathrm{t/m}$$

$$\bar{z} = \frac{\sum M_E}{P}$$

$$= \left(\frac{1}{12.206}\right)\left[(1.952)\left(0.872 + 5 + \frac{3}{3}\right) + (6.505)\left(0.872 + \frac{5}{2}\right) + (2.710)\left(0.872 + \frac{5}{3}\right)\right.$$

$$\left. + (1.040)\left(\frac{2 \cdot 0.872}{3}\right)\right] = 3.509\,\mathrm{m}$$

널말뚝 바닥면에서의 토압

$$P_p = (\gamma L_1 + \gamma' L_2 + \gamma' D)K_P$$

$$P_a = \gamma' D K_a$$

널말뚝 바닥에서의 순 수평토압의 크기

$$p_p - p_a = p_4 = p_5 + \gamma' L_4(K_p - K_a)$$

$$p_5 = (\gamma_t L_1 + \gamma' L_2)K_p + \gamma' L_3(K_p - K_a)$$

$$= [(1.6)(3) + (0.8)(5)](3.690) + (0.8)(0.872)(3.690 - 0.271)$$

$$= 34.857\,\mathrm{t/m}^2$$

$\sum F_x = 0$으로부터

$$P - \frac{1}{2}p_3 L_4 + \frac{1}{2}(p_3 + p_4)L_5 = 0 \Rightarrow L_5 = \frac{p_3 L_4 - 2P}{p_3 + p_4}$$

$\sum M_B = 0$에서

$$P(L_4 + \bar{z}) - \frac{1}{2}(L_4 p_3)\frac{L_4}{3} + \frac{1}{2}L_5(p_3 + p_4)\frac{L_5}{3} = 0$$

$$A_1 = \frac{p_5}{\gamma'(K_p - K_a)} = \frac{34.857}{(0.8)(3.690 - 0.271)} = 12.744$$

$$A_2 = \frac{8P}{\gamma'(K_p - K_a)} = \frac{(8)(12.206)}{(0.8)(3.690 - 0.271)} = 35.700$$

$$A_3 = \frac{6P[2\bar{z}\gamma'(K_p - K_a) + p_5]}{\gamma'^2(K_p - K_a)^2}$$

$$= \frac{(6)(12.206)[(2)(3.509)(0.8)(3.690 - 0.271) + 34.857]}{(0.8^2)(3.690 - 0.271)^2} = 529.131$$

$$A_4 = \frac{P(6\bar{z}p_5 + 4P)}{\gamma'^2(K_p - K_a)^2} = \frac{(12.206)[(6)(3.509)(34.857) + (4)(12.206)]}{(0.8^2)(3.690 - 0.271)^2} = 1277.004$$

$$L_4^4 + A_1 L_4^3 - A_2 L_4^2 - A_3 L_4 - A_4 = 0$$

$$L_4^4 + 12.744 L_4^3 - 35.7 L_4^2 - 529.131 L_4 - 1277.004 = 0, \quad L_4 = 6.981\,\mathrm{m}$$

널말뚝 근입 깊이

$$D_{theory} = L_3 + L_4 = 0.872 + 6.981 = 7.853\,\mathrm{m}$$

(2)
$$z' = \sqrt{\frac{2P}{(K_p - K_a)\gamma'}} = \sqrt{\frac{(2)(12.206)}{(3.690 - 0.271)(0.8)}} = 2.987\,\mathrm{m}$$

$$M_{\max} = P(\bar{z} + z') - \frac{1}{2}\gamma' z'^2 (K_p - K_a)\left(\frac{z'}{3}\right)$$

$$= (12.206)(3.509 + 2.987) - \left(\frac{1}{2}\right)(0.8)(2.987^2)(3.690 - 0.271)\left(\frac{2.987}{3}\right)$$

$$= 67.141\,\mathrm{t \cdot m/m}$$

$$Z = \frac{M_{\max}}{\sigma_a} = \frac{67.141 \times 10^5}{1600} = 4196.313\,\mathrm{cm^3/m}$$

예제 4.2 [예제 4.1]을 깊이비($\frac{D}{H}$)와 모멘트비($\frac{M_{max}}{K_a \gamma' H^3}$) 관계도표에 의해 산정하시오.

풀이

$$\frac{K_p}{K_a} = \frac{3.690}{0.271} = 13.616$$

$$\alpha = \frac{L_1}{L} = \frac{3}{8} = 0.375$$

그림 4.8에서 $\frac{D}{H} = 1.0$, $\frac{M_{max}}{K_a \gamma H^3} = 0.62$

널말뚝의 근입 깊이, $D = 1 \cdot H = (1)(8) = 8\,\text{m}$

널말뚝에 작용하는 최대 모멘트

$$M_{max} = 0.62 K_a \gamma' H^3 = (0.62)(0.271)(0.8)(8^3) = 68.821\,\text{t} \cdot \text{m/m}$$

널말뚝의 단면계수

$$Z = \frac{M_{max}}{\sigma_a} = \frac{68.821 \times 10^5}{1600} = 4301.313\,\text{cm}^3/\text{m}$$

예제 4.3 그림 4.7에서 L_1=2m, L_2=3m일 때, 널말뚝의 근입 깊이 D와 단면계수를 구하시오. 사질토의 내부마찰각 ϕ=32°, 점착력 c=0, 단위중량 γ=1.6t/m³, 포화단위중량 γ_{sat}=1.91t/m³이다.

풀이

방법 1 절차법에 의한 풀이

$$K_a = \tan^2(45° - \phi/2) = \tan^2(45° - 32°/2) = 0.307$$

$$K_p = \tan^2(45° + \phi/2) = \tan^2(45° + 32°/2) = 3.255$$

$$p_1 = \gamma_t L_1 K_a = (1.6)(2)(0.307) = 0.982\,\text{t/m}^2$$

$$p_2 = (\gamma_t L_1 + \gamma' L_2)K_a = [(1.6)(2) + (0.9)(3)](0.307) = 1.811\,\text{t/m}^2$$

z 깊이에서의 토압

$$p_a = [\gamma L_1 + \gamma' L_2 + \gamma'(z - L_1 - L_2)]K_a$$

$$p_p = \gamma'(z - L_1 - L_2)K_p$$

수평토압의 합이 0이 되는 지점이 P_a와 P_p의 차가 0인 준설선 아래 L_3의 깊이로써

$$p_a - p_p = (\gamma L_1 + \gamma' L_2)K_a - \gamma' L_3(K_p - K_a) = 0$$

$$L_3 = \frac{p_2}{\gamma'(K_p - K_a)} = \frac{1.811}{(0.9)(3.255 - 0.307)} = 0.683\,\mathrm{m}$$

$$P = \frac{1}{2}p_1 L_1 + p_1 L_2 + \frac{1}{2}(p_2 - p_1)L_2 + \frac{1}{2}p_2 L_3$$

$$= \left(\frac{1}{2}\right)(0.982)(2) + (0.982)(3) + \left(\frac{1}{2}\right)(1.811 - 0.982)(3)$$

$$+ \left(\frac{1}{2}\right)(1.811)(0.683) = 5.790\,\mathrm{t/m}$$

$$\bar{z} = \frac{\sum M_E}{P}$$

$$= \left(\frac{1}{5.790}\right)\left[(0.982)\left(0.683 + 3 + \frac{2}{3}\right) + (2.946)\left(0.683 + \frac{3}{2}\right)\right.$$

$$\left. + (1.244)\left(0.683 + \frac{3}{3}\right) + (0.618)\left(\frac{2 \cdot 0.683}{3}\right)\right] = 2.259\,\mathrm{m}$$

널말뚝 바닥면에서의 토압

$$P_p = (\gamma L_1 + \gamma' L_2 + \gamma' D)K_P$$

$$P_a = \gamma' D K_a$$

널말뚝 바닥에서의 순 수평토압의 크기

$$p_p - p_a = p_4 = p_5 + \gamma' L_4(K_p - K_a)$$

$$p_5 = (\gamma_t L_1 + \gamma' L_2)K_p + \gamma' L_3(K_p - K_a)$$

$$= [(1.6)(2) + (0.9)(3)](3.255) + (0.9)(0.683)(3.255 - 0.307)$$

$$= 21.017\,\mathrm{t/m}^2$$

$$p_3 = L_4(K_p - K_a)\gamma'$$

$\Sigma F_x = 0$으로부터

$$P - \frac{1}{2}p_3 L_4 + \frac{1}{2}(p_3 + p_4)L_5 = 0 \Rightarrow L_5 = \frac{p_3 L_4 - 2P}{p_3 + p_4}$$

$\Sigma M_B = 0$에서

$$P(L_4 + \bar{z}) - \frac{1}{2}(L_4 p_3)\frac{L_4}{3} + \frac{1}{2}L_5(p_3 + p_4)\frac{L_5}{3} = 0$$

$$A_1 = \frac{p_5}{\gamma'(K_p - K_a)} = \frac{21.017}{(0.9)(3.255 - 0.307)} = 7.921$$

$$A_2 = \frac{8P}{\gamma'(K_p - K_a)} = \frac{(8)(5.790)}{(0.9)(3.255 - 0.307)} = 17.458$$

$$A_3 = \frac{6P[2\bar{z}\gamma'(K_p - K_a) + p_5]}{\gamma'^2(K_p - K_a)^2}$$

$$= \frac{(6)(5.790)[(2)(2.259)(0.9)(3.255 - 0.307) + 21.017]}{(0.9^2)(3.255 - 0.307)^2} = 162.877$$

$$A_4 = \frac{P(6\bar{z}p_5 + 4P)}{\gamma'^2(K_p - K_a)^2} = \frac{(5.790)[(6)(2.259)(21.017) + (4)(5.790)]}{(0.9^2)(3.255 - 0.307)^2} = 253.352$$

$$L_4^4 + A_1 L_4^3 - A_2 L_4^2 - A_3 L_4 - A_4 = 0$$

$$L_4^4 + 7.921 L_4^3 - 17.458 L_4^2 - 162.877 L_4 - 253.352 = 0, \ \ L_4 = 4.846\,\text{m}$$

널말뚝 근입 깊이

$$D_{theory} = L_3 + L_4 = 0.683 + 4.846 = 5.529\,\text{m}$$

단면계수

$$z' = \sqrt{\frac{2P}{(K_p - K_a)\gamma'}} = \sqrt{\frac{(2)(5.790)}{(3.255 - 0.307)(0.9)}} = 2.089\,\text{m}$$

$$M_{\max} = P(\bar{z} + z') - \frac{1}{2}\gamma' z'^2 (K_p - K_a)\left(\frac{z'}{3}\right)$$

$$= (5.79)(2.259 + 2.089) - \left(\frac{1}{2}\right)(0.9)(2.089^2)(3.255 - 0.307)\left(\frac{2.089}{3}\right)$$

$$= 21.144 \, \mathrm{t \cdot m/m}$$

$$Z = \frac{M_{\max}}{\sigma_a} = \frac{21.144 \times 10^5}{1700} = 1243.765 \, \mathrm{cm^3/m}$$

방법 2 도해법(그림 4.8)에 의한 방법

$$K_a = \tan^2(45° - \phi/2) = \tan^2(45° - 32°/2) = 0.307$$

$$K_p = \tan^2(45° + \phi/2) = \tan^2(45° + 32°/2) = 3.255$$

$$\frac{K_p}{K_a} = \frac{3.255}{0.307} = 10.603$$

$$\alpha = \frac{L_1}{L} = \frac{2}{5} = 0.4$$

그림 4.8에서 $\dfrac{D}{H} = 1.1$, $\dfrac{M_{\max}}{K_a \gamma H^3} = 0.65$

널말뚝의 근입 깊이 $D = 1.1 \cdot H = (1.1)(5) = 5.5 \, \mathrm{m}$

널말뚝에 작용하는 최대 모멘트

$$M_{\max} = 0.62 K_a \gamma' H^3 = (0.62)(0.271)(0.8)(8^3) = 68.821 \, \mathrm{t \cdot m/m}$$

널말뚝의 단면계수

$$Z = \frac{M_{\max}}{\sigma_a} = \frac{68.821 \times 10^5}{1600} = 4301.313 \, \mathrm{cm^3/m}$$

4.2.3 점토지반에 설치된 캔틸레버 널말뚝벽

널말뚝이 근입되는 원지반이 점토지반인 경우, 포화지반의 순간적인 파괴 시 $\phi=0$의 개념이 적용되면 다음의 설계 과정을 따라 해석될 수 있다. 그림 4.9는 준설선 아래의 지반이 점착력 c만 존재하는 점토층으로 구성된 경우 캔틸레버 널말뚝벽에 가해지는 토압분포를 보여준다. 이 경우에도 준설선 윗부분 뒤채움 흙의 지반물성은 해석방법에 영향을 미치지 않는다. 그림 4.9에서 수위면은 지표로부터 L_1 깊이에 놓여 있으며 널말뚝 양쪽에 수위 차가 없는 경우를 고려한다. 준설선은 수위면으로부터 L_2 깊이에 놓여 있다.

그림 4.9에서 p_1와 p_2는 4.2.2절의 식 (4.1)과 (4.2)로부터 계산된다. 준설선 아래 미지의 회전점을 가상하면 준설선과 회전점 사이의 널말뚝 오른쪽 z 깊이에는 주동토압 p_a가, 왼쪽에는 수동토압 p_p가 작용하며 그 크기는 다음과 같다.

$$p_a = [\gamma_1 L_1 + \gamma_1{}' L_2 + \gamma_2{}'(z - L_1 - L_2)]K_{a2} - 2c\sqrt{K_{a2}} \tag{4.20}$$

$$p_p = \gamma'_2 (z - L_1 - L_2)K_{p2} + 2c\sqrt{K_{p2}} \tag{4.21}$$

$\phi=0$인 경우 토압계수, $K_{a2} = K_{p2} = 1$이므로 순압력 p_6는

$$p_6 = p_p - p_a = 4c - (\gamma_1 L_1 + \gamma_1{}' L_2) \tag{4.22}$$

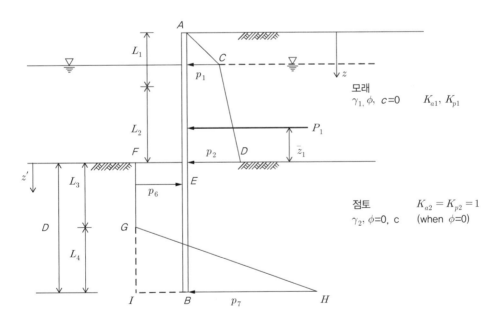

그림 4.9 점토층에 설치된 캔틸레버 널말뚝

로 표시된다. 또한 회전점 아래에서는 널말뚝 왼쪽에 주동토압이, 널말뚝 오른쪽에 수동토압이 작용하며 그 크기는 다음과 같다.

$$p_p = (\gamma_1 L_1 + \gamma_1' L_2 + \gamma_2' D) + 2c \qquad (4.23)$$

$$p_a = \gamma_2' D - 2c \qquad (4.24)$$

따라서 순압력 p_7은

$$p_7 = p_p - p_a = 4c + (\gamma_1 L_1 + \gamma_1' L_2) \qquad (4.25)$$

가 된다. 따라서 수평방향의 평형, $\sum F_x = 0$을 만족시키기 위한 압력 분포는

ACDE의 면적 $-$ EFIB의 면적 $+$ GIH의 면적 $= 0$

또는

$$P_1 - [4c - (\gamma_1 L_1 + \gamma_1' L_2)]D + \frac{1}{2}L_4[4c - (\gamma_1 L_1 + \gamma_1' L_2) + 4c + (\gamma_1 L_1 + \gamma_1' L_2)] = 0 \qquad (4.26)$$

이 되는데 여기서 P_1은 ACDE 면적의 합력이다.

식 (4.26)을 정리하면

$$L_4 = \frac{D[4c - (\gamma_1 L_1 + \gamma_1' L_2)] - P_1}{4c} \qquad (4.27)$$

이 되고 B 점에 대한 모멘트, $\sum M_B = 0$을 취하면

$$P_1(D + \overline{z_1}) - [4c - (\gamma_1 L_1 + \gamma_1' L_2)]\frac{D^2}{2} + \frac{1}{2}L_4(8c)\left(\frac{L_4}{3}\right) = 0 \qquad (4.28)$$

이 된다. 여기서 $\overline{z_1}$는 P_1의 작용점과 준설선 사이의 거리이다. 식 (4.27)을 식 (4.28)에 대입하여 정리하면

$$D^2[4c - (\gamma_1 L_1 + \gamma_1' L_2)] - 2DP_1 - \frac{P_1(P_1 + 12c\overline{z_1})}{(\gamma_1 L_1 + \gamma_1' L_2) + 2c} = 0 \qquad (4.29)$$

가 되고 식 (4.29)로부터 널말뚝의 근입 깊이 D가 계산된다.

이상에서 유도된 과정을 이용하여 점토지반에 설치되는 캔틸레버 널말뚝의 근입 깊이를 산정하기 위한 단계별 계산절차는 다음과 같다.

(1) 뒤채움 흙의 주동토압 계수 K_a 산정

(2) 식 (4.1) 및 (4.2)로부터 p_1과 p_2 산정

(3) p_1, p_2, L_1, L_2를 이용하여 P_1과 $\overline{z_1}$ 산정

(4) 식 (4.29)로부터 널말뚝 근입 깊이, D 산정

(5) 식 (4.27)로부터 L_4 산정

(6) 식 (4.22)와 식 (4.25)로부터 p_6, p_7 산정(생략 가능)

(7) 토압분포도 작성(생략 가능)

널말뚝에 작용하는 최대 휨 모멘트는 준설선으로부터 아래로 z'의 좌표로 잡을 때 $z' < L_3$에서 발생해야 하며 따라서 전단력이 0 지점까지의 깊이 z'은

$$P_1 - p_6 z' = 0$$

또는

$$z' = \frac{P_1}{p_6} \qquad (4.30)$$

이 되며 이 지점의 최대 휨 모멘트는

$$M_{\max} = P_1(z' + \overline{z_1}) - \frac{p_6 z'^2}{2} \qquad (4.31)$$

이 된다.

널말뚝의 근입 깊이에 대한 안전율은 모래지반의 경우와 같이 평형에 필요한 근입 깊이에서 40~60% 증가시키거나 점착력에 안전율 1.5~2.0을 적용하여

$$c_{u(Design)} = \frac{c_u}{F.S}$$

(4.32)

를 이용하여 토압을 산정하고 평형을 이루기 위한 근입 깊이 D를 결정하는 방법이 사용된다. 이상에서 열거한 점토지반에 박힌 캔틸레버 널말뚝벽의 경우, 그 계산과정이 단순해서 준설선 아래의 지반이 균일한 점토지반이고 널말뚝 양쪽의 수위가 같을 경우의 널말뚝 근입길이 D와 최대 모멘트비(무차원)는 그림 4.10으로부터 산정할 수 있다. 점토지반에 널말뚝이 근입되는 경우에는 벽면 양쪽에 수위 차가 있다 하더라도 침윤이 발생하지 않기 때문에 정수압의 차이만 고려하게 된다.

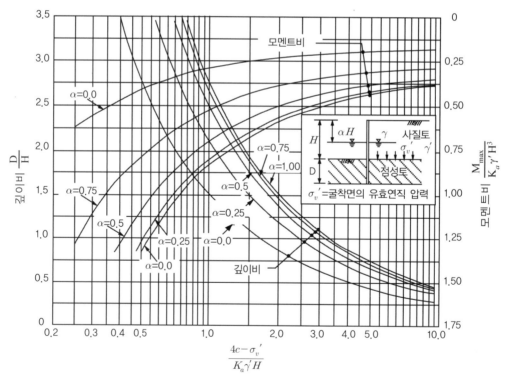

그림 4.10 점토지반과 모래질흙 뒤채움 시 캔틸레버 널말뚝벽의 근입 깊이와 최대 모멘트

점토지반에 널말뚝이 박히는 경우 널말뚝의 형태가 캔틸레버 널말뚝이건 앵커된 널말뚝이건 지반 내에서 널말뚝의 파괴에 저항하는 순 수평토압강도는 그림 4.9의 p_6이다.

즉, $p_6 = 4c - (\gamma_1 L_1 + \gamma_1' L_2)$로서 준설선에 가해지는 뒤채움 흙의 과재압력 $q = (\gamma_1 L + \gamma_1' L_2)$가 $4c$보다 큰 경우에는 파괴에 저항하는 힘이 없어져서 널말뚝이 아무리 깊이 설치되어도 불안정함을 알 수 있다. 따라서 안정수, $S_n = c/q$로 표시할 때 S_n이 0.25보다 작으면 안정된 널말뚝 시공이 불가능하다. 더욱이 널말뚝벽체와 점토지반의 부착응력 c_a를 고려하여 Rowe는 안정수 S_n을 다음 식으로 표현하였다.

$$S_n = \frac{c}{q}\sqrt{\frac{1+c_a}{c}} \tag{4.33}$$

부착력이 개략적으로 $c_a = 0.56c$라고 하면

$$S_n = \frac{1.25c}{q} \tag{4.34}$$

가 되어 S_n이 1이 되기 위한 안정수는 0.31이 된다. 따라서 점토지반에 안정된 널말뚝 설계가 이루어지려면 다음 식과 같은 안정수가 요구된다.

$$S_n = 0.3 \times F.S \tag{4.35}$$

예제 4.4 그림 4.9에서 L_1=2.0m, L_2=3.0m일 때, 널말뚝의 근입 깊이 D와 단면계수를 구하시오. 굴착 바닥면 아래의 흙은 점착력 c=5t/m^2, 포화단위중량 γ_{sat}=1.9t/m^{3}인 점토이고, 뒤채움 흙인 사질토의 내부마찰각 ϕ=32°, 점착력 c=0, 단위중량 γ=1.6t/m^3, 포화단위중량 γ_{sat}=1.9t/m^{3}이다.

풀이

방법 1 절차법에 의한 풀이

$p_1 = \gamma_{1t}L_1 K_a = (1.6)(2)(0.307) = 0.982\,\text{t/m}^2$

$p_2 = (\gamma_{1t}L_1 + \gamma_1' L_2)K_a = [(1.6)(2) + (0.9)(3)](0.307) = 1.811\,\text{t/m}^2$

$$P = \frac{1}{2}p_1 L_1 + p_1 L_2 + \frac{1}{2}(p_2 - p_1)L_2 = \left(\frac{1}{2}\right)(0.982)(2) + (0.982)(3)$$

$$+ \left(\frac{1}{2}\right)(1.811 - 0.982)(3) = 5.172\,\text{t/m}$$

임의의 z 깊이에서의 토압

$$p_a = [\gamma L_1 + \gamma' L_2 + \gamma'(z - L_1 - L_2)]K_a - 2c\sqrt{K_a}$$

$$p_p = \gamma'(z - L_1 - L_2)K_p + 2c\sqrt{K_p}$$

$$p_p - p_a = p_6 = 4c - (\gamma L_1 + \gamma' L_2)$$

널말뚝 회전점 아래의 토압

$$p_p = (\gamma L_1 + \gamma' L_2 + \gamma' D) + 2c$$

$$p_a = \gamma' D - 2c$$

$$p_p - p_a = p_7 = (\gamma L_1 + \gamma' L_2) + 4c$$

$$\sum F_x = 0$$

$$P - p_6 D + \frac{1}{2}L_4(p_6 + p_7) = 0 \Rightarrow L_4 = \frac{D[4c - (\gamma_1 L_1 + \gamma' L_2)] - P_1}{4c}$$

$$\sum M_B = 0$$

$$P(D + \bar{z}) - [4c - (\gamma L_1 + \gamma' L_2)]\frac{D^2}{2} + \frac{1}{2}L_4(8c)\left(\frac{L_4}{3}\right) = 0$$

$$D^2[4c - (\gamma_{1t} L_1 + \gamma_1' L_2)] - 2PD - \frac{P(P + 12c\bar{z})}{(\gamma_{1t} L_1 + \gamma_1' L_2) + 2c} = 0$$

$$D^2[(4)(5) - (1.6)(2) - (0.9)(3)] - (2)(5.172)D$$

$$- \frac{(5.172)\,[5.172 + (12)(5)(1.791)]}{(1.6)(2) + (0.9)(3) + (2)(5)} = 0$$

$$14.1D^2 - 10.344D - 36.637 = 0, \quad D = 2.020\,\text{m}$$

단면계수

$$z' = \frac{P}{p_6} = \frac{5.172}{14.1} = 0.367\,\mathrm{m}$$

$$M_{\mathrm{max}} = P(\bar{z} + z') - \frac{p_6 z'^2}{2} = (5.172)(1.791 + 0.367) - \frac{(14.1)(0.367^2)}{2}$$

$$= 10.212\,\mathrm{t \cdot m/m}$$

$$Z = \frac{M_{\mathrm{max}}}{\sigma_a} = \frac{10.212 \times 10^5}{1700} = 600.706\,\mathrm{cm^3/m}$$

방법 2 도해법(그림 4.10)에 의한 방법

굴착 바닥면의 유효연직압력 $\sigma_v' = (1.6)(2) + (0.9)(3) = 5.9\,\mathrm{t/m^2}$

$$K_a = \tan^2(45 - \phi/2) = \tan^2(45 - 32/2) = 0.307$$

$$\frac{4c - \sigma_v'}{K_a \gamma_1' H} = \frac{(4)(5) - 5.9}{(0.307)(0.9)(5)} = 10.206$$

$$\alpha = \frac{L_1}{L} = \frac{2}{5} = 0.4$$

그림 4.10에서 $\dfrac{D}{H} = 0.4$, $\dfrac{M_{\mathrm{max}}}{K_a \gamma' H^3} = 0.3$

널말뚝의 근입 깊이, $D = 0.4 \cdot H = (0.4)(5) = 2\,\mathrm{m}$

널말뚝에 작용하는 최대 모멘트

$$M_{\mathrm{max}} = 0.3 K_a \gamma_1' H^3 = (0.3)(0.307)(0.9)(5^3) = 10.361\,\mathrm{t \cdot m/m}$$

널말뚝의 단면계수

$$Z = \frac{M_{\mathrm{max}}}{\sigma_a} = \frac{10.361 \times 10^5}{1700} = 609.471\,\mathrm{cm^3/m}$$

4.3 앵커지지 널말뚝의 설계

널말뚝의 뒤채움 높이가 6m를 초과하는 경우에는 앵커를 설치하는 것이 경제적이다. 앵커를 설치하게 되면 추가 비용이 소요되겠지만 앵커를 설치함으로써 널말뚝의 근입 깊이가 줄어들며, 또한 단면적이 작은 널말뚝을 사용할 수 있어 훨씬 더 경제적이다. 앵커지지 널말뚝 (Anchored sheet piling 또는 anchored bulkhead)의 설계법에는 자유단 지지법과 고정단 지지법이 있다.

4.3.1 앵커지지 널말뚝의 설계 개요

앵커지지 널말뚝(anchored sheet pile wall)은 널말뚝이 준설선 아래로 근입된 깊이에 따라 널말뚝의 수평변위 거동이 차이가 나며, 이를 고려하여 고전적인 설계개념은 크게 두 가지로 나누어진다. 그림 4.11은 근입 깊이에 따른 두 경우의 수평변위 거동을 보여주고 있다. 이 그림 중 4.11 (a)는 자유단 지지법(free earth support method), 그리고 4.11 (b)는 고정단 지지법(fixed earth support method)이라고 한다.

자유단 지지는 고정단 지지에 비해 널말뚝의 근입 깊이가 작으며, 그림 4.11에서 보는 바와 같이 널말뚝은 앵커 지점과 널말뚝 최하단부에서 힌지와 롤러로 지지되었다고 가정한다. 이에 반해 근입 깊이가 상대적으로 깊은 고정단 지지는 널말뚝 최하단부가 완전히 고정되어 이 지점에서는 널말뚝의 회전이 없는 것으로 가정한다.

고정단 지지 개념에 의한 토압, 휨 모멘트 및 변위도는 그림 4.12 (a)와 같다. 순 토압도는 벽면 양측에 가해지는 전체 주동 및 수동토압(점선 표시)의 차로 결정된다. 그림 4.11 및 그림 4.12 중 T는 앵커에 의한 저항력이고, A는 순 주동토압이며, P는 순 수동토압이다. 또한 P_1은 고정단 하부의 반력이다. 이러한 토압이 발생함에 따른 휨 모멘트도를 보면 정(+)의 최대 모멘트는 앵커 위치와 준설선 사이에서 발생하고 준설선 아래 어떤 점에서 부의 최대 모멘트가 발생함을 알 수 있다. 또한 준설선 아래 얕은 깊이에 휨 모멘트가 0인 점이 위치한다. 널말뚝의 수평변위도를 보면 정의 최대 모멘트가 발생하는 위치 부근에서 최대 변위가 발생하며 최하단부 고정단의 변위와 회전경사는 0임을 보여준다. 휨 모멘트가 0인 점은 변위도에서 CP점으로 긴 보의 경우에는 변곡점이 된다.

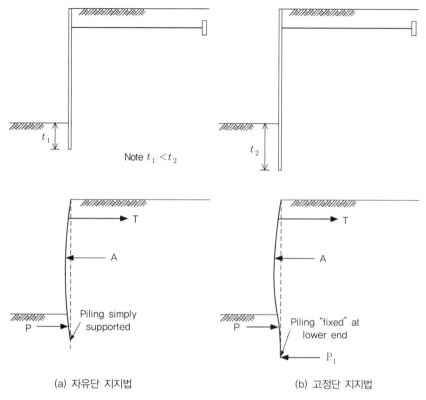

(a) 자유단 지지법   (b) 고정단 지지법

그림 4.11 자유단 지지법과 고정단 지지법의 비교

    자유단 지지 개념에 의한 토압, 휨 모멘트 및 변위도는 그림 4.12 (b)와 같다. 이 그림의 작용력을 보면 T, A 및 P만이 존재하고 P_1은 없고 휨 모멘트도 또한 정의 휨 모멘트만 존재함을 알 수 있다. 같은 널말뚝 길이인 경우 자유단 지지는 고정단 지지에 비해 휨 모멘트가 상당히 증가함을 알 수 있다. 변위에는 변곡점이 없다. 주어진 현장과 지반 조건하에서 앵커 널말뚝벽의 설계는 자유단 지지법, 고정단 지지법 중 어느 방법으로나 가능하지만 경험을 통해서 고정단 지지법이 경제적인 것으로 밝혀졌다. 고정단 지지법은 그림 4.11에서 보는 바와 같이 자유단 지지법에 비해 널말뚝의 근입 깊이가 깊어 널말뚝 길이가 상대적으로 길어지기는 하나 단면계수나 휨응력이 작고 앵커에 작용하는 힘도 상대적으로 줄어든다. 고정단 지지법은 널말뚝의 길이가 길어서 널말뚝이 근입된 지반을 밀어내서 발생하는 파괴에 대한 안전율이 높은 반면 자유단 지지법은 이 파괴에 견디기 위해 평형유지에 요구되는 근입 깊이에 충분한 안전율을 고려한 근입 깊이로 설계할 필요가 있다. 자유단 지지법과 고정단 지지법의 설계 과정이 자세히 설명되겠지만 자유단 지지법은 준설선 아래가 점토지반인 경우나 준설선 아래 얕은 깊이에 암반층이 존재하여 널말뚝의 최하단부가 고정단으로서의 역할을 하지 못할 경우에 많이 사용한다.

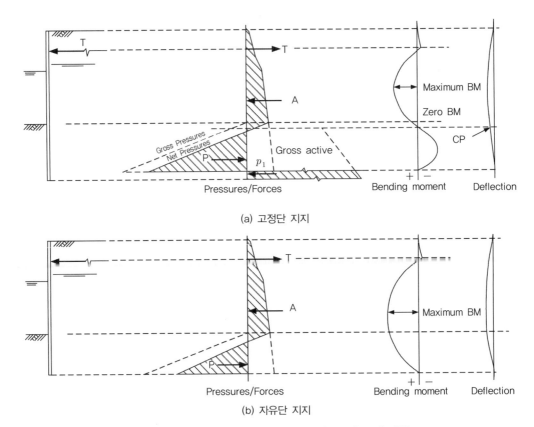

(a) 고정단 지지

(b) 자유단 지지

그림 4.12 고전적인 해법에 의한 토압, 휨 모멘트 및 변위도

4.3.2 모래지반에 설치된 앵커지지 널말뚝벽의 자유단 지지법

그림 4.13은 모래지반에 설치된 앵커지지 널말뚝벽을 자유단 지지로 해석할 경우 벽체 양쪽에 가해지는 토압과 작용력을 보여주고 있다. 앵커의 위치는 지상으로부터 l_1 깊이에, 수위면은 L_1 깊이에 있으며 벽체 양측의 수위면은 같은 것으로 간주한다. 그림 중

$$p_1 = \gamma L_1 K_a \tag{4.36}$$

$$p_2 = (\gamma L_1 + \gamma' L_2) K_a \tag{4.37}$$

이다. 준설선 아래 순토압이 0이 되는 지점 L_3는

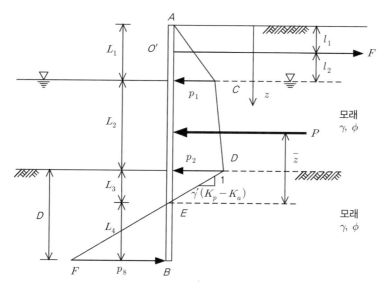

그림 4.13 모래층에 설치된 앵커지지 널말뚝

$$L_3 = \frac{p_2}{\gamma'(K_p - K_a)} \tag{4.38}$$

로 표시되며, 최하단부 B점에서의 순토압은

$$p_8 = \gamma'(K_p - K_a)L_4 \tag{4.39}$$

이 된다. 널말뚝 평형조건 $\sum F_x = 0$을 이용하면

ACDE의 면적$-$EBF의 면적$-$F$=0

또는

$$P - \frac{1}{2}p_8 L_4 - F = 0 \tag{4.40}$$

이 되며 앵커로드로써 지지해야 되는 널말뚝벽의 단위 폭당 앵커력, F를 산정할 수 있다. 식 (4.40) 중 P는 ACDE의 면적에 해당되는 압력이다. 식 (4.40)으로부터

$$F = P - \frac{1}{2}[\gamma'(K_p - K_a)] \cdot L_4^2 \tag{4.41}$$

이 된다. 또한 앵커지지점 0'점에 대하여 모멘트를 취하면, $\sum M_0' = 0$으로부터

$$P[(L_1 + L_2 + L_3) - (\bar{z} + l_1)] - \frac{1}{2}[\gamma'(K_p - K_a)] \cdot L_4^2 \cdot (l_2 + L_2 + L_3 + \frac{2}{3}L_4) = 0 \tag{4.42}$$

또는

$$L_4^3 + 1.5L_4^2(l_2 + L_2 + L_3) - \frac{3P[L_1 + L_2 + L_3) - (\bar{z} + l_1)]}{\gamma'(K_p - K_a)} = 0 \tag{4.43}$$

이 된다. 식 (4.43)으로부터 시산법으로 L_4를 산정하므로써 평형을 유지하기 위한 널말뚝의 근입 깊이, D가 산정된다.

$$D = L_3 + L_4$$

시공 시에는 안전을 고려하여 D를 30~40% 증가시킨다. 안전을 고려하는 또 다른 방법으로는 K_p값을 미리 안전 1.5~2.0을 고려하여 낮춘 후 평형에 필요한 D를 계산하는 방법으로, 캔틸레버 널말뚝벽의 경우와 마찬가지로 사용될 수 있다.

널말뚝에 발생하는 이론적 최대 휨 모멘트는 전단력이 0이 되는 지점으로 대체적으로 앵커지지점과 준설선 사이에서 발생한다. 지표면에서 전단력이 0이 되는 위치까지의 깊이, z는

$$\frac{1}{2}p_1 L_1 - F + p_1(z - L_1) + \frac{1}{2}K_a\gamma'(z - L_1)^2 = 0 \tag{4.44}$$

으로부터 산정되며 이 지점 위의 토압과 앵커력에 의한 모멘트를 취함으로써 최대 휨 모멘트를 산정할 수 있다. 만일 벽체 양측에 수위 차가 존재하는 경우에는 수압의 차가 발생하므로 모든 계산 시 이로 인한 압력의 차를 고려하여야 한다.

4.3.3 점토지반에 설치된 앵커지지 널말뚝벽의 자유단 지지법

그림 4.14는 점토지반에 설치된 앵커지지 널말뚝벽을 자유단 지지로 해석할 경우 벽체 양쪽에 가해지는 토압과 작용력을 보여주고 있다. 앵커의 위치는 지상으로부터 l_1 깊이에, 수위면은 L_1 깊이에 있으며 벽체 양측의 수위면은 같은 것으로 간주한다. 그림 중 p_1과 p_2는 앞 절과 같으며 준설선 아래의 순 토압강도, p_6는 캔틸레버 널말뚝벽의 경우와 동일하게 표현된다.

$$p_6 = 4c - (\gamma L_1 + \gamma' L_2) \tag{4.45}$$

정역학적인 평형, $\sum F_x = 0$으로부터 얻어지는 공식

$$P_1 - p_6 D = F \tag{4.46}$$

와 $\sum M_{o'} = 0$로부터 얻어지는 공식

$$P_1(L_1 + L_2 - l_1 - \overline{z_1}) - p_6 D(l_2 + L_2 + \frac{D}{2}) = 0 \tag{4.47}$$

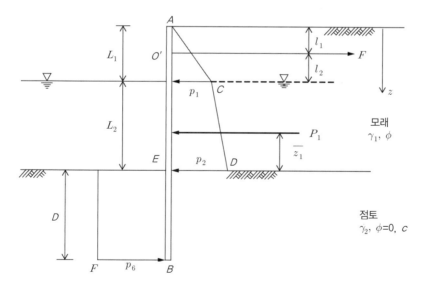

그림 4.14 점토층에 설치된 앵커 널말뚝

을 정리함으로써 널말뚝의 근입 깊이 D를 산정할 수 있는 다음 식이 얻어진다.

$$p_6 D^2 + 2p_6 D(L_1 + L_2 - l_1) - 2P_1(L_1 + L_2 - l_1 - \overline{z_1}) = 0 \tag{4.48}$$

최대 휨 모멘트가 발생하는 위치는 앞 절에서의 식 (3.41)을 이용하여 산정할 수 있으며 휨 모멘트 산정에도 마찬가지 방법이 사용된다.

예제 4.5　　그림과 같은 앵커지지 널말뚝에서 $\phi = 35°$, $l_1 = 1.5m$, $l_2 = 2m$, $L_2 = 5m$, $\gamma_t = 1.7t/m^3$, $\gamma_{sat} = 1.9t/m^3$일 때 다음 물음에 답하시오.

(1) 자유단 지지법으로 이론근입장 D를 계산하시오.
(2) 최대 휨 모멘트의 크기와 발생하는 깊이를 계산하시오.

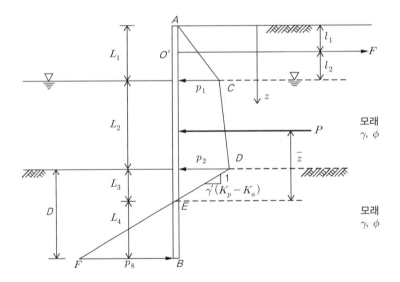

풀이

(1)　$K_a = \tan^2(45° - \phi/2) = \tan^2(45° - 35°/2) = 0.271$

　　　$K_p = \tan^2(45° + \phi/2) = \tan^2(45° + 35°/2) = 3.690$

　　　$p_1 = \gamma_t L_1 K_a = (1.7)(3.5)(0.271) = 1.612 t/m^2$

$$p_2 = (\gamma_t L_1 + \gamma' L_2) K_a = [(1.7)(3.5) + (0.9)(5)](0.271) = 2.832 \text{t/m}^2$$

$$L_3 = \frac{p_2}{\gamma'(K_p - K_a)} = \frac{2.832}{(0.9)(3.690 - 0.271)} = 0.920 \text{m}$$

$$P = \frac{1}{2} p_1 L_1 + p_1 L_2 + \frac{1}{2}(p_2 - p_1) L_2 + \frac{1}{2} p_2 L_3$$

$$= \left(\frac{1}{2}\right)(1.612)(3.5) + (1.612)(5) + \left(\frac{1}{2}\right)(2.832 - 1.612)(5)$$

$$+ \left(\frac{1}{2}\right)(2.832)(0.920) = 15.234 \text{t/m}$$

$$\bar{z} = \frac{\sum M_E}{P}$$

$$= \left(\frac{1}{15.234}\right)\left[(2.821)\left(0.920 + 5 + \frac{3.5}{3}\right) + (8.060)\left(0.920 + \frac{5}{2}\right)\right.$$

$$\left. + (3.050)\left(0.920 + \frac{5}{3}\right) + (1.303)\left(\frac{2 \cdot 0.920}{3}\right)\right] = 3.692 \text{m}$$

앵커지지점 O' 점에 대하여 모멘트를 취하면, $\sum M_{o'} = 0$으로부터

$$- P[(L_1 + L_2 + L_3) - (\bar{z} + l_1)] + \frac{1}{2}[\gamma'(K_P - K_a)] \times L_4^2 \times (l_2 + L_2 + L_3 + \frac{2}{3} L_4) = 0$$

$L_4^3 + A_1 L_4^2 - A_2 = 0$으로 나타낸다면,

$$A_1 = 1.5(l_2 + L_2 + L_3) = (1.5)(2 + 5 + 0.920) = 11.880$$

$$A_2 = \frac{3P[(L_1 + L_2 + L_3) - (\bar{z} + l_1)]}{\gamma'(K_p - K_a)}$$

$$= \frac{(3)(15.234)[(3.5 + 5 + 0.920) - (3.692 + 1.5)]}{(0.9)(3.690 - 0.271)} = 62.796$$

$$L_4^3 + 11.880 L_4^2 - 62.796 = 0, \quad L_4 = 2.118 \text{m}$$

$$D_{theory} = L_3 + L_4 = 0.920 + 2.118 = 3.038 \text{m}$$

(2) 널말뚝의 평형조건을 적용하면, $\sum$ 수평력$=0$, $\sum Mo' = 0$.
벽의 단위길이당 수평력의 합은 다음과 같다.

토압분포도의 ACDE면적 $-$ EBF면적 $-$ F $=0$

$$P - \frac{1}{2}p_8 L_4 - F = 0$$

$$F = P - \frac{1}{2}p_8 L_4 = P - \frac{1}{2}\gamma'(K_p - K_a)L_4^2$$

$$= 15.234 - \left(\frac{1}{2}\right)(0.9)(3.690 - 0.271)(2.118^2) = 8.332\,t/m$$

이론상의 최대 모멘트는 깊이 $z = L_1$ 과 $z = L_1 + L_2$ 사이에서 발생한다. 최대 모멘트가 발생되어 전단력이 0이 되는 깊이 z 를 다음과 같이 구할 수 있다.

$$F - \frac{1}{2}p_1 L_1 - p_1(z - L_1) + \frac{1}{2}K_a\gamma'(z - L_1)^2 = 0$$

$$8.332 - \left(\frac{1}{2}\right)(1.612)(3.5) - (1.612)(z - 3.5) - \left(\frac{1}{2}\right)(0.271)(0.9)(z - 3.5)^2 = 0$$

$$z = 6.318\,m$$

최대 모멘트

$$M_{\max} = F(z - l_1) - \frac{1}{2}p_1 L_1\left(z - L_1 + \frac{L_1}{3}\right) - p_1(z - L_1)\left(\frac{z - L_1}{2}\right) - \frac{1}{2}K_a\gamma'(z - L_1)^2\left(\frac{z - L_1}{3}\right)$$

$$= (8.332)(6.318 - 1.5) - (2.821)\left(6.318 - 3.5 + \frac{3.5}{3}\right) - (4.543)\left(\frac{6.318 - 3.5}{2}\right)$$

$$- (0.968)\left(\frac{6.318 - 3.5}{3}\right) = 21.592\,t \cdot m/m$$

예제 4.6 모든 조건이 [예제 4.5]와 똑같고 앵커만 설치되지 않았다.

(1) 이론근입장 D 를 계산하시오.

(2) 최대 휨 모멘트의 크기와 발생하는 깊이를 계산하시오.

풀이

(1) $K_a = \tan^2(45° - \phi/2) = \tan^2(45° - 35°/2) = 0.271$

$K_p = \tan^2(45° + \phi/2) = \tan^2(45° + 35°/2) = 3.690$

$p_1 = \gamma_t L_1 K_a = (1.7)(3.5)(0.271) = 1.612\,t/m^2$

$$p_2 = (\gamma_t L_1 + \gamma' L_2) K_a = [(1.7)(3.5) + (0.9)(5)](0.271) = 2.832 \text{t/m}^2$$

z 깊이에서의 토압

$$p_a = [\gamma L_1 + \gamma' L_2 + \gamma' (z - L_1 - L_2)] K_a$$

$$p_p = \gamma' (z - L_1 - L_2) K_p$$

수평토압의 합이 0이 되는 지점이 P_a와 P_p의 차가 0인 준설선 아래 L_3의 깊이로써

$$p_a - p_p = (\gamma L_1 + \gamma' L_2) K_a - \gamma' L_3 (K_p - K_a) = 0$$

$$L_3 = \frac{p_2}{\gamma'(K_p - K_a)} = \frac{2.832}{(0.9)(3.690 - 0.271)} = 0.920 \text{m}$$

$$P = \frac{1}{2} p_1 L_1 + p_1 L_2 + \frac{1}{2}(p_2 - p_1) L_2 + \frac{1}{2} p_2 L_3$$

$$= \left(\frac{1}{2}\right)(1.612)(3.5) + (1.612)(5) + \left(\frac{1}{2}\right)(2.832 - 1.612)(5)$$

$$+ \left(\frac{1}{2}\right)(2.832)(0.920) = 15.234 \text{t/m}$$

널말뚝 바닥면에서의 토압

$$P_p = (\gamma L_1 + \gamma' L_2 + \gamma' D) K_P$$

$$P_a = \gamma' D K_a$$

널말뚝 바닥에서의 순 수평토압의 크기

$$p_p - p_a = p_4 = p_5 + \gamma' L_4 (K_p - K_a)$$

$$p_5 = (\gamma_t L_1 + \gamma' L_2) K_p + \gamma' L_3 (K_p - K_a)$$

$$= [(1.7)(3.5) + (0.9)(5)](3.690) + (0.9)(0.920)(3.690 - 0.271)$$

$$= 41.392 \text{t/m}^2$$

$$p_3 = L_4 (K_p - K_a) \gamma'$$

$\sum F_x = 0$ 으로부터

$$P - \frac{1}{2} p_3 L_4 + \frac{1}{2}(p_3 + p_4) L_5 = 0 \Rightarrow L_5 = \frac{p_3 L_4 - 2P}{p_3 + p_4}$$

$\sum M_B = 0$에서

$$P(L_4 + \overline{z}) - \frac{1}{2}(L_4 p_3)\frac{L_4}{3} + \frac{1}{2}L_5(p_3 + p_4)\frac{L_5}{3} = 0$$

$$A_1 = \frac{p_5}{\gamma'(K_p - K_a)} = \frac{41.392}{(0.9)(3.690 - 0.271)} = 13.452$$

$$A_2 = \frac{8P}{\gamma'(K_p - K_a)} = \frac{(8)(15.234)}{(0.9)(3.690 - 0.271)} = 39.606$$

$$A_3 = \frac{6P[2\overline{z}\gamma'(K_p - K_a) + p_5]}{\gamma'^2(K_p - K_a)^2}$$

$$= \frac{(6)(15.234)[(2)(3.692)(0.9)(3.690 - 0.271) + 41.392]}{(0.9^2)(3.690 - 0.271)^2} = 618.914$$

$$A_4 = \frac{P(6\overline{z}p_5 + 4P)}{\gamma'^2(K_p - K_a)^2}$$

$$= \frac{(15.234)[(6)(3.692)(41.392) + (4)(15.234)]}{(0.9^2)(3.690 - 0.271)^2} = 1573.271$$

$$L_4^4 + A_1 L_4^3 - A_2 L_4^2 - A_3 L_4 - A_4 = 0$$

$$L_4^4 + 13.452 L_4^3 - 39.606 L_4^2 - 618.914 L_4 - 1573.271 = 0, \quad L_4 = 7.351\,\text{m}$$

널말뚝 근입 깊이

$$D_{theory} = L_3 + L_4 = 0.920 + 7.351 = 8.271\,\text{m}$$

(2) $z' = \sqrt{\dfrac{2P}{(K_p - K_a)\gamma'}} = \sqrt{\dfrac{(2)(15.234)}{(3.690 - 0.271)(0.9)}} = 3.147\,\text{m}$

$$M_{\max} = P(\overline{z} + z') - \frac{1}{2}\gamma'z'^2(K_p - K_a)\left(\frac{z'}{3}\right)$$

$$= (15.234)(3.692 + 3.147) - \left(\frac{1}{2}\right)(0.9)(3.147^2)(3.690 - 0.271)\left(\frac{3.147}{3}\right)$$

$$= 88.202\,\text{t}\cdot\text{m/m}$$

예제 4.7 그림과 같은 앵커지지 널말뚝에서 $l_1 = l_2 = 1.5\text{m}$, $L_2 = 5\text{m}$, $\gamma_{1t} = 1.7\text{t/m}^3$, $\gamma_{1sat} = 1.9\text{t/m}^3$, $\phi_{sand} = 35°$, $\gamma_{2sat} = 1.8\text{t/m}^3$, $c = 4\text{t/m}^2$일 때 다음 물음에 답하시오.

(1) 자유단 지지법으로 근입장 D를 결정하시오.

(2) 앵커의 인장력을 계산하시오.

(3) 최대 휨 모멘트의 크기와 발생하는 깊이를 계산하시오.

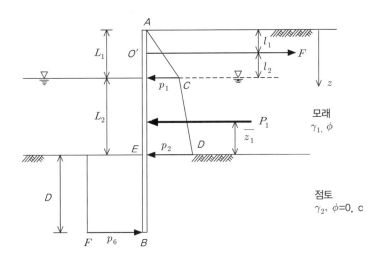

(1) $K_a = \tan^2(45° - \phi/2) = \tan^2(45° - 35°/2) = 0.271$

$p_1 = \gamma_{1t} L_1 K_a = (1.7)(3)(0.271) = 1.382\,\text{t/m}^2$

$p_2 = (\gamma_{1t} L_1 + \gamma_1{}' L_2) K_a = [(1.7)(3) + (0.9)(5)](0.271) = 2.602\,\text{t/m}^2$

$P_1 = \dfrac{1}{2} p_1 L_1 + p_1 L_2 + \dfrac{1}{2}(p_2 - p_1) L_2 = \left(\dfrac{1}{2}\right)(1.382)(3) + (1.382)(5)$

$\qquad + \left(\dfrac{1}{2}\right)(2.602 - 1.382)(5) = 12.033\,\text{t/m}$

$\overline{z_1} = \dfrac{\Sigma M_E}{P_1} = \left(\dfrac{1}{12.033}\right)\left[(2.073)\left(5 + \dfrac{3}{3}\right) + (6.910)\left(\dfrac{5}{2}\right) + (3.050)\left(\dfrac{5}{3}\right)\right]$

$\quad = 2.892\,\text{m}$

$p_6 = 4c - (\gamma_{1t} L_1 + \gamma_1{}' L_2) = (4)(4) - [(1.7)(3) + (0.9)(5)] = 6.4\,\text{t/m}^2$

$$\sum M_O = p_6 D\left(l_2 + L_2 + \frac{D}{2}\right) - P_1\left(l_2 + L_2 - \overline{z_1}\right) = (6.4)(D)\left(1.5 + 5 + \frac{D}{2}\right)$$
$$- (12.033)(1.5 + 5 - 2.892) = 0$$
$$D = 0.971\,\mathrm{m}$$

(2) 앵커의 인장력을 계산하시오.

$$\sum F_h = P_1 - p_6 D - F = 0$$
$$F = P_1 - p_6 D = 12.033 - (6.4)(0.971) = 5.819\,\mathrm{t/m}$$

(3) 최대 휨 모멘트의 크기와 발생하는 깊이를 계산하시오.

최대 휨 모멘트 발생 깊이(z)

$$F - \frac{1}{2} p_1 L_1 - p_1(z - L_1) + \frac{1}{2} K_a \gamma_1{}'(z - L_1)^2 = 0$$
$$5.819 - \left(\frac{1}{2}\right)(1.382)(3) - (1.382)(z - 3) - \left(\frac{1}{2}\right)(0.271)(0.9)(z - 3)^2 = 0$$
$$z = 5.260\,\mathrm{m}$$

최대 휨 모멘트

$$M_{\max} = F(z - l_1) - \frac{1}{2} p_1 L_1\left(z - L_1 + \frac{L_1}{3}\right) - p_1(z - L_1)\left(\frac{z - L_1}{2}\right)$$
$$- \frac{1}{2} K_a \gamma_1{}'(z - L_1)^2\left(\frac{z - L_1}{3}\right) = (5.819)(5.260 - 1.5) - (2.073)\left(5.260 - 3 + \frac{3}{3}\right)$$
$$- (3.123)\left(\frac{5.260 - 3}{2}\right) - (0.623)\left(\frac{5.260 - 3}{3}\right) = 11.123\,\mathrm{t \cdot m/m}$$

예제 4.8 모든 조건이 [문제 4.7]과 똑같고 앵커만 설치되지 않았다. 계산식에 의해 다음을 구하시오.

(1) 토압분포도를 그리시오.
(2) 근입장 D을 결정하시오.
(3) 최대 휨 모멘트의 크기와 발생하는 깊이를 계산하시오.

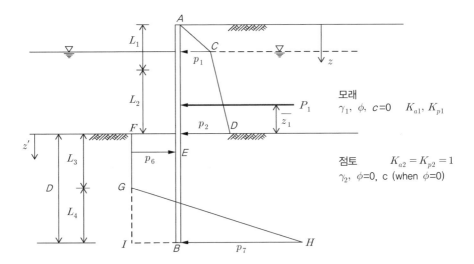

풀이

(1) 토압분포도를 그리시오.

(2) 근입장 $D(D_{design})$를 결정하시오.

$$K_a = \tan^2(45° - \phi/2) = \tan^2(45° - 35°/2) = 0.271$$

$$p_1 = \gamma_{1t}L_1K_a = (1.7)(3)(0.271) = 1.382\,\text{t/m}^2$$

$$p_2 = (\gamma_{1t}L_1 + \gamma_1'L_2)K_a = [(1.7)(3) + (0.9)(5)](0.271) = 2.602\,\text{t/m}^2$$

$$P_1 = \frac{1}{2}p_1L_1 + p_1L_2 + \frac{1}{2}(p_2 - p_1)L_2 = \left(\frac{1}{2}\right)(1.382)(3) + (1.382)(5)$$

$$+ \left(\frac{1}{2}\right)(2.602 - 1.382)(5) = 12.033\,\text{t/m}$$

$$\overline{z_1} = \frac{\sum M_E}{P_1} = \left(\frac{1}{12.033}\right)\left[(2.073)\left(5 + \frac{3}{3}\right) + (6.910)\left(\frac{5}{2}\right) + (3.050)\left(\frac{5}{3}\right)\right]$$

$$= 2.892\,\text{m}$$

$$p_6 = 4c - (\gamma_{1t}L_1 + \gamma_1'L_2) = (4)(4) - [(1.7)(3) + (0.9)(5)] = 6.4\,\text{t/m}^2$$

$$D^2[4c - (\gamma_{1t}L_1 + \gamma_1'L_2)] - 2P_1D - \frac{P_1(P_1 + 12c\,\overline{z_1})}{(\gamma_{1t}L_1 + \gamma_1'L_2) + 2c} = 0$$

$$D^2[(4)(4) - (1.7)(3) - (0.9)(5)] - (2)(12.033)D$$

$$- \frac{(12.033)[12.033 + (12)(4)(2.892)]}{(1.7)(3) + (0.9)(5) + (2)(4)} = 0$$

$$6.4D^2 - 24.066D - 103.134 = 0$$

$$D = 6.313\,\text{m}$$

(3) 최대 휨 모멘트의 크기와 발생하는 깊이를 계산하시오.

$$z' = \frac{P_1}{p_6} = \frac{12.033}{6.4} = 1.880\,\text{m}$$

$$M_{\max} = P_1(\overline{z_1} + z') - \frac{p_6 z'^2}{2} = (12.033)(2.892 + 1.880) - \frac{(6.4)(1.880^2)}{2}$$

$$= 46.111\,\text{t}\cdot\text{m/m}$$

4.3.4 앵커지지 널말뚝에서의 모멘트 감소법

이 절의 개요에서 설명한 바와 같이 자유단 지지 개념에 의한 최대 휨 모멘트는 고정단 지지 개념의 경우에 비해 훨씬 크게 산정된다. 따라서 보다 실질적인 해석을 위하여 Rowe는 1952년부터 1957년에 걸쳐 여러 해 동안 모델 실험을 통하여 상시하중(working stress)과 파괴하중 (failure stress) 조건에서 앵커 널말뚝의 거동을 분석하였다.

Rowe의 첫 번째 연구는 상시하중 조건하에서 이루어졌는데 결론적으로 널말뚝의 연성 (flexibility)이 널말뚝의 설계, 특히 휨 모멘트에 큰 영향을 미쳤다는 것을 밝혔다. 실험 초기에 그는 아칭현상이 휨 모멘트에 차이를 유발하는 것으로 판단했다. 실제로 그는 앵커지지점의 수평변위가 없는 경우 널말뚝의 변형 초기에 아칭현상이 발생함을 발견했다. 그러나 그는 벽체 뒷면의 뒤채움에 의해 발생되는 수평토압으로 앵커지지점에 미세한 수평변위가 발생해도 아칭현상이 바로 소멸되고 뒤채움부의 토압이 삼각형 토압형태로 돌아감을 알았다. 그럼에도 연성 벽체는 강성벽체에 비해 휨 응력이 상당히 작은 상태로 남게 되는데 그 이유는 널말뚝의 연성과 흙의 압축성의 상관관계에 따라 널말뚝의 변형 시 휨 모멘트가 0이 되는 점(point of contraflexure)이 이동하는 것이 주원인임을 밝혔다.

상시하중에서의 지점 이동 개념은 그림 4.15에 의해 설명된다. 그림 4.15는 연성벽체 (a)와 강성벽체 (b) 단부가 반경이 대단히 큰 롤러에 의해서 지지되는 경우로 지반을 가정하였다. 이 그림에서 앵커지지점은 힌지로 간주된다. 상시하중, W가 가해질 경우 연성벽체는 휨이 크기 때문에 롤러 지지점이 초기 지지점보다 위로 많이 올라간 C점으로 옮겨가는 반면, 강성 벽체는 휨이 거의 일어나지 않아서 롤러 지지점이 D점으로 옮겨지지만 휨이 일어나기 전의 지지점과 별 차이가 없다. 따라서 연성벽체의 경우에는 보의 유효 경간이 CA로 줄어들게 되는데 이는 자유단 지지법에서의 경간장이 벽체 휨 이전의 경간장인 점을 고려할 때 그 차이를 감지할 수 있다. 휨이 발생할 때 연성벽체의 경간 감소는 최대 휨 모멘트의 감소를 가져오는데 앵커 널말뚝벽의 토압분포를 삼각형 토압으로 간주하면 휨 모멘트의 감소는 경간장 감소의 3제곱에 비례하므로 5%의 경간장 감소 시 16%의 최대 휨 모멘트 감소가 발생한다.

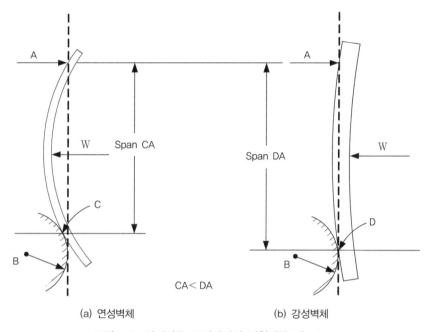

(a) 연성벽체   (b) 강성벽체

그림 4.15 상시하중 조건에서의 변형거동 비교

Rowe는 파괴응력 조건에서의 널말뚝 변형거동도 연구하였다. 그림 4.16은 파괴 시 연성벽체 (a)와 강성벽체 (b)의 롤러 지점을 비교하고 있다. 그림에서 두 벽체의 강성은 서로 다르지만 경간장과 휨강도는 같은 것으로 간주하였다. 그림에서 보는 바와 같이 연성벽체나 강성벽체 모두 하중, W에 의해 항복응력에 도달하면 대체로 비슷한 강성으로 줄어들기 때문에 변형거동에 차이가 발생하지 않는다. 따라서 파괴 시에는 상시하중에 비해 연성벽체와 강성벽체의 휨 모멘트 차이가 없음을 알 수 있다.

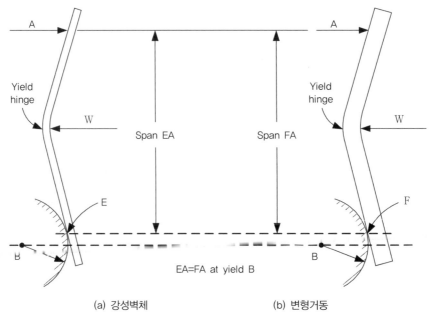

| (a) 강성벽체 | (b) 변형거동 |

그림 4.16 파괴하중 조건에서의 비교

    Rowe는 그의 모델 실험 결과로부터 자유단 지지법과 같이 널말뚝벽에 발생하는 최대 휨 모멘트가 과다하게 산정된다고 판단하는 경우, 최대 설계 모멘트를 감소시키는 계산절차를 제안하였다. 이 계산절차는 다짐상태가 중간 정도이거나 조밀한 실트질 모래 또는 모래지반에 적용되도록 제안되었다. 만약 준설선 아래 지반이 느슨한 실트질 모래 지반으로 토압 작용 시 널말뚝 하부가 과다하게 밀려갈 가능성이 있으면 자유단 지지법으로 설계하지만 모멘트 감소는 고려하지 않는다. 또한 준설선 아래 수동토압으로 저항하는 널말뚝 부분에 주동토압에 의해 압밀 변형이 우려되면 이 역시 자유단 지지법으로 설계하되 모멘트 감소는 고려하지 않는다. 그러나 점토지반에 모멘트 감소법을 고려하고자 하는 설계자를 위하여 이에 필요한 도표를 제시하였다. Rowe의 모멘트 감소이론은 다음의 네 가지 요소에 기본을 두었다.

(1) 모래지반 상대밀도

(2) 점토지반의 안정수, $S_n = \dfrac{1.25c}{q}$

(3) 널말뚝의 유연도 계수(flexibility number), $\rho = 10.91 \times 10^{-7} \left(\dfrac{H^4}{EI} \right)$

여기서, H : 널말뚝벽의 전체길이(m)

E : 널말뚝벽 재료의 탄성계수(MN/m^2)

I : 널말뚝벽의 단위 폭당 단면 2차 모멘트(m^4/m^2)

(4) 준설선 윗부분의 널말뚝 길이계수, α와 앵커지지점까지의 길이계수, β

그림 4.17은 몇 가지 S_n, α, $\log\rho$, 그리고 모멘트비에 대한 Rowe의 모멘트 감소계수를 보여주고 있다. 그림 4.17 (a)는 널말뚝이 사질토 지반에 설치되는 경우 사용되며, (b)는 점토 지반에 설치될 때 사용된다.

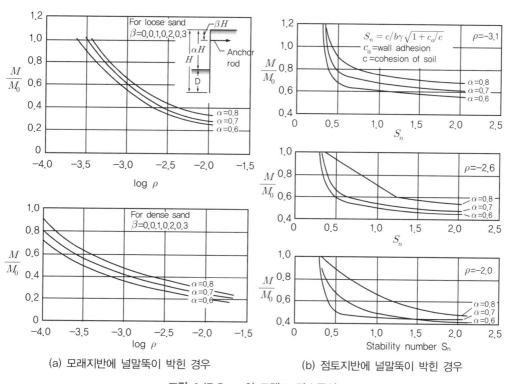

(a) 모래지반에 널말뚝이 박힌 경우 (b) 점토지반에 널말뚝이 박힌 경우

그림 4.17 Rowe의 모멘트 감소곡선

널말뚝이 모래지반에 설치된 경우 모멘트 감소곡선의 사용방법은 다음과 같다.

(1) 널말뚝 단면을 선택한다.

(2) 널말뚝 단위 폭당 단면계수, S와 단면 2차 모멘트, I를 표에서 찾는다.

(3) H, E, I로부터 $\log\rho$를 계산한다.

(4) $M = \sigma_{all} \times S$로 이 널말뚝 단면의 모멘트 저항능력을 산정한다. 여기서, σ_{all}은 널말뚝 재료의 허용휨응력이다.

(5) 선택된 널말뚝의 모멘트비 M/M_0와 $\log\rho$를 그림 4.17 (a) 중 설계조건과 같은 α, β및 지반상태에 해당되는 곡선상에 표시한다.

(6) 몇 개의 널말뚝 단면을 선택한 후 (2)~(5)의 과정을 되풀이한다.

계산결과 중 그림 4.17 (a)의 M/M_0 곡선 윗부분에 표시된 점들은 사용 가능한 안전 단면들이며 곡선 아래쪽에 찍히는 점들은 불안한 단면들이다. 가장 경제적인 단면은 M/M_0 곡선에 가장 가까운 윗 점의 단면이 된다. 널말뚝이 점토지반에 박힌 경우, 모멘트 감소곡선의 사용방법은 모래지반의 경우에 비해 안정수 S_n이 추가되는 것 외에는 그 과정이 거의 비슷하다.

4.3.5 모래지반에 설치된 앵커지지 널말뚝벽의 고정단 지지법

모래지반에 널말뚝이 설치된 경우 고정단 지지법을 이용하여 설계하는 방법은 변위도법 (deflection line procedure), 등가보법(equivalent beam method), 도표에 의한 방법 (nomogram method) 등이 있다. 이 중 변위도법은 벽체 양면에 가해지는 토압이 그림 4.18 (a)에서와 같이 산정되면 이로부터 모멘트도와 변위도를 그리고 근입 깊이, 앵커력 등을 산정하는 방법으로 그 계산과정이 복잡하기 때문에 널리 사용되지 않고 있다. 그러나 이 방법은 그 계산과정을 단순화시킨 등가보법의 기본이 된다. 도표에 의한 방법은 등가보법으로 만들어진 도표를 이용하여 설계하는 방법으로 널말뚝벽의 뒤채움재와 준설선 아래의 지반 전체가 균질한 모래일 경우에만 적용된다. 이 절에서는 등가보법에 관한 설계 절차를 설명하기로 한다.

고정단 지지법은 전술한 바와 같이 널말뚝 선단이 회전에 대하여 구속된 것으로 가정된다. 그림 4.18은 모래지반에 박힌 앵커 널말뚝벽의 고정단 지지법을 설명하기 위한 그림이다.

그림 4.18은 고정단 지지법에 의한 토압도를 보여주고 있으며 계산과정에서 그림 중 널말뚝의 H 점 아래의 토압($HFH'GB$의 토압)은 집중하중 P'으로 대치된다. 그림 중 L_4의 산정을 위해서 등가보의 개념이 도입된다. 등가보의 개념은 그림 중 준설선 아래, I점에 휨 모멘트의 부호가 바뀌는 변곡점(contraflexure point)이 있어 이 점을 보의 해석상 힌지로 가정할 수 있다는 점에 착안한 방법이다.

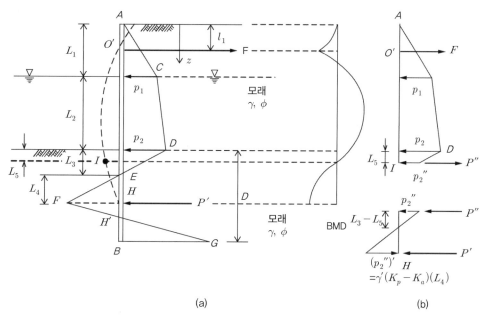

(a)   (b)

그림 4.18 모래지반에 설치된 앵커 널말뚝벽의 고정단 지지법

준설선과 I 점 사이의 거리, L_5는 Blum에 의해 구해졌으며 흙의 내부마찰, ϕ에 따른 L_5를 그림 4.19에 도시하였다. 이 그림을 사용하여 준설선 위의 널말뚝 깊이 $L_1 + L_2$와 ϕ를 알 경우, L_5를 산정할 수 있다.

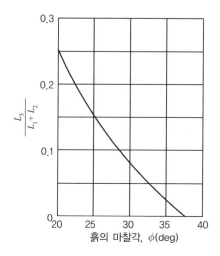

그림 4.19 L_5 구하는 도표

등가보법에서는 그림 4.19에서 앵커지지점, O'와 힌지점으로 간주되는 I점을 지지점으로 하는 지간이 AI인 보로서 널말뚝벽을 무너뜨리려는 토압에 대한 반력 F와 P''을 산정하고 평형유지에 필요한 L_4를 산정한다. 이때 P''은 그림 4.18에서 O'점(앵커지지점)에 대하여, F는 I점에 대하여 모멘트를 취함으로써 산정된다. 또한 L_4는 H점에 대한 모멘트를 취함으로써 산정된다. 널말뚝의 근입 깊이 D는 안전을 고려하여 $1.2 \sim 1.4 \cdot (L_3 + L_4)$로 설계한다. 널말뚝벽에 작용하는 최대 휨 모멘트 산정방법은 자유단 지지법의 경우와 같다.

모래지반에 설치되는 앵커지지 널말뚝의 근입 깊이를 산정하기 위한 단계별 계산절차는 다음과 같다.

(1) Rankine 토압계수 K_a 및 K_p 산정

(2) 식 (4.1) 및 (4.2)로부터 p_1과 p_2 산정

(3) 식 (4.5)로부터 L_3 산정

$$L_3 = \frac{p_2}{\gamma'(K_p - K_a)}$$

(4) 그림 4.19로부터 L_5를 결정

(5) p_2'' 계산

$$p_2'' = \frac{p_2(L_3 - L_5)}{L_3}$$

(6) 널말뚝의 가상 힌지점 I 상부의 토압분포 작성

(7) 토압분포도에서 앵커지지점 O'점에 대해 모멘트를 취하여 P'' 계산

(8) I와 H 사이의 토압분포 작성

$$(p_2'')' = \gamma'(K_p - K_a)(L_4)$$

(9) 토압분포도에서 H점에 대해 모멘토를 취하여 L_4를 계산

(10) $D = 1.2 \sim 1.4(L_3 + L_4)$를 계산하여 근입 깊이 결정

모래지반의 경우에는 설계자는 자유단 지지법과 고정단 지지법 중 좋은 것을 선택하여 사용할 수 있으나 점토지반인 경우에는 지반이 단단한 점토인 경우를 제외하고는 자유단 지지법 밖에 쓸 수 없는 것으로 알려져 있다. 모래질 지반에 널말뚝이 박힐 경우라도 상재하중이 상당히 크거나 앵커로드의 위치가 아주 낮은 경우에는 등가보법의 적용이 곤란하다.

예제 4.5와 같은 조건에서 근입장 D를 고정단 지지법으로 계산하시오.

풀이

$$K_a = \tan^2(45° - \phi/2) = \tan^2(45° - 35°/2) = 0.271$$

$$K_p = \tan^2(45° + \phi/2) = \tan^2(45° + 35°/2) = 3.690$$

$$p_1 = \gamma_t L_1 K_a = (1.7)(3.5)(0.271) = 1.612 \text{t/m}^2$$

$$p_2 = (\gamma_t L_1 + \gamma' L_2)K_a = [(1.7)(3.5) + (0.9)(5)](0.271) = 2.832 \text{t/m}^2$$

$$L_3 = \frac{p_2}{\gamma'(K_p - K_a)} = \frac{2.832}{(0.9)(3.690 - 0.271)} = 0.920 \text{m}$$

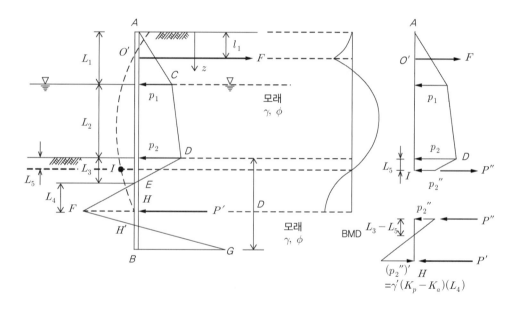

그림 4.19에서

$$\frac{L_5}{L_1 + L_2} = 0.026, \quad L_5 = (3.5 + 5)(0.026) = 0.221 \text{m}$$

$$p_2'' = \frac{p_2(L_3 - L_5)}{L_3} = \frac{(2.832)(0.920 - 0.221)}{(0.920)} = 2.152 \text{t/m}^2$$

AI 등가보에서 토압의 합력은,

$$P = \frac{1}{2}p_1 L_1 + p_1 L_2 + \frac{1}{2}(p_2 - p_1)L_2 + p_2{''}L_5 + \frac{1}{2}(p_2 - p_2{''})L_5$$

$$= \left(\frac{1}{2}\right)(1.612)(3.5) + (1.612)(5) + \left(\frac{1}{2}\right)(2.832 - 1.612)(5) + (2.152)(0.221)$$

$$+ \left(\frac{1}{2}\right)(2.832 - 2.152)(0.221) = 14.482 \,\text{t/m}$$

앵커지지점 O' 점에 대하여 모멘트를 취하면,

$$\sum M_O = p_1 L_2 \left(l_2 + \frac{L_2}{2}\right) + \frac{L_2}{2}(p_2 - p_1)\left(l_2 + \frac{2L_2}{3}\right) + p_2{''}L_5\left(l_2 + L_2 + \frac{L_5}{2}\right)$$

$$+ \frac{L_5}{2}(p_2 - p_2{''})\left(l_2 + L_2 + \frac{L_5}{3}\right) - \frac{1}{2}p_1 L_1\left(l_1 - \frac{2L_1}{3}\right) - P'(l_2 + L_2 + L_5) = 0$$

$$(8.060)\left(2 + \frac{5}{2}\right) + (3.050)\left(2 + \frac{2 \cdot 5}{3}\right) + (0.476)\left(2 + 5 + \frac{0.221}{2}\right)$$

$$+ (0.075)\left(2 + 5 + \frac{0.221}{3}\right) - (2.821)\left(1.5 - \frac{2 \cdot 3.5}{3}\right) - P'(2 + 5 + 0.221) = 0$$

$$P'' = 8.143 \,\text{t/m}$$

$$F = P - P'' = 14.482 - 8.143 = 6.339 \,\text{t/m}$$

IH 가상보의 토압을 계산하면,

$$(p_2{''})' = \gamma'(K_p - K_a)(L_4)$$

H 점에 대하여 모멘트를 취하면,

$$\sum M_H = P''(L_4 + L_3 - L_5) + p_2{''}\frac{(L_3 - L_5)}{2}\left[L_4 + \frac{2(L_3 - L_5)}{3}\right]$$

$$- \frac{1}{2}(p_2{''})'L_4\left(\frac{L_4}{3}\right) = 0$$

$$(8.143)(L_4 + 0.920 - 0.221) + (2.152)\left(\frac{0.920 - 0.221}{2}\right)\left[L_4 + \frac{(2)(0.920 - 0.221)}{3}\right]$$

$$- \left(\frac{1}{2}\right)(3.077 L_4)\left(\frac{L_4^2}{3}\right) = 0$$

$$L_4 = 4.470\,\mathrm{m}$$

$$D = L_3 + L_4 = 0.920 + 4.470 = 5.390$$

4.4 앵커(Anchor)

4.4.1 널말뚝에 사용되는 일반적인 앵커 종류

널말뚝에 사용되는 일반적인 앵커의 종류는 다음과 같다.

- 앵커판(anchor plate) 또는 앵커보(anchor beam, deadman)
- 어스앵커(earth anchor) 또는 타이백(tie back)
- 연직 앵커말뚝(anchor pile)
- 경사말뚝으로 지지한 앵커보

1) 앵커판(anchor plates), 앵커보(deadman, 고정용 콘크리트 블록)

앵커판이나 앵커보는 일반적으로 앵커 연결봉(tie-rod)에 의해 널말뚝과 연결되어 시공한다.

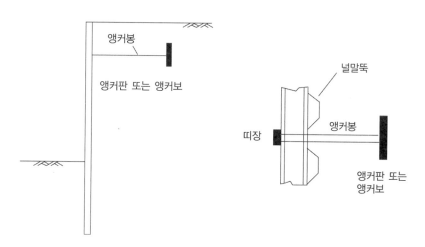

그림 4.20 앵커판 또는 앵커보의 설치

2) 타이백(tie back)

타이백은 미리 천공을 하고 철근이나 케이블을 넣고 콘크리트로 그라우팅하여 굳힌 후에 프리스트레스를 주면서 설치하는 것이 보통이다.

3) 연직 앵커말뚝

그림 4.22와 같이 연직말뚝을 설치하여 널말뚝을 지지하기도 한다.

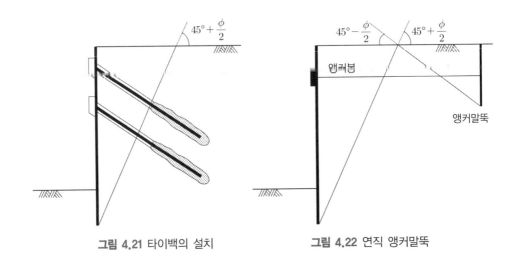

그림 4.21 타이백의 설치   **그림 4.22** 연직 앵커말뚝

4) 경사말뚝에 의해 지지되는 앵커보

그림 4.23에서 보는 바와 같이 앵커보를 경사말뚝에 의해 지지하는 경우도 있다.

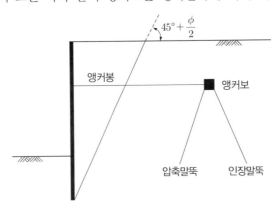

그림 4.23 경사말뚝에 의해 지지되는 앵커보

4.4.2 앵커의 설치

앵커는 앵커판 앞에 있는 흙의 수동토압에 의해 저항하도록 설계하는 것이 기본 개념이다. 따라서 앵커의 설치 시 다음과 같은 점에 유의하여야 한다.

① 앵커가 주동영역 ABC 내에 설치된 경우 → 파괴에 저항 못함
② 앵커가 영역 CFEH 내에 설치된 경우 → 앵커 앞의 수동토압 쐐기의 일부분이 활동쐐기 ABC 영역 내에 포함 → 충분한 수동저항 발휘 불가
③ 앵커가 영역 ICH 내에 있는 경우 → Rankine 수동영역이 주동영역을 벗어남 → 수정저항 완전 발휘

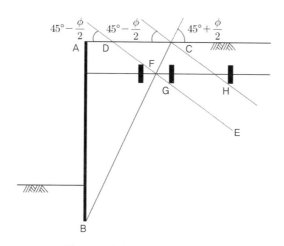

그림 4.24 앵커판 또는 앵커보의 설치

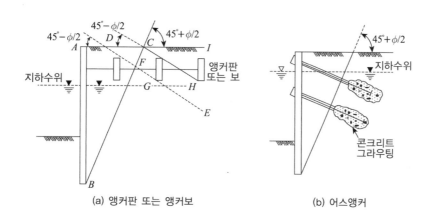

(a) 앵커판 또는 앵커보

(b) 어스앵커

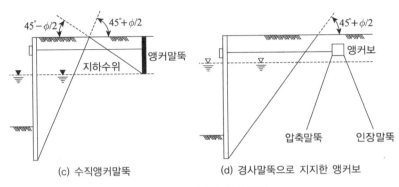

(c) 수직앵커말뚝 　　　　　 (d) 경사말뚝으로 지지한 앵커보

그림 4.25 앵커의 설치위치

4.4.3 앵커의 설계

1) 사질토에 설치된 앵커판과 앵커보에 의한 극한저항력

Teng(1962)은 지표면 가까이에 설치된($H/h \leq 1.5 \sim 2$, 그림 4.26 참조) 사질토 내의 앵커판과 앵커보의 극한저항력을 계산하는 다음 방정식을 제안하였다.

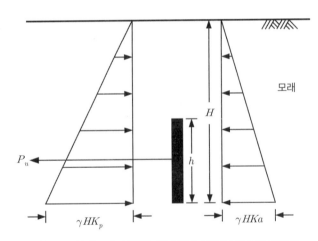

그림 4.26 사질토에 설치된 앵커판과 앵커보의 극한저항력

$$P_u = B(P_p - P_a) \tag{4.49}$$

여기서, P_u : 앵커의 극한저항력

　　　 B : 앵커판 또는 앵커보의 폭

　　　 $P_p,\ P_a$: 앵커의 단위길이당 수동토압, 주동토압

식 (4.49)는 평면변형 조건을 가정한 것으로 일반적인 경우 B/h(앵커폭/앵커높이)>5이므로 적용하는 데 문제가 없으나 $B/h<5$의 경우에는 3차원 효과를 고려하여 Teng은 다음과 같은 식을 제안하였다.

$$P_u = B(P_p - P_a) + \frac{1}{3}K_0\gamma(\sqrt{K_p} + \sqrt{K_a})H^3\tan\phi \qquad (4.50)$$

식 (4.50)에서 K_0는 정지토압계수이며, 대략 0.4 정도이다. 최근에는 Graham(1973)은 등가자유면법(equivalent free surface method)을 사용하여 사질토에 설치된 앵커의 인발저항력을 산정하는 방법을 제시하였다.

2) 점성토($\phi=0$)에 설치된 앵커판과 앵커보의 극한저항력

점성토에서 앵커판과 앵커보의 극한저항력을 산정하는 방법은 Mackenzie(1955)가 제안하였다. 그는 실험을 통해 그림 4.27과 같은 극한저항력을 산정하는 도표를 제시하였는데 그림에서 보는 것처럼 극한저항력은 H/h값에 의해 결정되며, $H/h>12$이면 P_u/hBc_u가 8.6 정도로 일정해지는 것을 알 수 있다. 그림 4.27에서 c_u는 비배수 점착력이다.

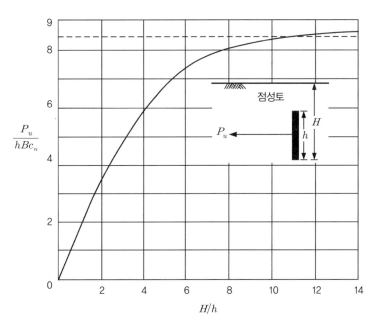

그림 4.27 점성토에 설치된 앵커판과 앵커보의 극한저항력

3) 앵커판과 앵커보에 대한 안전율

앵커판의 허용저항력(P_{all})은 다음과 같이 계산된다.

$$P_{all} = \frac{P_u}{F_s} \tag{4.51}$$

여기서, P_u : 극한저항력

F_s : 안전율

4) 앵커판의 간격

앵커판의 중심간격(s_p)은 다음과 같이 계산된다.

$$s_p = \frac{P_{all}}{F} \tag{4.52}$$

여기서, F : 널말뚝 단위 폭당 필요한 앵커 인장력

예제 4.10　　사질토에 설치한 정사각형 앵커판($B \times h$=0.5m×0.5m)의 극한저항력을 구하시오. H=1m이고, γ=1.7t/m^3, ϕ=35°이다(Teng의 방법).

풀이

앵커 슬랩의 극한저항력

$$\frac{H}{h} = \frac{1}{0.5} = 2 \le 1.5 \sim 2, \ \ \frac{B}{h} = \frac{0.5}{0.5} = 1 < 5 \text{이므로}$$

$$P_u = B(P_p - P_a) + \frac{1}{3} K_o \gamma H^3 (\sqrt{K_p} + \sqrt{K_a}) \tan\phi$$

$$K_p = \tan^2\left(45° + \frac{\phi}{2}\right) = \tan^2\left(45° + \frac{35°}{2}\right) = 3.690$$

$$K_a = \tan^2\left(45° - \frac{\phi}{2}\right) = \tan^2\left(45° - \frac{35°}{2}\right) = 0.271$$

$$K_o = 1 - \sin\phi = 1 - \sin 35° = 0.426$$

$$P_p = \frac{1}{2} K_p \gamma H^2 = \frac{1}{2} \times 3.690 \times 1.7 \times 1^2 = 3.137 \text{t/m}$$

$$P_a = \frac{1}{2}K_a\gamma H^2 = \frac{1}{2}\times 0.271 \times 1.7 \times 1^2 = 0.230\,\text{t/m}$$

$$P_u = (0.5)(3.137-0.230)+\left(\frac{1}{3}\right)(0.426)(1.7)(\sqrt{3.690}+\sqrt{0.271})(1^3)(\tan 35)$$

$$= 1.866\,\text{t}$$

별해

토압 계산 시 앵커보 위의 토압을 무시하면

$$P_p = \frac{1}{2}K_p\gamma H^2 - \frac{1}{2}K_p\gamma(H-h)^2$$

$$= \left(\frac{1}{2}\right)(3.69)(1.7)(1^2)-\left(\frac{1}{2}\right)(3.69)(1.7)(0.5^2)= 2.35\,\text{t/m}$$

$$P_a = \frac{1}{2}K_a\gamma H^2 - \frac{1}{2}K_a\gamma(H-h)^2$$

$$= \left(\frac{1}{2}\right)(0.27)(1.7)(1^2)-\left(\frac{1}{2}\right)(0.27)(1.7)(0.5^2)= 0.17\,\text{t/m}$$

$$P_u = B(P_p-P_a)+\frac{1}{3}K_0\gamma\left(\sqrt{K_p}+\sqrt{K_a}\right)H^3\tan\phi$$

$$= (0.5)(2.35-0.17)+\left(\frac{1}{3}\right)(0.426)(1.7)(\sqrt{3.69}+\sqrt{0.27})(1^3)(\tan 35°)$$

$$= 1.09+0.413 = 1.503\,\text{t}$$

예제 4.11 점토에 설치한 정사각형 앵커판($B\times h$=0.5m×0.5m)의 허용저항력을 구하시오. 단, H=1m이고, γ=1.7t/m^3, c=4t/m^{2}이다. ($P_u = 2P_a$)

풀이

$$\frac{H}{h} = \frac{1}{0.5} = 2 \text{이므로 그림 4.27을 통해, } \frac{P_u}{hBc} = 3.5 \text{이다.}$$

$$P_u = 3.5\,hBc = (3.5)(0.5)(0.5)(4) = 3.5\,\text{t}$$

$$P_a = \frac{P_u}{2} = \frac{3.5}{2} = 1.75\,\text{t}$$

4.4.4 어스앵커 / 타이백

요즘 타이백 또는 어스앵커(그라운드 앵커) 사용이 늘고 있다. 어스앵커는 그동안 임시로 사용되는 경우가 많았으나 최근에는 영구구조물로도 사용되고 있다.

1) 어스앵커의 원리
흙막이벽 배면에 인장재를 삽입하고 그라우팅하여 양생시킨 후 인장재를 긴장 정착시켜 흙막이벽을 지지

- 어스앵커의 구분 : 앵커체, 인장부, 앵커두부
- 앵커두부를 흙막이벽에 정착시키는 방법 : 쐐기방식(강선), 너트방식(강봉)
- 앵커체의 긴장시 저항원리 : 마찰방식, 지압방식

2) 어스앵커의 위치와 길이
- 정착길이 : 마찰저항 길이와 부착저항 길이 중 큰 값으로 3m 이상
- 여유길이 : 주동활동면 바깥쪽에 설치하고 $0.15H$와 1.5m 중 큰 값
- 자유길이(인장부의 길이) : 파괴면까지 거리에 $0.15H$를 더한 값으로 3m 이상
  L=정착길이+자유길이+여유길이=$l_a + l_f + l_r$

3) 어스앵커의 시공순서
천공 및 케이싱 삽입 → 인장재 삽입 → 1차 그라우팅(앵커체 형성) → 케이싱 제거 → 인발시험(그라우팅 양생 후) → 인장재의 긴장 정착 → 2차 그라우팅(틈새) → 인장재 절단 및 두부보호

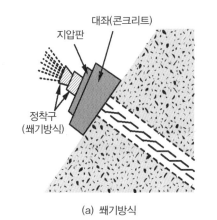
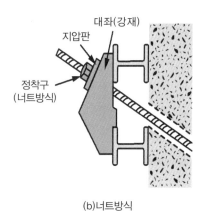

(a) 쐐기방식   (b)너트방식

그림 4.28 앵커두부의 장착

(a) 영구앵커 시공사면   (b) 옹벽 보강에 사용된 어스앵커

그림 4.29 어스앵커 시공 예

4) 극한저항력

그림 4.30과 같이 사질토에 설치된 어스앵커의 극한저항력은 다음과 같이 계산할 수 있다.

$$P_u = \pi d l \overline{\sigma_v}' K \tan\phi \qquad\qquad (4.53)$$

여기서, $\overline{\sigma_v}'$: 평균 유효연직응력

ϕ : 사질토의 전단저항각

K : 토압계수

압력을 주면서 콘크리트 그라우팅을 했다면 K값은 정지토압계수(K_0)를 사용할 수 있다. K값의 하한은 Rankine의 주동토압계수이다. 한편 점성토에 설치된 타이백의 극한저항력은 다음과 같이 계산할 수 있다.

$$P_u = \pi d l c_a \qquad\qquad (4.54)$$

여기서, c_a : 부착력

식 (4.54)에서 c_a값은 보통 $0.67c_u$를 사용한다. 각 타이백에 의한 허용저항력은 극한지항력에 인장율 1.5~2.0를 적용하여 결정하는 것이 보통이다.

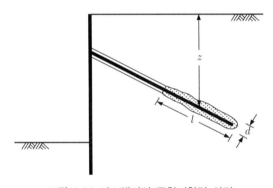

그림 4.30 어스앵커의 극한저항력 산정

예제 4.12 그림 4.30과 같이 흙막이 벽체를 지지하기 위해 사질토 지반에 어스앵커를 설치하였다. 단, z=5m, l=8m, d=0.3m, γ_t=1.78t/m^3, ϕ=33°이다.

(1) 어스앵커의 극한저항력을 구하시오. 단, $K = K_0$를 사용하시오.
(2) 앵커에 걸리는 단위 폭당 작용력이 F=3.7t/m일 때 어스앵커의 설치간격을 결정하시오.

◤풀이◢
(1) $K = K_0 = 1 - \sin\phi = 1 - \sin 33° = 0.455$

$\sigma_v{'} = \gamma_t z = (1.78)(5) = 8.9\,\text{t/m}^2$

$$P_u = \pi dl\sigma_v' K\tan\phi = (\pi)(0.3)(8)(8.9)(0.455)(\tan 33°) = 19.828\,t$$

(2) $\quad P_{all} = \dfrac{P_u}{F_s} = \dfrac{19.828}{2} = 9.914\,t$

$$s_p = \dfrac{P_{all}}{F} = \dfrac{9.914}{3.7} = 2.679\,m$$

4.5 널말뚝의 시공

널말뚝은 설계보다는 시공상 오류를 범하기 쉽다. 설계에서는 널말뚝의 종류, 특징, 제원에 대한 이해와 굴착에 따른 널말뚝의 거동에 대한 판단과 경험을 통해 충분히 안전한 구조로 설계를 할 수 있다. 그러나 시공의 경우는 하자가 발생하는 원인이 다양하고 경험부족 등으로 시공방법의 수정이나 대책수립이 적절하지 못해 공사를 그르치게 되는 경우가 많다.

여기에서는 널말뚝의 시공 시에 주의를 요하는 사항으로 항타장비의 선정, 타입방법, 타입 시 하자발생에 대한 대책, 널말뚝의 타입길이 검토방법, 차수방법 등에 대해 중점을 두고 설명하였다. 그러나 이외에도 각종 다양한 지층구조와 지반특성을 고려한 널말뚝의 설계방법, 설계기준, 지지공법, 보관, 특수 널말뚝의 시공방법 등에 대한 전문적인 지식이 필요하다.

4.5.1 항타장비의 선정

항타장비는 널말뚝의 종류, 형상, 치수, 중량, 근입장, 타입본수, 토질, 기상조건, 주위환경 등을 고려하여 안전하고 경제적인 것을 선정해야 하고 필요한 시기에 장비가 배치되어야 한다. 널말뚝의 타격용으로는 통상 디젤해머, 진동해머, 드롭해머, 증기해머 등이 사용되는데 일반적으로 널말뚝 시공은 진동해머에 의해서 수행되는 것이 보통이다. 장비별 특징은 표 4.2 및 4.3과 같다.

그림 4.31 진동해머에 의한 널말뚝의 시공

표 4.2 여러 가지 해머의 특성

구분		디젤해머	진동해머	드롭해머	증기해머
작동원리		디젤기관의 피스톤 왕복운동에 의해 충격추를 낙하시켜 널말뚝을 관입함	널말뚝이 상하방향으로 진동을 받아 관입지반과의 마찰저항을 감소시키고 선단부지반을 느슨하게 하여 관입, 인발 시 유리	윈치로 충격추를 감아 올린 뒤 중력에 의해 자유 낙하시켜 널말뚝을 관입함	증기압 또는 공기압에 의한 피스톤 왕복운동에 의해 충격추를 낙하시켜 널말뚝을 관입함
특징		• 작동이 간단함 • 설비가 비교적 작음 • 연약지반에서 이동하기 어려움 • 기름이 많이 소요됨	• 타입과 인발 겸용 • 이동 시 순간 전류가 높아 전기 설비가 비교적 대형임	• 낙하고를 변화시키면서 타격에 조정할 수 있음 • 편심을 받기 쉬움	• 타격에 조정이 용이함 • 설비가 큼 • 대형 해양구조물의 항타에 유리
용량		램중량 : 1.3~7.2t	정격출력 : 3.7~150kw	충격추 중량 : 0.4~4.5t	타격체 중량(널말뚝용) : 6.75~20t
널말뚝	적용종류	경량 널말뚝을 제외한 모든 종류	모든 종류	모든 종류	경량 널말뚝을 제외한 모든 종류
	적용길이	긴 것도 가능	긴 것도 가능	비교적 짧은 것에 적합	긴 것도 가능

표 4.3 여러 가지 해머의 적용성

구분		디젤해머	진동해머	드롭해머	증기해머
적용지반	연약한 실트, 점토	부적합	적합	적합	부적합
	보통의 실트, 점토	적합	적합	적합	적합
	모래층	적합	적합	적합	적합
	풍화대	가능	불가능	불가능	가능
시공조건	장비규모	중	중	소	대
	소음	대	중	중	대
	진동	대	대	중	대
	타격에너지	대	중	소	대
	시공속도	빠름	빠름	늦음	빠름
	적정 공사 규모	대	대	소	대

1) 진동해머

진동해머(vibro-hammer)는 기진기에 의해 연직방향에 발생된 진동에너지를 널말뚝 본체에 전달하여 지반에 관입된 널말뚝의 주면과 선단부 사이의 저항을 감소시켜 연속적으로 널말뚝을 타입하는 장비이다. 널말뚝의 규격과 진동해머의 적정 용량의 관계는 표 4.4와 같다.

표 4.4 널말뚝의 규격과 진동해머의 용량 관계

널말뚝		진동해머	
규격	길이(m)	표준출력(kw)	기진력(t)
I형	10	10~30	7~20
II형	10~15	15~40	10~30
III형	10~15	30~60	20~50
IV형	10~18	40~90	30~70
V형	15~20	60~125	40~90
VI형	15~25	75~150	50~120
Z25형×2	10~15	60~90	40~70
Z32형×2	10~18	60~125	40~90
Z38형×2	15~20	75~125	50~100
Z45형×2	15~25	75~150	50~120

주) Z형 널말뚝은 2본치기를 원칙으로 한다.

그림 4.32 강관말뚝 시공에 사용되고 있는 진동해머

2) 해상 항타

널말뚝을 해상에서 타입할 때는 항타전용선과 기중기선을 사용하는 방법으로 바지선을 이용한다. 바지선의 용량은 널말뚝의 규격, 길이, 토질조건, 수심 등에 의해 결정되는데 리더 (leader)의 길이, 해머의 용량, 널말뚝의 하중 등에 의해 결정된다.

표 4.5 바지선과 사용항타기의 조합

매달기 용량(t)	바지선 치수(m)		사용 가능 항타기			
	길이	폭	충격추 (2t 이하)	D-12	D-22	D-40
10	15.0	7.0	○	○		
20	18.5	8.5		○	○	
30	21.0	10.0			○	○
40	23.0	11.0			○	○
50	25.0	12.0			○	○
60	27.0	13.0				○
70	29.0	14.0				○
80	31.0	15.0				○

4.5.2 시 공

1) 타입법선의 설정

타입법선은 널말뚝의 설치 기준선으로, 그림 4.33에서 보듯이 일반적으로 널말뚝의 전면을 기준으로 하나[그림 4.33의 (a)], 경우에 따라서는 중심선 (b)를 취하기도 한다. 실제 시공 시 널말뚝은 매립토의 토압에 의해 시공 후 전방으로 기울어 질 수 있으므로 타입법선을 미리 5~10cm 정도 뒤로 물려 설치하기도 한다. 시공 하자를 줄이기 위해서는 미리 측량기를 이용하여 관측점을 시점과 종점에 설치하고 관리해야 한다.

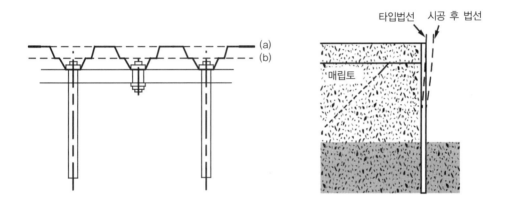

그림 4.33 타입법선과 널말뚝의 시공 후 변형

2) 안내보 설치

육상시공, 해상시공을 불문하고 널말뚝에 있어서는 미리 안내보(guide beam)를 설치하여 널말뚝의 정확한 타입 위치에 시공해야 하며 일반적으로 2~4m 간격으로 법선과 평행한 2열의 말뚝(H-Pile)을 타입하고 그 안에 안내보를 설치한다. 이때 안내보의 규격은 250~300mm 크기의 H-Beam이 주로 사용된다.

실제로 현장에서는 1열 안내보가 주로 사용되고 있으나 널말뚝이 긴 경우에는 필히 2열 안내보를 설치하여야 한다. 2열 안내보의 경우 널말뚝과의 사이에 2~5mm의 여유를 두어야 하고 해머가 안내보에 걸리지 않도록 30~50mm 정도 높이에 여유를 두어야 한다. Z형 널말뚝의 경우에는 단면이 비대칭이므로 1본치기로 하면 비틀리기 쉬우므로 미리 그림 4.34에 보인 것과 같이 2본을 끼워 맞춘 후 동시에 타입하는 것이 원칙이다.

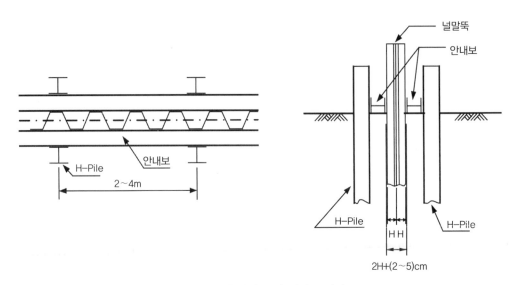

그림 4.34 육상시공 시 안내보 설치

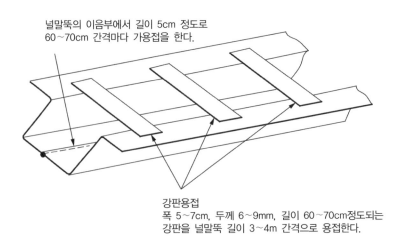

널말뚝의 이음부에서 길이 5cm 정도로
60~70cm 간격마다 가용접을 한다.

강판용접
폭 5~7cm, 두께 6~9mm, 길이 60~70cm정도되는
강판을 널말뚝 길이 3~4m 간격으로 용접한다.

그림 4.35 Z형 널말뚝의 2본 이음 시공 예

3) 세워내리기

세워내리기 작업은 먼저 이음부를 끼우고 널말뚝이 기울지 않도록 소정의 높이까지 내려야 한다. 널말뚝 세우기 작업에서는 절대로 비껴 당기거나 이음부가 비틀리지 않도록 주의하여야 한다.

맨 처음 세운 널말뚝은 다음에 시공되는 널말뚝의 기준이 되므로 트랜시트 등으로 위치와 경사를 정확히 유지하도록 관측하여야 한다. 또 U형 널말뚝은 타입이 진행되는 방향으로 경사

가 발생되는 경향이 심하므로 최초에 설치되는 널말뚝은 미리 진행 역방향으로 경사를 주기도 한다. 세워진 널말뚝은 흔들림과 회전을 방지하기 위하여 그림 4.36과 같이 간격재(spacer)를 이용하면 좋다.

또 널말뚝은 넘어질 염려가 없는 심도까지 확실하게 근입시켜야 하고 이음작업의 위치가 높은 경우에는 작업자가 다치지 않도록 안전에 유의하여야 한다.

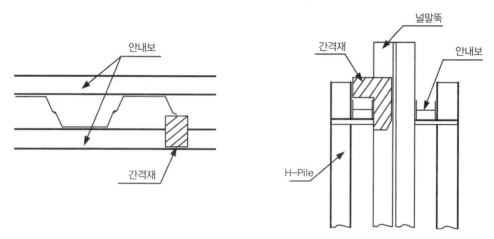

그림 4.36 간격재를 이용한 널말뚝의 흔들림 방지

4) 타입

널말뚝의 타입방법은 타입하는 널말뚝의 본수에 따라 1본치기와 2본치기로 구분되며, 쳐내리기 방법에 따라 병행타입과 단독타입으로 나눌 수 있다. 또한 시공 장소에 따라 육상타입과 해상타입으로 구분한다. 1본치기는 해머의 용량이 작아도 되는 장점이 있지만 해머 중량과 널말뚝의 중심이 맞지 않으면 편심이 생기므로 널말뚝의 경사, 회전, 법선이탈의 원인이 된다. 특히 Z형 널말뚝은 단면이 좌우 비대칭이어서 비틀어지기 쉬우므로 1본치기는 피해야 한다.

2본치기는 미리 널말뚝을 2본 1조로 하여 동시에 타격하는 방법으로 1본치기에 비하여 해머는 큰 것을 사용해야 하지만 널말뚝의 회전, 경사, 법선이탈이 적어 시공 능률이 향상될 수 있다.

1. 널말뚝 하단 고정장치 용접

2. 널말뚝 케이블 올리기

3. 널말뚝 유압기 척에 고정

4. 널말뚝 부착 후 근입 준비

5. 널말뚝 근입 중

6. 널말뚝 근입 완료

그림 4.37 널말뚝 시공순서

4.6 널말뚝 시공 시 유의사항

4.6.1 경사에 대한 대책

충격식 해머를 사용하여 U형 널말뚝을 타입한 경우 다음의 원인 등에 의하여 널말뚝은 대체로 진행방향에 경사를 일으키게 된다. 특히 단독타입인 경우 이러한 경향이 심하게 나타난다.

① 해머의 타격력 작용 위치와 이미 설치된 널말뚝 연결부의 마찰력 작용 위치가 서로 다르게 되므로 이들 사이에는 우력이 발생되어 널말뚝을 법선 진행방향으로 경사를 일으키게 한다.

② 널말뚝은 지표면에서는 똑바로 타입되었더라도 지반 내에서는 지반의 연경에 따라 널말뚝 하단에서 다소 회전이 발생되어 삐뚤삐뚤해지는 경향이 있다. 이 때문에 상단법선의 연장과 하단법선의 연장이 달라지고 상단법선이 앞으로(법선이탈 현상) 튀어나오므로 널말뚝은 법선 진행방향으로 경사지게 된다.

③ 널말뚝에 작용하는 토압은 관입심도가 깊어짐에 따라 커지므로 널말뚝 하단부는 횡방향으로 눌려 폭이 약간 감소되는데 반해, 상단부는 해머의 충격으로 단면이 넓어지므로 널말뚝의 상단 폭이 하단 폭보다 넓어져 법선 진행방향으로 경사지게 된다.

그러나 Z형 널말뚝의 경우에는 실제 시공 예를 볼 때 반드시 진행방향으로 경사진다고 보기는 어려우며 H형 널말뚝(H-Pile을 평면적으로 연결한 특수 형태)의 경우에는 오히려 진행방향의 역방향으로 기울어지는 경향이 있으므로 주의를 요한다. 타입 중에 널말뚝이 경사지면 연결부에서의 마찰저항이 현저하게 높아지므로 널말뚝 관입에 상당한 지장을 초래한다. 따라서 경사는 즉시 수정하여야 한다.

4.6.2 끌어내림 대책

널말뚝의 타입 중에 이미 타입된 널말뚝과의 연결부 마찰저항으로 인접된 널말뚝을 같이 끌어내리게 되는데 이것을 끌어내림이라 한다. 이것은 타입된 인접 널말뚝의 선단저항과 주면 마찰저항보다 연결부의 마찰저항이 크게 되면 일어나는 현상으로, 널말뚝의 타입 중에 경사와 휨이 발생되어 이음부의 마찰저항을 가중시키거나 널말뚝을 연약지반에 설치할 때 쉽게 나타난다. 조밀한 지반이더라도 지중에 전석 등의 장애물이 걸리면 이미 타입된 널말뚝의 하단부 지반이 변형되어 일어날 수도 있다.

널말뚝의 타입 중에 끌어내림이 발생하면 널말뚝 상부가 요철되며 경우에 따라서는 오목부분에 널말뚝을 추가로 용접 이음해야 할 필요도 있다. 끌어내림에 대한 대책은 다음과 같은 방법이 있다.

① 널말뚝이 경사진 경우에는 경사보정을 하여 이음부의 마찰저항을 감소시킨다.

② 지반이 연약한 경우에는 널말뚝을 계획고보다 약간 높은 위치에서 타격을 중지하고 끌어
　　내림의 여유를 준 다음, 마지막에 전체적으로 재타격하여 위치를 맞춘다.

③ 끌어내림이 일어나는 널말뚝을 이미 설치된 인접 널말뚝에 용접하든가, 철판을 대어 서
　　로 용접 또는 볼트로 묶는다.

④ 크레인의 로프를 끌어내림이 일어나는 널말뚝에 걸고 타입한다.

⑤ 널말뚝의 연결부에 구리스를 바르던가 윤활제를 칠하여 연결부의 마찰저항을 감소시
　　킨다.

⑥ 타입하는 널말뚝에서 인접 널말뚝과 반대측 연결부 선단에 슈(shoe)를 부착하여 연결부
　　에 토사가 끼이지 않도록 한다.

이상과 같은 방법으로 끌어내림을 방지하더라도 실제로 끌어내림 현상이 발생되면 진동해
머로 인발한 후 재시공하여야 한다.

4.6.3 회전대책

앞서 설명한 바와 같이 널말뚝의 회전, 특히 해상시공의 경우 풍파에 대해 시공 시 안정을
확보하기 위해 안내보(guide beam)를 미리 설치하여 시공 정도를 확보하여야 한다. 그림
4.36에 나타난 바와 같이 안내보와 널말뚝 사이에는 간격재(spacer)를 끼워 작업 중 흔들림
을 방지하고 있다. 그러나 연약층을 통과하고 단단한 층으로 관입되는 경우와 지중에 전석
등의 장애물이 있는 경우에는 타입 중에 널말뚝이 눌려서 연결부를 중심으로 회전하려는 경
향이 나타난다.

널말뚝에 회전이 발생하면 연결부의 마찰저항이 커지고 널말뚝 타입이 곤란해질 뿐 아니라
시공 연장선상에 타격늘음과 타격줄음이 발생되고 널말뚝의 경사를 유발하게 된다. 이렇게
되면 이형 널말뚝이 소요되거나 타격줄음이 생기는 경우 널말뚝이 추가로 설치되어야 하므로
공사비가 증가되고 공기가 지연된다. 널말뚝의 회전량이 법선과 추가로 어그러지면 띠장
(wale)의 설치가 곤란해지고 콘크리트 타설량이 많아지는 경우도 있다.

널말뚝의 회전을 방지하기 위한 대책으로는 안내보와 널말뚝 사이의 간격을 적당히 유지해
야 하고 간격재를 삽입하는 것이 육상 타격 시에 유리하다. 그러나 해상 타격 시에는 해저면보
다 높은 안내보 지지말뚝의 길이와 해저면 이하의 연약층 심도까지의 길이만큼 안내보의 억제
력이 저하되므로 안내보에 따라서는 회전을 방지하기 곤란한 경우가 있다. 그러므로 세워 내릴

때 법선방향과 법선 직각방향의 2방향에서 트랜시트를 설치하여 관측하므로 회전을 일으키지 않도록 작업을 관리하여야 한다. 시공 후에 단계적으로 회전이 생기는 경우에는 즉시 인발하여 재시공하여야 한다.

4.7 널말뚝의 타입 가능 깊이

널말뚝 타입 시에는 타격력이 널말뚝의 타입저항보다 커야 할 것이다. 그러나 타격력이 널말뚝의 두부를 훼손하거나 장주좌굴 허용하중을 초과하게 되면 곤란하므로 시공 전에 이 점이 검토되어야 한다.

4.7.1 널말뚝의 타입저항

널말뚝의 타입 시 저항도 강관말뚝의 경우와 유사하게 해석될 수 있다. 일반적으로 점성토지반인 경우 타입저항은 크게 문제되지 않으나 사질토인 경우에는 다음 식으로 검토한다.

$$R = (n + a)\left(40 \cdot N \cdot A + \frac{\overline{N} \cdot L_2}{5} \cdot \phi \right) \tag{4.55}$$

여기서, R : 타입저항력(t)

N : 선단 지반의 N값

$\overline{N}$: 관입지반의 평균 N값

A : 널말뚝의 선단폐쇄면적(m^2)

L_2 : 널말뚝의 근입장(m)

ϕ : 널말뚝의 폐쇄 주면장(m)

n : 1본타의 경우 $n=1$

2본타의 경우 $n=2$(여기서 A, ϕ는 널말뚝 1본에 대한 값을 사용함)

a : 각 현장의 널말뚝 시공에 대한 조사결과로부터 적용(0.5~2.0)

4.7.2 널말뚝 두부의 훼손하중

널말뚝의 두부훼손은 타격력에 의한 단면압축력이 국부적으로 항복점에 도달할 때 발생된다. 널말뚝의 항복점 σ_y 에 도달할 때의 축방향하중, 즉 두부훼손하중 P_y 는 다음 식으로 구한다.

$$P_y = \sigma_y \cdot \beta \cdot A \tag{4.56}$$

여기서, σ_y : 널말뚝의 항복점 – SY295 : 30kg/mm^2
                     – SY390 : 40kg/mm^2
        β : 캡(cap)과 널말뚝 두부의 접촉면적과 널말뚝의 단면적과의 비
        A : 널말뚝의 단면적

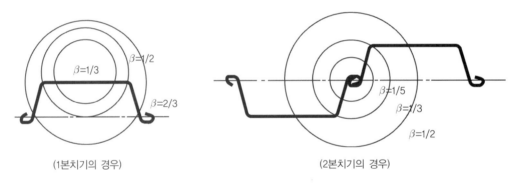

그림 4.38 캡의 접촉면적과 널말뚝 단면적과의 비

그림 4.39 시공과정에 파손된 널말뚝 상단

4.7.3 널말뚝의 장주좌굴하중

널말뚝이 지상에 서 있을 때 좌굴한계하중, 즉 장주좌굴하중 P_{cr} 은 다음의 식으로 구한다.

$$P_{cr} = \frac{\pi^2 \cdot E \cdot I}{L_1^2} - \frac{q \cdot L_1}{2} \qquad (4.57)$$

여기서, E : 널말뚝의 탄성계수

I : 널말뚝의 단면 2차 모멘트

L_1 : 널말뚝이 지상에 세워진 길이

q : 널말뚝의 중량

위 식에서 널말뚝의 단면 2차 모멘트는 1본치기의 경우, 벽체법선에 평행한 축에 대한 널말 뚝 1본당의 단면 2차 모멘트를 적용한다. 2본치기의 경우에는 연결부에서 구속되기 때문에 널밀뚝이 별개로 좌굴되지는 않는다. 따라서 2본 이음상태의 단면에 대하여 이음중심을 통해 가장 약한 방향(경사방향)의 축을 중심으로 단면 2차 모멘트를 구하여야 한다. 근사적으로, 이음부의 불완전한 연결상태를 고려해서 널말뚝 폭 1m당의 단면 2차 모멘트를 2본의 폭으로 환산한 값에 대해 40% 정도를 사용한다. 병행타입의 경우에는 세워 내리는 널말뚝에 연결된 널말뚝의 횡지지효과가 도움이 되겠지만 2본치기의 경우에 대한 P_{cr} 을 사용하여 안전 측으로 고려하는 것이 일반적이다.

그림 4.40 물을 실수하기 위한 파이프 연결

4.8 차 수

4.8.1 널말뚝의 차수성

  널말뚝의 연결부에는 차수성 측면에서 보면 간격이 없어 완전하게 시공된 상태에서는 이상적이지만, 타입을 고려하여 다소의 여유 틈을 갖도록 제작되므로 이러한 연결부에서 누수가 되지 않도록 세심한 주의를 요한다.

  연결부의 이음상태는 그림 4.41과 같이 나누어 실험을 한 결과 중립상태에 비해 압축, 인장상태가 누수량이 적은 것으로 나타났다. 널말뚝은 자체로도 차수성이 꽤 양호하지만 타입 후에 수중의 부유물과 흙입자가 틈을 메우기 때문에 차수성이 더욱 높아지게 된다. 그러나 널말뚝 배면에 물이 있거나 흙입자가 조립인 경우에는 이러한 구멍막힘 효과(clogging effect)를 기대하는 데는 장기간이 소요되므로 미리 널말뚝의 연결부에 지수재를 사용하는 방법이 차수성을 높이는 데 바람직하다.

그림 4.41 연결부의 이음상태

4.8.2 차수성에 영향을 미치는 요인

  널말뚝의 차수성은 여러 가지 요인에 의해 영향을 받는데 그 예를 살펴보면 다음과 같다.

1) 널말뚝에 관한 요인
  ① 널말뚝의 녹슨 정도
  ② 널말뚝의 휨, 비틀림

2) 시공환경에 관한 요인
  ① 수압

② 수질(혼탁한 정도)

③ 널말뚝의 연결부 내에 토사가 막힌 정도

3) 시공에 관한 요인

① 널말뚝의 이음상태

② 널말뚝의 경사, 회전

4.8.3 차수성의 증진 방법

1) 구멍막힘 효과

장기간에 걸쳐 연결부에 토사가 끼이면 차수성이 향상된다.

2) 지수재의 사용

① 파일록(pile lock)

합성수지를 주성분으로 하여 팽창제, 충진제, 가소제를 첨가한 것으로 널말뚝 연결부에 분사기를 뿜어서 바른다(소규모 공사인 경우 붓으로 한다).

② 케미가드 U-1

특수 우레탄 수지용액이 주성분이며, 널말뚝 연결부에 붓으로 칠하고 자연 건조시킨다. 이 약액은 물과 접촉하면 바로 팽창되어 중량이 10배, 두께가 8배로 늘어나 차수성을 매우 향상시킨다.

③ 파일 껌(pile-gum)

아스팔트계 윤활제로서 구리스보다 점성이 강하다. 널말뚝의 연결부에 바르면 차수효과가 향상될 뿐 아니라 연결부의 마찰저항도 완화시켜준다.

④ 아데타 울트라실

고무탄성실재로서 물을 먹으면 팽창되고 고무의 탄성반발력에 의해 차수기능을 가질 뿐만 아니라 흡수 팽창되므로 효과가 더욱 높다.

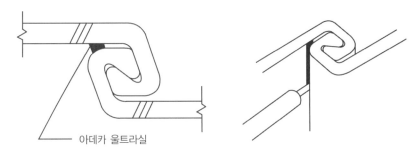

아데카 울트라실

그림 4.42 지수재 바르기

3) 2중벽 설치

널말뚝을 2중으로 설치하는 경우는 속채움 토사에 의해 침윤선이 낮아지므로 차수효과가 매우 높아진다.

4.9 국내 적용사례

4.9.1 시공사례 팔당에서 물막이벽 형태로 쓰이는 널말뚝의 사례

1. 시공위치 선정	2. 설치
3. 설치위치 세부사진	4. 항타하는 모습

5. 계속 시공 중

6. 시공 완공

7. 사용된 강 널말뚝

8. 시공 후 옆에서 본 모습

4.9.2 인천대교 충돌보호공 시공순서

1. Template 1단 작성(육상)

2. Template 2~3단 작성(육상)

3. Sheet pile 조립 및 Cell 구조물 완성(육상)

4. Cell 구조물 해상운반

5. Cell 구조물 설치위치에 이동

6. 제 위치에 거치

7. Pin Pile 항타

8. Sheet Pile 항타

9. Sheet Pile 항타 완료 후 모습

10. Cell 내부 일부 속채움(쇄석)

11. Template 제거 및 Pin Pile 인발(제거)

12. 속채움(쇄석)

1. 그림과 같이 모래지반에 앵커지지 널말뚝(자유단 지지)을 시공하려고 한다. l_1=1.5m, l_2= 1.5m, L_2=4m, γ=17.5kN/m^3, γ_{sat}=18.2kN/m^3, ϕ_{sand}=34°일 때 다음 물음에 답하시오.

   (1) 자유단 지지법으로 이론적인 근입장 D를 결정하시오.

   (2) 앵커의 인장력을 계산하시오.

   (3) 최대 휨 모멘트의 크기와 발생하는 깊이를 계산하시오.

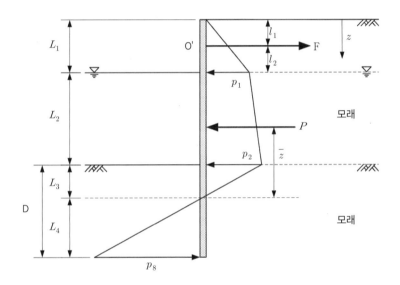

2. 모든 조건이 [문제 1]과 똑같고 앵커만 설치되지 않았다. 계산식에 의해

   (1) 근입장 $D(D_{theory})$를 결정하시오.

   (2) 최대 휨 모멘트의 크기와 발생하는 깊이를 계산하시오.

3. [문제 1]을 도해법으로 계산하시오.

   (1) 근입장 $D(D_{theory})$를 결정하시오.

   (2) 최대 휨 모멘트의 크기

4. 그림과 같이 모래지반에 널말뚝을 시공하려고 한다. L_1=3m, L_2=4.5m, γ=17.1kN/m³, γ_{sat} =18.7kN/m³, ϕ_{sand}=42°일 때 다음 물음에 답하시오.

(1) 이론적인 근입장 $D(D_{theory})$를 결정하시오.

(2) 최대 휨 모멘트의 크기와 발생하는 깊이를 계산하시오.

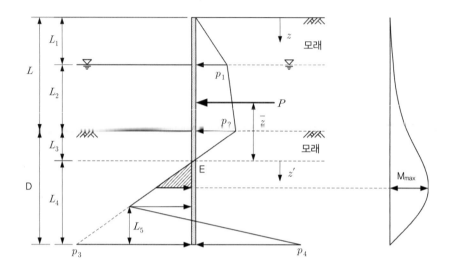

5. 모든 조건이 [문제 4]와 똑같을 때 다음을 도해법으로 계산하시오.
(1) 근입장 $D(D_{theory})$를 결정하시오.
(2) 최대 휨 모멘트의 크기

6. 모든 조건이 [문제 4]와 똑같고 전단저항각이 ϕ=33°이다. 지표면으로부터 2m 깊이에 앵커를 설치하였을 때 고정단 지지로 가정하여 근입장 $D(D_{theory})$를 결정하시오.

7. 그림과 같이 모래지반에 앵커지지 널말뚝(자유단 지지)을 시공하려고 한다. l_1=2.5m, l_2 =1.0m, L_2=6m, γ=18.1kN/m³, γ_{sat}=18.7kN/m³, ϕ_{sand}=37°일 때 다음 물음에 답하시오.

(1) 자유단 지지법으로 이론적인 근입장 $D(D_{theory})$를 결정하시오.

(2) 앵커의 단위길이당 인장력을 계산하시오.

(3) 최대 휨 모멘트의 크기와 발생하는 깊이를 계산하시오.

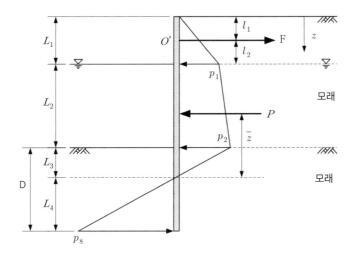

8. [문제 7]과 똑같은 조건에서 근입장 $D(D_{theory})$를 고정단 지지법으로 계산하시오.

9. [문제 7]과 똑같은 조건에서 앵커가 없다고 가정하고 도해법에 의해 다음을 구하시오.

   (1) 근입장 $D(D_{theory})$를 산정하시오.

   (2) 최대 휨 모멘트의 크기를 구하시오.

10. γ_t=18.3kN/m^3, ϕ=36°의 모래지반에 지하 2층 깊이의 굴착을 하기 위해 흙막이 벽체를 시공하고 또한 벽체를 지지하기 위해 1단의 어스앵커를 설치하고자 한다. z=7m, 정착장 길이 6m, 어스앵커의 지름 25cm이다.

    (1) 어스앵커의 극한저항력을 구하시오. 단, $K = K_0$를 사용하시오.

    (2) 앵커에 걸리는 단위길이당 작용력이 F=43kN/m일 때 어스앵커의 설치간격을 결정하시오. (단, 안전율은 F_s=2를 사용하시오.)

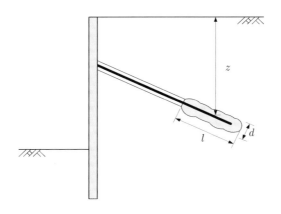

11. 그림과 같이 지반에 설치된 앵커의 크기가 h=1.4m, B=1.2m이며, H=2.7m일 때 다음 물음에 답하시오.

    (1) 어스앵커의 극한저항력을 구하시오.

    (2) 앵커에 걸리는 단위길이당 작용력이 F=45kN/m일 때 어스앵커의 설치간격을 결정하시오. (단, 안전율은 F_s=2를 사용하시오.)

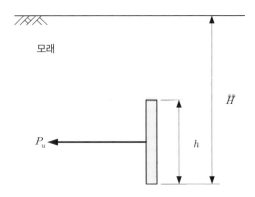

12. 우리나라에서 일자형 강 널말뚝이 시공된 예는 많지 않다. 일자형 강 널말뚝이 사용된 현장을 3개 들고 각각 어떤 목적으로 사용되었는지 간단히 설명하시오.

13. 앵커 설치 널말뚝 설계 시 모멘트 감소법을 적용하는 경우가 많다. 이에 대해 설명하시오.

14. γ=18.8kN/m³, ϕ=38°인 사질토 지반에서 널말뚝의 필요 근입 깊이를 줄이기 위해 높이 h=0.8m, 폭 B=1.2m의 앵커보를 1.5m 깊이(앵커보 하단깊이)에 설치하였다. Teng의 방법에 의해 앵커보의 극한저항력을 계산하시오. 또한 안전율 1.5를 사용하여 앵커보의 설치 간격을 결정하시오. 단, 앵커의 필요 인장력은 F=42kN/m이다.

▌참고문헌

정찬수, 우홍기(1991), "지하터파기 버팀시스템의 전산해석 사례 및 평가", 지반공학에서의 컴퓨터 활용, 1991년도 추계학술발표회 논문집, pp.298~311.

(사)한국지반공학회(1997), "굴착 및 흙막이 공법", 지반공학 시리즈 3, pp.58~76.

정형식외 6인, 지반공학 시리즈 3, "굴착 및 흙막이 공법", pp.88~99.

김명모, 김홍택(1992), 흙막이 구조물(2), 한국지반공학회지, 제8권, 제1호.

최정범(1992), 흙막이 구조물(5), 한국지반공학회지, 제8권 제4호.

한국지반공학회(1992), 굴착 및 흙막이 공법, 지반공학 시리즈 3.

Boweles, J.E.(1988), Foundation Analysis and Design, 4th ed., McGraw Hill, pp.580~644.

Das, B.M.(1984) Principles of Foundation Engineering, Brook/Cole Engineering Division, Monterey, pp.272~279.

Henry, F.D.C.(1986), The Design and Construction of Engineering Foundations, 2nd ed., Chapman Hall, pp.561~577.

Bowles, J. E.(1988), Foundation Analysis and Design, McGraw Hill, New York(4th Edition).

Das, B. M.(1984), Principles of Foundation Engineering, Brooks/Cole Engineering Division, ch. 5, Monterey, California.

Lambe, T. W. and Whitman, R. V.(1969), Soil Mechanics, John Wiley and Sons, New York.

Lee, I. K. and Herington, J. R.(1972), "Effect of Wall Movement on Active and Passive Pressures", ASCE, Journal of Geotechnical Engineering Division, Vol. 98.

Massarsch, K. R. and Broms, B. B.(1976), "Lateral Earth Pressure at Rest in Soft Clay", ASCE, Journal of Geotechnical Engineering Division, Vol. 102.

Peck, R. B. Hanson, W. E. & Thorburn, T. H.(1973), Foundation Engineering, John Wiley & Sons, New York, Second Edition.

Tschebotarioff, G. P.(1951), Soil Mechanics, Foundation and Earth Structures, McGraw Hill Civil Engineering Series, New York.

Winterkorn, H. F. and Fang, H. Y.(1975), Foundation Engineering Handbook, Van
    Nostrand Reinhold Co., ch. 5, New York.
website, http://www.sheetpile.co.kr

05
사면안정

사면안정

5.1 사면안정 개요

우리 주변에서는 쉽게 사면(비탈면)을 찾아 볼 수 있다. 사면은 산기슭이나 언덕 경사면과 같은 자연사면과 여러 가지 목적으로 사람이 인위적으로 만든 인공사면으로 나눌 수 있다. 그림 5.1 (a)는 자연사면이고, 나머지 사면들은 인공사면이다. 인공사면 중에서 그림 5.1 (b)와 같이 흙을 깎아 내어서 만든 사면을 절토사면이라고 하며, 그림 5.1 (c) 및 (d)와 같이 흙을 쌓아서 만든 사면을 성토사면이라고 한다. 성토사면은 쌓기부, 절토사면은 깎기부라는 용어를 사용하기도 한다.

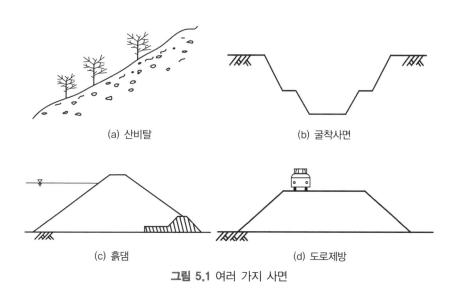

(a) 산비탈

(b) 굴착사면

(c) 흙댐

(d) 도로제방

그림 5.1 여러 가지 사면

모든 사면은 중력에 의해 무너지려는 경향이 있으며, 지진이 발생하거나 비가 내려 물이 흐르는 경우에는 이러한 경향이 더욱 커지게 된다. 산사태와 같이 자연사면이 대규모로 붕괴되는 경우에는 재산상 손실뿐만 아니라 상당히 넓은 지역을 황폐화시키고 인명 피해 또한 발생시킨다. 인공사면도 조성 중 또는 사용 중에 붕괴될 수 있다. 따라서 모든 사면은 설계 시 주어진 여건에서 소정의 안전율이 확보되는지 검토하는 사면안정 해석을 수행하게 된다.

사면안정 해석 또는 사면안정 설계의 주목적은 파괴에 대한 안정성 확보, 기능에 대한 적정성 보장(변형에 대한 안정성 확보) 등 2가지이다. 사면안정 해석에 사용되는 가장 보편적인 방법은 한계평형방법(Limit Equilibrium Method, LEM)이며, 한계평형이론에 근거하여 컴퓨터 프로그램을 이용하여 수행한다. 이 방법으로 산정된 안전율이 허용안전율 이상이 되면 사면은 파괴에 대해 안전하고 변형은 허용치 이내인 것으로 판단하는 것이 보통이다.

5.1.1 사면붕괴의 원인과 형태

앞에서 설명한 것처럼 인공사면이든 자연사면이든 모든 사면은 중력, 침투수, 지진 등 여러 가지 요인들에 의해 무너지려는 경향이 있다. 현재 안정된 것처럼 보이는 사면도 시간 흐름과 함께 표면 침식 및 풍화작용이 진행됨에 따라 사면을 구성하고 있는 흙입자들이 이탈하여 아래

표 5.1 사면 불안정 요인 (Varnes, 1978)

<table>
<tr><th colspan="2">분류</th><th>요인</th></tr>
<tr><td rowspan="2">직접적 원인</td><td>자연적 원인</td><td>• 집중강우, 예외적으로 지속적인 강수, 급한 수위강하(홍수와 조수)
• 지진, 화산분출
• 해빙, 동결-융해 풍화, 수축-팽창 풍화</td></tr>
<tr><td>인위적 원인</td><td>• 비탈면의 절취, 비탈면 또는 비탈면 관부(crest)에 재하
• 수위강하(저수지), 산림벌채, 관계수로, 광산개발, 인위적 진동, 상하수도 등의 누수</td></tr>
<tr><td rowspan="2">간접적 원인</td><td>지질학적 원인</td><td>• 연약물질, 예민성 물질, 풍화물질, 전단물질, 절리 또는 균열물질
• 불리한 방향의 암반 불연속면(층리, 편리 등)
• 불리한 방향의 구조적 불연속면(단층, 부정합, 접촉부 등)
• 투수성의 현저한 차이, 강성(stiffness)의 현저한 차이(소성물질 위에 위치한 강성이며 조밀한 물질)</td></tr>
<tr><td>지형학적 원인</td><td>지구조적 또는 화산성 융기, Glacial Rebound, 비탈기슭(slope toe)의 하식(河蝕, fluvial erosion), 비탈기슭의 파랑침식(波浪浸蝕, wave erosion), 측면부(lateral margin)의 침식, 지표하 침식(용융, 파이핑 작용), 비탈면 또는 관부의 퇴적재하, 식생제거(산불, 가뭄)</td></tr>
</table>

로 굴러 떨어지면서 사면붕괴가 진행될 수 있다. 특히, 물은 사면의 안정성에 심각한 영향을 미칠 수 있다. 짧은 시간 내에 상당한 양의 폭우가 쏟아지는 경우 경사가 급한 산비탈에는 침투로 인하여 여기저기에서 사면붕괴가 발생할 수 있으며, 실제로 주위에서 장마철에 산사태에 일어나는 경우를 본 적이 있을 것이다. 재해연보(1992~1998)에 따르면, 우리나라에서 발생하는 산사태 중 75%가 장마와 태풍의 영향을 받는 7~9월 사이에 발생하는 것으로 보고되고 있다. 또 지진은 사면붕괴라는 심각한 2차 문제를 야기할 수 있다. 사면의 불안정 요인을 정리하면 표 5.1과 같다.

사면의 붕괴형태는 매우 다양하다. 흙사면에서 발생하는 붕괴형태는 표 5.2 및 그림 5.2에서 보는 바와 같이 붕락(falls), 병진활동(translational slides), 회전활동(rotational slides), 복합활동(compound slides), 유동(flows) 등으로 구분할 수 있다(Skempton and Hutchinson, 1969). 이 중 붕락, 병진활동, 그리고 유동은 주로 자연사면에서 발생하는 붕괴형태이며, 우리가 주로 관심을 갖는 인공사면에서 발생하는 붕괴형태는 회전 및 복합 활동파괴이다. 회전활동 파괴는 파괴형상에 따라 원호활동, 얕은 원호활동, 비원호활동 등으로 나뉘는데 사면을 구성하는 흙이 균질할수록 원호 또는 이에 가까운 활동이 발생한다. 한편, 복합활동은 연약층 아래 견고한 지층이 존재하는 경우 발생한다.

암반사면에서도 사면붕괴가 발생할 수 있는데 발생형태는 그림 5.3과 같이 원호파괴, 평면파괴, 쐐기파괴, 전도파괴 등 크게 4가지로 구분된다.

표 5.2 사면의 붕괴형태

분류		설명
붕락(falls)		연직으로 깎은 비탈면 일부가 떨어져 나와 공중에서 낙하하거나 굴러서 아래로 떨어지는 현상
활동	회전활동 (rotational slides)	활동물질과 활동면 사이의 전단변형에 의해 발생하며 활동형상은 지반의 균질성에 따라 얕은 원호, 비원호로 구성됨
	병진활동 (translational slides)	자연비탈면과 같이 비탈면 아래로 내려갈수록 강도가 커지는 지반에서 발생
	복합활동 (compound slides)	회전활동과 병진활동의 복합적 활동
유동 (flows)		활동깊이에 비해 활동되는 길이가 대단히 길며 전단저항력의 부족으로 인한 활동이라기보다는 소성적인 활동이 지배적임

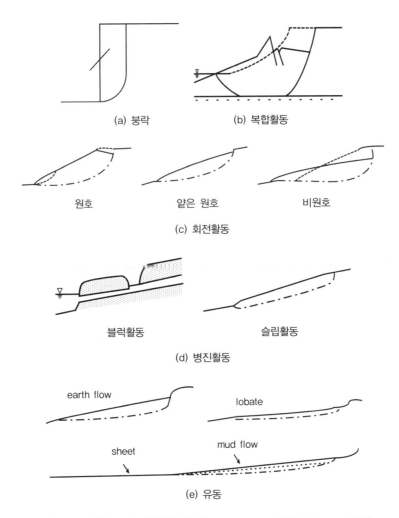

(a) 붕락   (b) 복합활동

원호   얕은 원호   비원호

(c) 회전활동

블럭활동   슬립활동

(d) 병진활동

earth flow   lobate

sheet   mud flow

(e) 유동

그림 5.2 사면붕괴의 기본적인 형태(Skempton and Hutchinson, 1969)

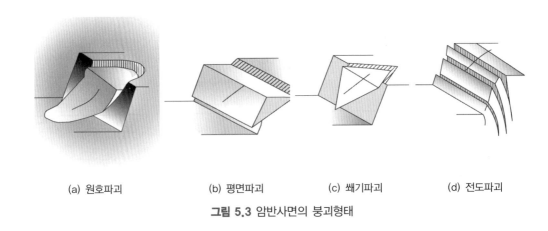

(a) 원호파괴   (b) 평면파괴   (c) 쐐기파괴   (d) 전도파괴

그림 5.3 암반사면의 붕괴형태

5.1.2 사면안정 해석과 안전율

사면의 안정성은 안전율을 기준으로 판정한다. 안전율은 활동을 일으키려는 힘에 대한 흙의 전단강도에 의한 저항력으로 산정하거나 활동을 일으키려는 모멘트에 대한 흙의 전단강도에 의한 저항 모멘트에 의해서 산정한다. 따라서 이론적으로는 안전율이 1 이상으로 산정되면 "사면은 안전하다"라는 말을 할 수 있으나 실제로는 안전율이 허용안전율보다 커야 사면은 안전하다고 판정하는 것이 보통이다. 이것은 해석 시 사용되는 강도, 간극수압, 하중 조건 등에 불확실성이 포함되어 있고, 사면파괴가 발생하는 경우 막대한 피해가 예상되기 때문이다. 허용안전율의 범위는 보통 1.25~1.5 정도인데, 강도의 측면에서 안정된 사면을 유지하기 위해서는 안전율이 약 1.5가 되어야 한다. 표 5.3은 Duncan & Buchignani(1975)가 제안한 허용안전율 기준이다. 국내의 설계기준은 표 5.4 및 5.5와 같다.

표 5.3 허용안전율 기준(Duncan & Buchignani, 1975)

복구비용 및 인명·재산 피해 정도	전단강도의 신뢰도	
	크다	작다
복구비용이 건설비용에 비해 작으며, 사면붕괴로 인한 인명 및 재산 피해의 정도가 작음	1.25	1.5
복구비용이 건설비용에 비해 매우 크며, 사면붕괴로 인한 인명 및 재산 피해의 정도가 큼	1.5	2.0 이상

표 5.4 국내 기관별 쌓기 비탈면 최소 안전율 기준

구분				최소 안전율
국내	한국도로공사(도로설계요령)		건기	FS≥1.3
			지진 시	FS≥1.1~1.2
	국토해양부 (건설공사 비탈면 설계기준, 2011)	장기	건기	FS>1.5
			우기	FS>1.3
			지진 시	FS>1.1
		단기(1년 미만의 단기적인 안정성)		FS>1.1
	건설교통부 (철도설계기준, 2004)	파괴 시 인명 및 재산에 심각한 피해 초래		FS≥2.0
		공용하중 비탈면		FS≥1.3
		공사 중인 비탈면		FS≥1.2
		강우 시		FS≥1.3
		지진 시		FS≥1.1
국외	일본건설성	표준적인 계획 안전율		FS≥1.1~1.3
	일본항만협회	항만시설 기술상의 기준, 동해설		FS≥1.5
	일본도로실무강좌	도로토공, 연약지반 대책공 지침		FS≥1.2~1.3

표 5.5 국내 기관별 깎기 비탈면 최소 안전율 기준

구분			최소 안전율
국내	한국도로공사 도로설계요령(2002)	건기	FS≥1.5
		우기	FS≥1.1~1.2
	국토해양부 (건설공사 비탈면 설계기준, 2011)	장기 / 건기	FS>1.5
		장기 / 우기(지하수위 결정)	FS>1.2
		장기 / 우기(강우침투 고려)	FS>1.3
		장기 / 지진 시	FS>1.1
		단기(1년 미만의 단기적인 안정성)	FS>1.1
	건설교통부	철도설계기준, 2004	쌓기 비탈면과 동일
국외	일본건설성	표준적인 계획 안전율	FS≥1.1~1.3
	일본항만협회	항만시설 기술상의 기준, 동해설	FS≥1.3
	미국 해군공병단 (NAVFAC-DM7.1-329)	하중이 오래 작용될 경우	FS≥1.5
		구조물 기초인 경우	FS≥2.0
		일시적인 하중이 작용할 경우 및 시공 시	FS≥1.25 or 1.35
		지진하중이 작용하는 경우	FS≥1.15 or 1.2
	영국 National Coal Board(1970)	1) Peak Shear Stress(UU Test)	1.5>FS>1.2
		2) Residual Shear Stress(CD Test)	1.5>FS>1.25
		3) 포화된 사질토의 경우	1.35>FS>1.15
		4) 2) & 3)항 적용되는 경우	1.2>FS>1.1

5.1.3 사면안정 대책공법

자연사면이나 인공사면이 어떤 원인으로든 파괴되면 인명 손실 및 재산 피해뿐만 아니라 넓은 지역을 황폐화시키고 교통 혼잡을 유발시키며 복구에 상당한 노력과 시간이 요구된다. 특히, 인공사면은 조성에 앞서서 반드시 사면의 안정성 여부를 해석 및 검토하여 기준 이상의 안전율이 확보되도록 하여야 한다.

검토결과 안정성이 충분히 확보되지 않은 경우에는 여러 가지 사면안정 대책공법 중 적절한 방법을 사용하여 사면의 안정을 확보하여야 한다. 사면안정 대책공법은 크게 안전율 감소 방지 공법과 안전율 증가공법으로 나눌 수 있다(표 5.6 참조). 소극적 방법인 안전율 감소 방지공법은 더 이상 안전율이 작아지지 않도록 하는 공법으로 배수공법과 블록, 식생, 피복공법 등의 표면처리 공법이 여기에 해당된다. 안전율 증가공법은 사면의 경사를 낮추거나 사면에 억지말뚝, 어스앵커, 쏘일네일링 등의 보강재를 삽입하거나 그라우팅을 시공하여 적극적으로 안전율을 증가시키는 방법들이다. 사면안정 대책공법에 대한 자세한 설명은 5.3절에서 다루기로 한다.

표 5.6 사면안정 대책공법

안전율 감소 방지공법	배수공법	
	표면처리 공법	블록공법
		식생공법
		피복공법
안전율 증가공법	기울기 저감공법	
	보강재 삽입공법	말뚝공법
		어스앵커 공법
		쏘일네일링 공법
	압성토 공법	
	그라우팅 공법	
	옹벽	

5.1.4 사면안정 해석과 전단강도

사면안정 해석은 현장의 배수조건을 파악하고 현장 배수상태와 일치하는 강도정수를 사용하여 수행해야 한다. 사면안정 해석은 배수조건에 따라 전응력 해석법과 유효응력 해석법으로 구분할 수 있다.

전응력 해석법은 지반의 압밀속도에 비해 시공속도가 빨라 시공 중 과잉간극수압이 거의 소산되지 않을 때, 즉 비배수조건에서 사용하는 해석법이며 전단강도 정수 c, ϕ를 적용한다.

유효응력 해석법은 지반의 압밀속도가 시공속도에 비해 빨라 시공 중 과잉간극수압이 모두 소산될 때 즉, 배수조건에서 사용하는 해석법이며, 전단강도 정수 c', ϕ'를 적용한다.

보통 배수정도를 판정할 때 사용되는 기준은 시간계수 T이다.

$$T = \frac{c_v t}{H^2} \tag{5.1}$$

여기서, c_v : 압밀계수

t : 시간

H : 배수거리

시간계수 $T > 0.3$이면 배수상태로 보며, $T < 0.01$이면 비배수상태, 그리고 $0.01 < T < 0.3$

이면 배수 및 비배수상태를 모두 고려한다. 시간계수를 산정하기 어려운 경우에는 투수계수로 판정하기도 한다. 즉, 투수계수가 $k>10^{-4}$cm/sec이면 배수상태로 고려하며, $k<10^{-7}$cm/sec 이면 비배수상태로 고려한다.

투수성이 큰 지반이나 과잉간극수압이 완전히 소산되는 장기안정 문제에는 배수조건인 유효응력 해석법을 적용하며, 이때 강도정수는 CU 시험이나 $\overline{CU}$ 시험에서 얻어진 값을 사용한다. 반면 투수성이 작은 비배수조건의 지반이나 단기 안정해석이 중요한 다단계 재하조건에서는 전응력 해석법을 적용하며, 이때 강도정수는 UU 시험에서 얻어진 값을 사용한다.

이론적으로 유효응력 해석법과 전응력 해석법은 동일한 안전율을 산정하게 된다. 그리고 두 해석법은 이론상으로는 모든 문제에 적용할 수 있다. 그러나 실제 문제에서는 배수상태에 따라 더 편리한 해석법이 분명히 있으며, 각 방법은 각각의 장점과 단점이 있다.

단기안정해석이 중요한지 장기안정해석이 중요한지 명백하지 않은 경우에는 두 해석을 모두 실시하여 사면안정을 검토하는 것이 필요하다. 사실상 흔히 가정하는 비배수상태와 완전 배수상태는 모두 비현실적인 경우가 많다고 한다(Duncan, 1994).

5.2 사면안정 해석이론

5.2.1 사면안정 해석방법 개요

사면은 해석방법에 따라 유한사면과 무한사면으로 나눌 수 있다. 유한사면은 활동면의 깊이가 사면높이에 비해 비교적 큰 사면을 말하며, 무한사면은 활동면의 깊이가 사면높이에 비해 작은 사면을 말한다. 무한사면의 해석은 유한사면 해석에 비해 해석방법이 단순, 명료하여 사용이 간편하나 활동면의 시점과 종점에서의 단부영향이 무시되고, 경사면에 평행한 활동면을 가정하는 등의 문제가 있어 적용범위에 한계성이 있다. 유한사면 해석방법에는 도표법, 한계평형법, 수치해석법, 확률론적 방법, 그리고 모형시험에 의한 방법 등이 있는데 실무에서 주로 사용되는 방법은 한계평형법이다. 이 방법은 단순한 형태의 사면안정 해석에 대해 가장 손쉽고 능률적인 방법으로 알려져 있으며 마찰원방법, 절편법 등이 있다.

대부분의 사면안정 해석에서 사면의 안정성은 활동을 일으키려는 힘(또는 모멘트)과 이에 저항하려는 힘(또는 모멘트)을 비교하여 판단하게 된다. 따라서 사면의 안전율은 다음 식과 같이 표현할 수 있다.

$$F_s = \frac{활동에\ 저항하는\ 힘(또는\ 모멘트)}{활동을\ 일으키려는\ 힘(또는\ 모멘트)} \tag{5.2}$$

사면안정 해석 시 안전율이 1보다 크게 산정된 경우에도 사면 내 변형이 발생하거나 국부적인 응력집중 현상으로 인해 균열이 발생하여 안정성에 문제를 일으킬 수 있다. 사면안정 해석에 있어서 변형에 대한 검토와 예측은 매우 중요한데 이럴 때 유한요소법(Finite Element Method, FEM)이 유용하게 사용될 수 있다. 유한요소법은 사면변형에 대한 예측에 가장 적합하며, 지반 내 발생하는 응력의 분포, 변형의 크기와 방향을 산정할 수 있다는 장점을 가진다. 최근 들어 확률론적 방법도 각광을 받고 있다. 이 방법은 전통적인 결정론적 방법에 의해 구해지는 안전율 대신 파괴확률(probability of failure)의 개념으로 사면의 신뢰성을 검증하는 방법이다. 한편, 모형시험의 경우에는 원심모형 시험기(centrifuge test)와 같은 특별한 장치가 필요하며, 모형과 실물의 상사성을 만족시키는 것이 중요하다.

5.2.2 무한사면 안정해석

무한사면의 안정해석 방법은 흙의 종류와 침투 여부에 따라 차이가 있다. 사질토 지반에서 무한사면의 안정성은 사면 기울기와 사면 흙의 내부마찰각의 비교에 의해 간단히 결정할 수 있으나, 점성토 지반에서는 사면 기울기와 사면 흙의 내부마찰각 이외에 사면 흙의 점착력, 활동 토층의 두께 등도 안전성에 영향을 미친다. 또한, 사질토와 점성토 모두 사면 내에 침투가 발생하는 경우에는 안전율이 상당히 떨어지게 된다.

1) 침투가 없는 무한사면의 안정

그림과 같이 지하수위가 예상활동면보다 아래에 있어 침투가 없는 지반의 안전율은 식 (5.2)를 참고하여 다음과 같이 나타낼 수 있다.

$$F_s = \frac{\tau_f}{\tau_d} \tag{5.3}$$

여기서 τ_d는 사면의 활동을 일으키려고 하는 힘이므로 활동면 상부에 있는 흙의 무게로 인하여 활동면에 작용하는 전단응력이 되며, τ_f는 이에 대하여 지반이 발휘할 수 있는 최대 저항력이므로 지반의 전단강도가 된다.

먼저 요소 A의 무게는

$$W = \gamma_t L H \tag{5.4}$$

이고 요소 A의 바닥면에 작용하는 수직력 N과 전단력 T는

$$N = W\cos\beta = \gamma_t L H\cos\beta \tag{5.5}$$

$$T = W\sin\beta = \gamma_t L H\sin\beta \tag{5.6}$$

이므로 단위 폭을 갖는 무한사면의 요소 A에서 바닥면적이 $\dfrac{L}{\cos\beta}$ 이고, 바닥면에 작용하는 수직응력(유효응력)과 전단응력은 각각 다음과 같다.

$$\sigma' = \frac{N}{A} = \frac{\gamma_t L H\cos\beta}{\dfrac{L}{\cos\beta}} = \gamma_t H\cos^2\beta \tag{5.7}$$

$$\tau = \frac{T}{A} = \frac{\gamma_t L H\sin\beta}{\dfrac{L}{\cos\beta}} = \gamma_t H\cos\beta\sin\beta \tag{5.8}$$

따라서 활동면 상부의 흙의 무게로 인하여 활동면에 작용하는 전단응력(τ_d)은 식 (5.8)과 같고, 이에 저항하는 전단강도는

$$\tau_f = c' + \sigma'\tan\phi' = c' + \gamma_t H\cos^2\beta\tan\phi' \tag{5.9}$$

이므로 안전율은 식 (5.8)과 (5.9)를 식 (5.3)에 대입하여 다음 식과 같이 계산된다.

$$F_s = \frac{\tau_f}{\tau_d} = \frac{c' + \gamma_t H\cos^2\beta\tan\phi'}{\gamma_t H\cos\beta\sin\beta} = \frac{c'}{\gamma_t H\cos\beta\sin\beta} + \frac{\tan\phi'}{\tan\beta} \tag{5.10}$$

사질토 지반에서는 점착력이 0이므로 식 (5.10)은 다음 식과 같이 간단히 정리할 수 있다.

$$F_s = \frac{\tan\phi'}{\tan\beta} \tag{5.11}$$

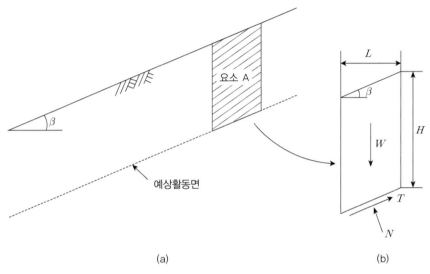

(a)   (b)

그림 5.4 침투가 없는 무한사면 해석

2) 침투가 있는 무한사면의 안정

그림 5.5와 같이 침투가 사면과 평행하게 발생하는 경우에도 사면의 안전율은 앞의 경우와 동일하게 계산할 수 있다. 먼저 요소 A의 무게가

$$W = \gamma_t L H_1 + \gamma_{sat} L H_2 \tag{5.12}$$

이므로 요소 A의 바닥면에 작용하는 수직력 N과 전단력 T는 각각 다음과 같다.

$$N = W\cos\beta = (\gamma_t L H_1 + \gamma_{sat} L H_2)\cos\beta \tag{5.13}$$

$$T = W\sin\beta = (\gamma_t L H_1 + \gamma_{sat} L H_2)\sin\beta \tag{5.14}$$

또한 지하수위가 H_2의 높이에 있으므로 요소 A의 바닥면에 작용하는 간극수압은

$$u = \frac{W_{water}}{A} = \frac{\gamma_w L H_2 \cos\beta}{\frac{L}{\cos\beta}} = \gamma_w H_2 \cos^2\beta \qquad (5.15)$$

과 같고 따라서 요소 A의 바닥면에 작용하는 전응력, 유효응력, 전단응력은 각각 다음식과 같이 계산된다.

$$\sigma = \frac{N}{A} = \frac{(\gamma_t L H_1 + \gamma_{sat} L H_2)\cos\beta}{\frac{L}{\cos\beta}} = (\gamma_t H_1 + \gamma_{sat} H_2)\cos^2\beta \qquad (5.16)$$

$$\sigma' = \sigma - u = (\gamma_t H_1 + \gamma_{sub} H_2)\cos^2\beta$$

$$\tau = \frac{T}{A} = \frac{(\gamma_t L H_1 + \gamma_{sat} L H_2)\sin\beta}{\frac{L}{\cos\beta}} = (\gamma_t H_1 + \gamma_{sat} H_2)\cos\beta\sin\beta \qquad (5.17)$$

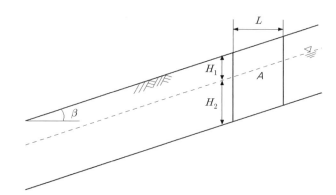

그림 5.5 사면과 평행한 침투가 있는 무한사면 해석

따라서 활동면에서의 전단강도는 다음 식으로 계산되며,

$$\tau_f = c' + \sigma'\tan\phi' = c' + (\gamma_t H_1 + \gamma_{sub} H_2)\cos^2\beta\tan\phi' \qquad (5.18)$$

안전율은 다음과 같다.

$$F_s = \frac{\tau_f}{\tau_d} = \frac{c' + (\gamma_t H_1 + \gamma_{sub} H_2)\cos^2\beta\tan\phi'}{(\gamma_t H_1 + \gamma_{sat} H_2)\cos\beta\sin\beta} \tag{5.19}$$

앞 절과 동일하게 점착력이 없는 사질토 지반에서의 안전율은 다음과 같다.

$$F_s = \frac{(\gamma_t H_1 + \gamma_{sub} H_2)\tan\phi'}{(\gamma_t H_1 + \gamma_{sat} H_2)\tan\beta} \tag{5.20}$$

만약 그림 5.5에서 지하수위가 지표면까지 상승한다면 활동면에서의 연직응력, 간극수압, 유효응력, 전단응력이 각각 다음과 같으므로,

$$\sigma = \gamma_{sat} H \cos^2\beta \tag{5.21}$$

$$u = \gamma_w H \cos^2\beta \tag{5.22}$$

$$\sigma' = \sigma - u = \gamma_{sub} H \cos^2\beta \tag{5.23}$$

$$\tau = \gamma_{sat} H \cos\beta\sin\beta \tag{5.24}$$

안전율은 다음과 같다.

$$F_s = \frac{\tau_f}{\tau_d} = \frac{c' + \gamma_{sub} H \cos^2\beta\tan\phi'}{\gamma_{sat} H \cos\beta\sin\beta} \tag{5.25}$$

또한 점착력이 0인 사질토 지반인 경우에는 안전율을 다음 식과 같이 간단히 계산할 수 있다.

$$F_s = \frac{\gamma_{sub}}{\gamma_{sat}} \frac{\tan\phi'}{\tan\beta} \tag{5.26}$$

또한 그림 5.6처럼 사면전체가 흐르지 않는 물속에 잠겨 있는 경우에는 앞의 안전율 계산에서 γ_{sat}이 γ_{sub}로 바뀌므로 안전율은 다음 식과 같다.

$$F_s = \frac{\tau_f}{\tau_d} = \frac{c' + \gamma_{sub}H\cos^2\beta\tan\phi'}{\gamma_{sub}H\cos\beta\sin\beta} = \frac{c'}{\gamma_{sub}H\cos\beta\sin\beta} + \frac{\tan\phi'}{\tan\beta} \tag{5.27}$$

이때, 사질토 지반에서의 안전율은 식 (5.28)과 같다.

$$F_s = \frac{\tan\phi'}{\tan\beta} \tag{5.28}$$

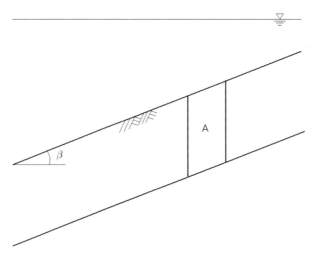

그림 5.6 수중에 존재하는 무한사면 해석

예제 5.1　어느 지역에 지표면경사가 30°인 자연사면이 있다. 지표면에서 6m에 암반층이 있고, 폭우가 쏟아져 지하수위면이 지표면 3m 깊이까지 올라온 상태에서 지표면과 평행하게 침투가 발생하고 있다. 이때 사면의 활동파괴에 대한 안전율을 구하시오. 단, 지반조사 결과 지하수위 위의 흙은 c=24kPa, ϕ=35°, γ_t=17.6kN/m³이며, 지하수위 아래 흙은 c'=10kPa, ϕ'=30°, γ_{sat} = 18.6kN/m³이다.

$$F_s = \frac{\tau_f}{\tau_d} = \frac{c' + (\gamma_t H_1 + \gamma_{sub} H_2)\cos^2\beta\tan\phi'}{(\gamma_t H_1 + \gamma_{sat} H_2)\cos\beta\sin\beta}$$

$$= \frac{10 + (17.6 \times 3 + (18.6 - 9.8) \times 3)\cos^2 30\tan 30}{(17.6 \times 3 + 18.6 \times 3)\cos 30\sin 30}$$

$$= 0.94$$

예제 5.2 암반층 위에 5m두께의 토층이 경사 15°의 자연사면으로 이루어져 있다. 이 토층의 c'=15kPa, ϕ'=30°, γ_{sat}=19.6kN/m³이고 지하수면은 토층의 지표면에 위치하고 있으며, 침투는 경사면과 대략 평행하게 발생하고 있다면, 이때 사면의 안전율을 구하시오.

풀이

$$F_s = \frac{\tau_f}{\tau_d} = \frac{c' + \gamma_{sub} H \cos^2\beta\tan\phi'}{\gamma_{sat} H \cos\beta\sin\beta}$$

$$= \frac{15 + (19.6 - 9.8) \times 5 \times \cos^2 15\tan 30}{19.6 \times 5 \times \cos 15\sin 15}$$

$$= 1.69$$

5.2.3 평면파괴면을 가진 유한사면 안정해석(Culmann의 방법)

1) ϕ=0인 지반의 평면활동

그림 5.7 (a)와 같이 점착력만 있는 경사각 β의 균질한 사면에서 수평면과 θ각도를 이루는 직선 AC를 따라 활동이 발생한다고 가정하자. 활동하는 흙무게를 W라고 하면 이 힘은 활동면에 작용하는 반력 N과 활동면 전길이에 걸쳐 작용하는 점착력에 의한 저항력 C_m에 의해 평형이 이루어지므로 그림 5.7 (b)와 같이 힘의 다각형을 그릴 수 있다.

그림 5.7 (b)로부터

$$C_m = W\sin\theta = c_m \frac{H}{\sin\theta} \tag{5.29}$$

이며, 여기서 c_m은 흙쐐기의 평형유지를 위해 발휘되는 점착력을 의미한다. 그림 5.7 (a)로부터 흙쐐기의 중량 W를 구하면 다음과 같다.

$$W = \frac{1}{2}\gamma\left(\frac{H}{\sin\theta}\right)\left(\frac{H}{\sin\beta}\right)\sin(\beta-\theta) \tag{5.30}$$

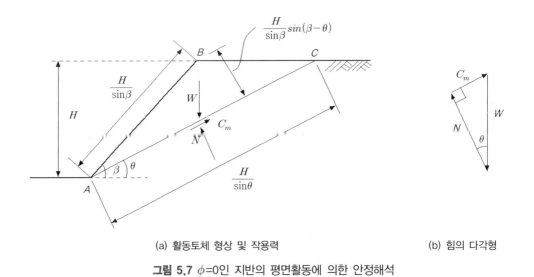

(a) 활동토체 형상 및 작용력   (b) 힘의 다각형

그림 5.7 $\phi=0$인 지반의 평면활동에 의한 안정해석

따라서

$$c_m\frac{H}{\sin^2\theta} = \frac{1}{2}\gamma\left(\frac{H^2}{\sin\theta\sin\beta}\right)\sin(\beta-\theta) \tag{5.31}$$

이것을 정리하면

$$\frac{c_m}{\gamma H} = \frac{\sin\theta\sin(\beta-\theta)}{2\sin\beta} = N_s \tag{5.32}$$

여기서, N_s를 안정수(stability number)라고 한다. 가상 활동면(파괴면)이 수평면과 이루는 각도에 따라 발휘되는 점착력 c_m이 달라지는데 c_m이 변화함에 따라 안정수 N_s도 변화하게 된다. 주어진 사면의 실제 파괴여부에는 상관없이 잠재적으로 가장 위험한 경우는 발휘되는 점착력이 최대가 될 때 즉, 안정수가 최대일 때이므로

$$\frac{\partial}{\partial\theta}\left(\frac{c_m}{\gamma H}\right) = \frac{\partial}{\partial\theta}[\sin\theta\sin(\beta-\theta)] = 0 \tag{5.33}$$

을 만족하는 경사각

$$\theta = \frac{\beta}{2} \tag{5.34}$$

가 가장 위험한 경우의 경사각이 된다. 위 식을 식 (5.32)에 대입하면

$$N_s = \frac{c_m}{\gamma H} = \frac{\sin\dfrac{\beta}{2}\sin\dfrac{\beta}{2}}{2\sin\beta} = \frac{1}{4}\tan\frac{\beta}{2} \tag{5.35}$$

이 된다. 발휘되는 점착력은 요구되는 점착력을 안전율로 나눈 값이므로 위 식을 다시 쓰면 다음과 같다.

$$N_s = \frac{c_m}{\gamma H} = \frac{c_u}{F_s\gamma H} = \frac{1}{4}\tan\frac{\beta}{2} \tag{5.36}$$

균질한 점토사면의 실제 파괴양상은 곡면 파괴양상을 보이며 활동 파괴면을 평면으로 가정하는 경우 일반적으로 안전율을 실제보다 과대평가하게 된다.

예제 5.3 높이 5m, 경사각 40°인 사면이 있다. 사면 흙은 γ=17.6kN/m^3, c_u=30kPa, ϕ_u=0인 점성토이다. 평면활동이 일어난다고 가정하고 이 사면의 안전율을 구하시오.

풀이

$$N_s = \frac{1}{4}\tan\frac{\beta}{2} = \frac{1}{4}\tan 20° = 0.091$$

$$F_s = \frac{c_u}{N_s\gamma H} = \frac{30}{0.091\times 17.6\times 5} = 3.75$$

2) $\phi > 0$인 지반의 평면활동

앞서 분석한 경우와 동일한 토체에 대하여 마찰각과 점착력이 모두 존재한다고 하면, 그림 5.8에서 단위두께를 갖는 흙쐐기 ABC의 무게를 W라고 할 때

$$W = \frac{1}{2}(H)(\overline{BC})(1)(\gamma_t) \tag{5.37}$$

$$= \frac{1}{2}H(H\cot\theta - H\cot\beta)\gamma_t$$

$$= \frac{1}{2}\gamma_t H^2\left[\frac{\sin(\beta-\theta)}{\sin\beta\sin\theta}\right]$$

이므로 흙쐐기의 무게에 의하여 파괴면 AC에 연직 및 평행하게 작용하는 힘은

$$N_a = W\cos\theta \tag{5.38}$$

$$= \frac{1}{2}\gamma_t H^2\left[\frac{\sin(\beta-\theta)}{\sin\beta\sin\theta}\right]\cos\theta$$

$$T_a = W\sin\theta \tag{5.39}$$

$$= \frac{1}{2}\gamma_t H^2\left[\frac{\sin(\beta-\theta)}{\sin\beta\sin\theta}\right]\sin\theta$$

과 같고 이 식으로부터 연직응력과 전단응력을 계산하면 다음 식과 같다.

$$\sigma' = \frac{N_a}{\overline{AC}} = \frac{N_a}{\dfrac{H}{\sin\theta}} \tag{5.40}$$

$$= \frac{1}{2}\gamma_t H\left[\frac{\sin(\beta-\theta)}{\sin\beta\sin\theta}\right]\cos\theta\sin\theta$$

$$\tau = \frac{T_a}{\overline{AC}} = \frac{T_a}{\dfrac{H}{\sin\theta}} \tag{5.41}$$

$$= \frac{1}{2}\gamma_t H\left[\frac{\sin(\beta-\theta)}{\sin\beta\sin\theta}\right]\sin^2\theta$$

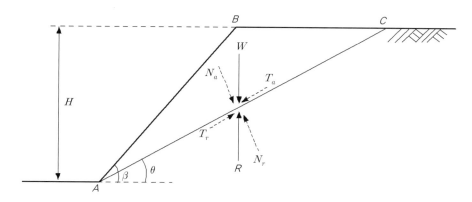

그림 5.8 $\phi > 0$인 지반의 평면활동에 의한 안정해석

이와 같이 계산된 응력은 흙쐐기의 무게로 인하여 파괴면 AC에 작용하는 응력이다. 이 응력으로 인하여 발생하는 사면변위에 저항하여 발휘되는 전단응력은 흙의 전단강도로 다음 식과 같이 쓸 수 있다.

$$\tau = c + \sigma' \tan\phi \tag{5.42}$$

따라서 흙의 무게로 인한 응력과 이에 저항하는 응력이 평형을 이룬다고 하면, 위의 식 (5.42)에 식 (5.40)과 (5.41)을 대입하여 다음과 같이 계산할 수 있다.

$$\frac{1}{2}\gamma_t H\left[\frac{\sin(\beta-\theta)}{\sin\beta\sin\theta}\right]\sin^2\theta = c + \frac{1}{2}\gamma_t H\left[\frac{\sin(\beta-\theta)}{\sin\beta\sin\theta}\right]\cos\theta\sin\theta\tan\phi \tag{5.43}$$

이 식을 점착력 c에 대하여 정리하면

$$c = \frac{1}{2}\gamma_t H\left[\frac{\sin(\beta-\theta)(\sin\theta-\cos\theta\tan\phi)}{\sin\beta}\right] \tag{5.44}$$

와 같다. 이때 주어진 사면의 실제 파괴여부에는 상관없이 잠재적으로 가장 위험한 경우는 발휘되는 점착력이 최대가 될 때 이고, 식 (5.44)에서 γ_t, H, β가 상수이므로 $\frac{\partial c}{\partial \theta} = 0$을 만족하는 식은

$$\frac{\partial}{\partial \theta} \left[\sin(\beta - \theta)(\sin\theta - \cos\theta \tan\phi) \right] = 0 \qquad (5.45)$$

과 같고 이 식을 만족하는 파괴면의 각도 θ_{cr} 는

$$\theta_{cr} = \frac{\beta + \phi}{2} \qquad (5.46)$$

이다. 따라서 최대 점착력은

$$c = \frac{\gamma_t H}{4} \left[\frac{1 - \cos(\beta - \phi)}{\sin\beta\cos\phi} \right] \qquad (5.47)$$

이 식을 정리하면 구조물의 설치 없이 사면이 유지될 수 있는 최대 한계높이는 다음과 같다.

$$H_{cr} = \frac{4c}{\gamma_t} \left[\frac{\sin\beta\cos\phi}{1 - \cos(\beta - \phi)} \right] \qquad (5.48)$$

또한 사면의 안전율은

$$F_s = \frac{H_{cr}}{H} \qquad (5.49)$$

와 같다. 앞절과 마찬가지로 안정수(Stability number) N_s 는

$$N_s = \frac{c}{\gamma_t H_{cr}} \qquad (5.50)$$

이며 안정수의 역수($\frac{1}{N_s}$)를 안정계수라고도 한다.

:예제 5.4 그림과 같이 경사각 $\beta=40°$로 사면높이 8m가 되도록 단위중량 $\gamma=17.6\text{kN/m}^3$, $c=25\text{kPa}$, $\phi=15°$인 지반을 굴착하려고 한다. 굴착 후 사면에 대한 안정수와 안전율을 산정하시오.

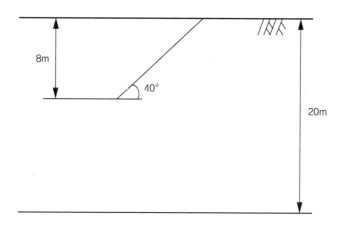

풀이

공식을 이용하면

$$H_{cr} = \frac{4c}{\gamma_t}\left[\frac{\sin\beta\cos\phi}{1-\cos(\beta-\phi)}\right] = 37.65\,\text{m}$$

$$N_s = \frac{c}{\gamma_t H_{cr}} = 0.038$$

$$F_s = \frac{H_{cr}}{H} = \frac{37.65}{8} = 4.71$$

5.2.4 원호파괴면을 가진 유한사면 안정해석 1 – 질량법(Mass procedure)

1) $\phi=0$인 지반의 원호활동(비배수조건)

실제로 발생하는 파괴면은 평면이 아닌 곡면 형태이다. 따라서 앞 절에서와 같이 파괴면을 평면으로 가정하여 사면의 안정해석을 실시한다면 계산은 간단하지만 실제보다 훨씬 안전측의 결과를 얻게 된다. 사면 흙이 균질할수록 파괴형상은 원호에 가까운데, 사면 경사각이 급하면 그림 5.9 (a)와 같이 사면 선단파괴가 발생하고, 사면 경사각이 완만하면 그림 5.9 (b)와 같이 심층파괴(저부파괴)가 발생한다. 그림 5.9에서 보는 바와 같이 사면 선단파괴가 발생하는 경우에는 원호활동과 평면활동의 차이가 크지 않으나, 심층파괴가 발생하는 경우에는 평면활동으로 가정하여 해석한 결과는 원호활동으로 가정하여 해석한 결과와 큰 차이를 보일 수 있다.

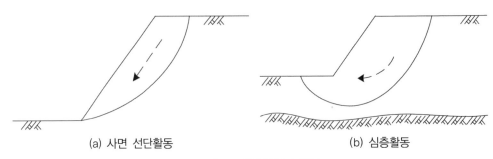

(a) 사면 선단활동   (b) 심층활동

그림 5.9 원호활동의 종류

ϕ=0인 지반의 원호활동 해석법은 원호활동에 관한 안정해석 방법 가운데 가장 간단한 방법이다. 이 방법의 개요가 그림 5.10에 나타나 있다. 그림 5.10에서 보는 바와 같이 이 방법에서 예상활동면은 O점을 중심으로 한 반경 R의 원호이다. 예상활동면 위의 흙이 강체로서 회전하므로써 파괴가 발생하려고 하며, 이때 활동면을 따른 비배수 강도 c_u 가 활동에 대하여 저항한다. 안전율은 중심에 대한 모멘트를 취하여 구할 수 있다.

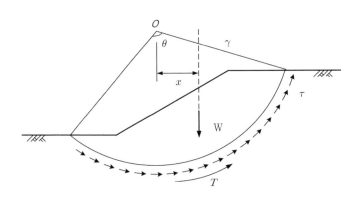

그림 5.10 ϕ=0인 지반의 원호활동 해석법(Fellenius, 1918)

그림 5.10에서 활동을 일으키려는 모멘트와 저항 모멘트는 각각 다음과 같다.

활동 모멘트 : $M_D = Wx$ (5.51)

저항 모멘트 : $M_R = Tr$ (5.52)

또한, 모멘트 평형으로부터 다음 식을 얻을 수 있다.

$$Wx = Tr \tag{5.53}$$

한편, 흙의 전단강도는 $s = c_u$이며, 사면파괴가 발생하기 전까지는 흙의 강도에 의한 최대 저항력 중 일부분만 발휘되면 활동 모멘트에 저항하여 안정을 유지할 수 있으므로 다음과 같이 나타낼 수 있다.

$$T = \tau L = \frac{c_u}{F_s} L \tag{5.54}$$

식 (5.54)를 식 (5.53)에 대입하면

$$Wx = \frac{c_u L r}{F_s} \tag{5.55}$$

이고, 위 식으로부터 안전율을 구하는 식을 다음과 같이 얻을 수 있다.

$$F_s = \frac{c_u L r}{Wx} \tag{5.56}$$

이 방법은 $\phi = 0$ 해석법이므로 완공 직후 해석에 적합하다.

Taylor(1937)는 파괴 종류에 따른 안정수를 계산하여 표 5.7과 같이 제안하였다. 표 5.7에서 보는 바와 같이 사면 경사각 53°를 기준으로 53° 이하에서는 심층활동이 안정수가 더 크게 계산되고, 53° 이상에서는 사면 선단활동이 안정수가 더 크게 계산된다. 안정수가 크면 사면의 안정성이 떨어지므로 이것은 53° 이하의 경사각에서는 심층활동이 발생하며, 53° 이상에서는 사면 선단활동이 발생한다는 것을 의미한다. 한편, 표 5.7에서 원호활동의 종류별 안정수 차이는 평면활동에 비교할 때 크지 않아 파괴 메커니즘이 유사하면 안정수의 차이가 크지 않음을 알 수 있다.

표 5.7 ϕ=0인 지반에 대한 평면활동과 원호활동의 안정수 비교

사면 경사각 $\beta(°)$	평면활동 $c_m/\gamma H$	원호활동 $c_m/\gamma H$	
		사면 선단활동	심층활동(저부활동)
15	0.033	0.145	0.181
30	0.067	0.156	0.181
45	0.104	0.170	0.181
53	0.125	0.181	0.181
60	0.145	0.191	0.181
75	0.192	0.219	0.181
90	0.250	0.261	0.181

예제 5.5　예제 5.3에서 원호활동 파괴가 발생할 때 안전율을 구하시오. 단, 예상활동 파괴원호의 반지름은 9.4m, 예상 파괴토체의 단면적은 37.6m², 원호중심각은 85°, 원호중심에서 파괴토체 중심까지의 거리는 4.3m이다.

풀이

$$F_s = \frac{M_R}{M_D}$$

$$M_D = W \cdot x = 37.6 \times 17.6 \times 4.3 = 2845.57 \, \text{kN} \cdot \text{m/m}$$

ϕ=0인 지반에서는 활동면상의 반력 F는 원의 중심을 통과하므로 저항 모멘트는 다음과 같다.

$$M_R = T \cdot r = c_u(r\omega)r = 30 \times \left(9.4 \times 85 \times \frac{\pi}{180°}\right) \times 9.4 = 3932.54 \, \text{kN} \cdot \text{m/m}$$

$$\therefore \ F_S = \frac{M_R}{M_D} = \frac{3932.54}{2845.57} = 1.38$$

예제 5.6 그림과 같이 $\phi=0$인 사면에서 원호활동 파괴가 발생할 때 안전율을 구하시오. 흙의 점착력과 단위중량은 각각 $c=35$kPa 및 $\gamma_t=17.2$kN/m³이고 토체의 단면적은 약 31.404m², 호 AD의 길이는 약 13.54m이다. 또한 지표 아래 5m 지점에서 견고한 지층이 나온다고 가정하시오.

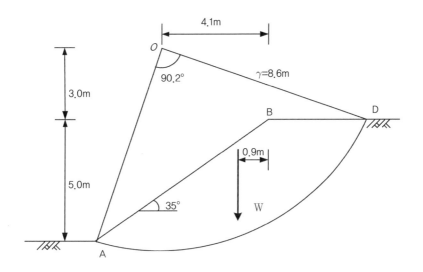

풀이

$$F_s = \frac{M_R}{M_D}$$

$$M_D = W \cdot x = 31.404 \times 17.2 \times (4.1 - 0.9) = 1728.48\,\text{kN·m/m}$$

$\phi=0$인 지반에서는 활동면상의 반력 F는 원의 중심을 통과하므로 저항 모멘트는 다음과 같다.

$$M_R = T \cdot r = c_u \cdot L \cdot r = 35 \times 13.54 \times 8.6 = 4075.54\,\text{kN·m/m}$$

$$\therefore\ F_S = \frac{M_R}{M_D} = \frac{4075.54}{1728.48} = 2.36$$

2) 마찰원 방법

앞의 두 경우에서는 흙이 점착력만 가졌는데, 흙이 점착력과 마찰성분을 모두 갖는 경우에는 안정해석이 조금 더 복잡해진다. 즉, $\phi=0$인 지반에서는 활동면을 따르는 전단저항력을 계산하는데 있어서 활동면에 작용하는 수직력이 아무런 관계가 없지만 마찰성분을 가지고 있으면 전단저항력이 수직력의 함수가 되기 때문이다. 흙이 점착력과 마찰성분을 모두 가질 때 안정해석 방법으로 마찰원 방법을 사용할 수 있다. 마찰원 방법은 전응력 사면안정 해석방법으로 않는 비배수조건 해석이며, 균질한 지반을 그 대상으로 한다. Taylor(1948)에 의해 발전된 이 방법의 원리는 임의로 가정한 원호활동면상의 반력 작용선은 마찰원(또는 ϕ_u−원)이라고 불리는 한 원에 접한다는 것이다.

그림 5.11 (a)와 같이 원의 중심 O와 반지름 r을 임의로 가정하여 가상 파괴면 호 AB를 그렸다고 하자. 사면 흙의 강도 정수를 c, ϕ라고 하면 평형상태를 유지하기 위해 발휘되어야 할 전단강도는

$$\tau_m = \frac{s}{F_s} = \frac{\tau_{\max}}{F_s} = \frac{1}{F_s}(c + \sigma\tan\phi) = c_m + \sigma\tan\phi_m \tag{5.57}$$

여기서, F_s : 전단강도에 대한 안전율

이고, 식 (5.57)에서

$$c_m = \frac{c}{F_c} \tag{5.58}$$

$$\tan\phi_m = \frac{\tan\phi}{F_\phi} \tag{5.59}$$

이며, 식 (5.57), (5.58), (5.59)에 사용된 안전율은 모두 같아야 한다. 즉,

$$F_s = F_c = F_\phi \tag{5.60}$$

이어야 한다. 그러나 연구결과에 의하면 흙이 전단변형을 받아 저항할 때 전단강도 중 마찰력보다 점착력이 더 빨리 발휘된다고 한다(Schmertmann & Osterberg, 1960). 따라서 일반적으로는 점착력에 대한 안전율이 마찰력에 대한 안전율보다 작다고 할 수 있다.

길이 l인 가상 파괴면의 한 요소 ab에 작용한 힘은 그림 5.11 (b)에서 보는 것처럼 요소 ab에 법선방향으로 작용하는 합력 σl, 전단저항력의 점착성분 $c_m l$, 전단저항력의 마찰성분 $\sigma l \tan\phi_m$ 등이다. 파괴면에 따르는 힘 $c_m l$을 현 AB에 수직한 성분과 평행한 성분으로 나누면 현에 수직한 성분의 합력은 0이 되고 현에 평행한 성분의 합력은 다음과 같다.

$$C = c_m L_c \tag{5.61}$$

여기서, L_c : 현 AB의 길이

합력 C의 작용 위치는 원의 중심 O에서 모멘트를 취하여 구한다. 즉,

$$Cr_c = r\sum c_m l \text{ 또는 } c_m L_c r_c = r c_m L_a$$

여기서, L_a : 호 AB의 길이

따라서 작용 위치 r_c는 다음과 같다.

$$r_c = r\frac{L_a}{L_c} \tag{5.62}$$

한편, 요소 ab에 작용하는 법선방향의 힘(σl)과 가상 파괴면에서의 전단저항력의 마찰성분 ($\sigma l \tan\phi_m$)의 합력은

$$R = \sqrt{(\sigma l)^2 + (\sigma l \tan\phi_m)^2} \tag{5.63}$$

이며, 법선에 대하여 ϕ_m의 각을 이루므로 반경 $r\sin\phi_m$인 원에 접하게 된다.

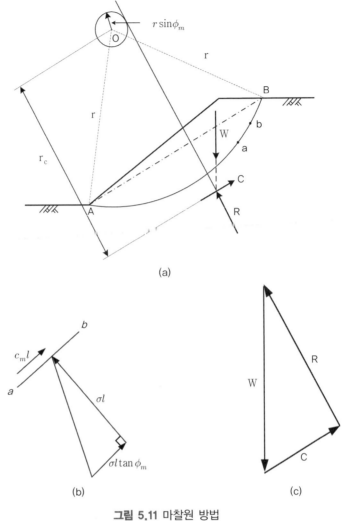

(a)

(b)

$$c_m l$$

$$\sigma l$$

$$\sigma l \tan \phi_m$$

(c)

$$W \quad R \quad C$$

그림 5.11 마찰원 방법

가상 파괴면 안의 토체에 작용하는 힘의 다각형을 그리면 그림 5.11 (c)와 같다. 파괴토체의 무게 W는 크기와 방향을 알고, C는 방향을 알며, 또한 R은 ϕ_m 만 정해지면 방향을 알 수 있으므로 적절한 축척으로 힘의 다각형을 그리면 C 및 R의 크기를 구할 수 있다. 마찰원 방법으로 안전율을 구하는 방법을 정리하면 다음과 같다.

① F_ϕ 값을 가정하고 $\phi_m = \tan^{-1} \dfrac{\tan \phi}{F_\phi}$ 을 이용해 ϕ_m 을 계산한다.

② 가정한 활동원의 중심에서 반경이 $r \sin \phi_m$ 인 원을 그린다.

③ 활동원 내의 흙의 무게와 방향을 결정한다.

④ C의 작용 위치를 식 (5.62)을 사용하여 결정한다.

⑤ W와 C의 교점에서 마찰원에 접하는 선을 그려 R의 방향을 결정한다.

⑥ 적절한 축척으로 C, R, W의 힘의 다각형을 그린 후 C를 구한다.

⑦ $F_c = \dfrac{c}{c_m} = \dfrac{c \cdot L_c}{C}$ 에 의해 F_c를 계산한다.

⑧ $F_c \neq F_\phi$ 이면 F_ϕ를 다시 가정하여 ①~⑦까지의 과정을 3회 이상 반복하여 $F_c = F_\phi$인 안전율을 구한다.

⑨ 활동원호(파괴면)를 다시 가정하여 ①~⑧의 과정을 수십 번 되풀이하여 최소의 안전율이 얻어지는 활동원호를 결정한다.

Taylor(1948)는 마찰원 방법을 근거로 균질한 단순 흙사면에 대해 전응력 해석법으로 안전율을 구하는 안정수(N_s)를 제안했다. 안정수를 구하는 식은 다음과 같다.

$$N_s = \frac{c_u}{F_s \gamma H} \tag{5.64}$$

여기서, N_s : 안정수(stability number)

γ : 흙의 단위중량

F_s : 안전율

H : 사면의 높이

또한 5.2.3절에서 정의한 안전율과 사면의 한계높이의 관계가 $F_s = \dfrac{H_{cr}}{H}$ 과 같으므로 이를 적용하면 위의 안정수는 앞에서 정의했던 것과 동일하게

$$N_s = \frac{c_u}{\gamma H_{cr}} \tag{5.65}$$

와 같은 형태로 다시 쓸 수 있다.

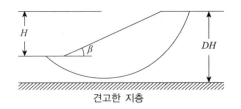

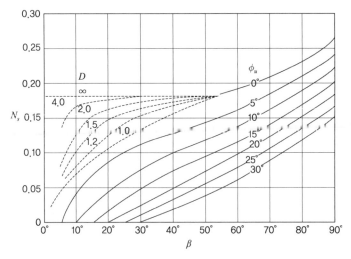

그림 5.12 Taylor의 안정수

N_s는 사면의 경사(β)와 비배수 전단저항각(ϕ)의 함수이며, ϕ_u=0인 경우에는 흙의 깊이계수(D)에도 의존한다. 그림 5.12에 Taylor의 안정수를 구하는 도표가 주어져 있다.

예제 5.7   예제 5.6을 Taylor의 안정수($N_s = \dfrac{c_u}{F_s \gamma H}$)를 이용하여 구하시오.

풀이

그림 5.12에서 β=35°, D=2, ϕ_u=0을 적용하면 N_s=0.175이다.

그러면 안전율은

$$F_s = \frac{c_u}{N_s \gamma H} = \frac{35}{0.175 \times 17.2 \times 5} = 2.33$$

예제 5.8 다음 사면에 대하여 마찰원 방법을 이용하여 안전율을 구하시오. 이 사면의 강도정수와 단위중량은 각각 c=2.0t/m², ϕ=15°와 γ_t=1.9t/m³이며, 호 AB의 길이는 17.157m, 현 AB의 길이는 15.63m, 그리고 토체의 단면적은 약 44.806m²이다.

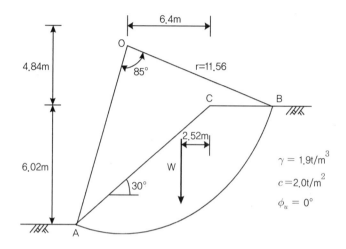

풀이

단계 1 F_ϕ=1.3으로 가정한다.

$$\phi_m = \tan^{-1}\frac{\tan15^{\circ}}{1.3} = 11.64^{\circ}$$

단계 2 가상활동원의 중심에 반지름 $r\sin\phi_m$ 이 되는 원을 그린다.

$$r\sin\phi_m = 11.56 \times \sin11.64^{\circ} = 2.33\,\mathrm{m}$$

단계 3 점착력에 의한 저항력 C가 작용하는 직선을 구한다. 호 AB를 따르는 각 요소에 작용하는 점착성분은 현 AB에 평행한 성분과 수직한 성분으로 나눌 수 있는데, 현에 수직한 성분의 합력은 0이 되므로 평행한 성분만 고려한다.

$$L_a = 17.157\,\mathrm{m}, \ L_c = 15.629$$

$$W = \gamma A = 1.9 \times 44.806 = 85.13\,\mathrm{t/m}$$

$$r_c = \frac{L_a}{L_c} \times r = \frac{17.157}{15.629} \times 11.56 = 12.69\,\mathrm{m}$$

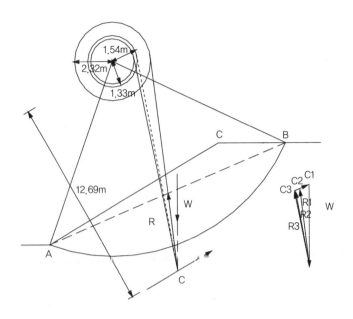

단계 4 W와 C의 교점에서 마찰원과 접하는 직선을 그어 활동원 반력 R을 구한다. 힘의 다각형에서 C값을 구하면 C=11.56t/m이다.

단계 5 $F_s = \dfrac{cL_c}{C} = \dfrac{2 \times 15.629}{11.56} = 2.7$

$F = F_\phi = F_c$를 만족해야 한다. 만약 $F_\phi = F_c$가 아니면 위 단계 1~5를 3회 이상 반복해야 하는데, 위 과정에서 $F_\phi = F_c$의 관계를 만족하지 않으므로 F_ϕ를 다시 가정한다. F_ϕ=2.0, F_ϕ=2.3으로 가정하여 계산한 결과는 다음 표와 같다.

F_ϕ	ϕ_m	$r\sin\phi_m$	C	$F_c = cL_c/C$
1.3	11.64	2.33	11.56	2.70
2.0	7.63	1.53	16.86	1.85
2.3	6.64	1.34	17.96	1.74

계산된 F_c와 F_ϕ의 값을 연결한 곡선과 $F_c = F_\phi$인 직선이 만나는 교점이 구하고자 하는 안전율이 된다. F_s=1.93이다.

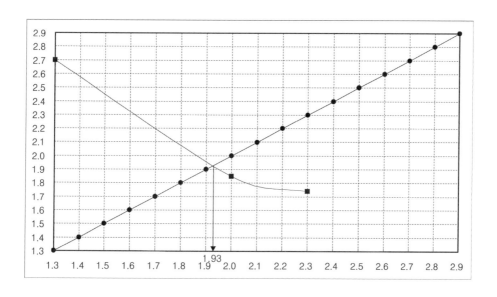

5.2.5 원호파괴면을 가진 유한사면 안정해석 2 − 절편법(Slice method)

마찰원 방법은 사면이 여러 종류 흙으로 구성되어 있거나 침투가 있는 경우에는 적용하기가 어렵다. 비균질 사면의 안정해석을 위해 여러 가지 방법들이 개발되어 왔는데 이 중 절편법이 유한사면의 안정해석방법으로 가장 널리 이용되고 있다. 절편법은 그림 5.13에 나타낸 바와 같이 예상 파괴면을 중심 O, 반경 r인 원호라고 가정하고, 파괴면 내 흙덩이를 여러 개의 연직 절편으로 나누어 각각의 절편에 대해 힘의 평형을 고려하는 방법이다. 각 절편의 바닥은 직선으로 가정하며, 하나의 절편에 작용하는 힘들은 다음과 같다[그림 5.13 (b) 참조].

① 절편의 무게 $W_i = \gamma b_i h_i$
② 절편 바닥면에 작용하는 전수직력 N_i
  전수직력 N_i은 유효수직력 $N_i'(=\sigma'l)$과 바닥면에 작용하는 전 간극수압 $U_i(=u_i l_i)$로 나눌 수 있다.
③ 절편 바닥면에 작용하는 전단력 $T_i = \tau_{m,i} l_i$
④ 절편 측면에 작용하는 수직력 E_i 및 E_{i+1}
⑤ 절편 측면에 작용하는 전단력 X_i 및 X_{i+1}

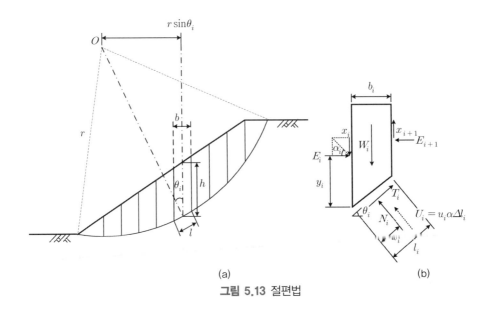

(a)

그림 5.13 절편법

(b)

n개의 절편으로 나뉜 파괴토체 전체에 대한 미지수는 다음과 같이 총 $5n-2$개이며, 이용할 수 있는 평형방정식의 수는 $3n$개이다.

- 미지수 : 총 $(5n-2)$개

$$\begin{cases} n\text{개의 } N_i \\ 1\text{개의 } F_s \\ (n-1)\text{개의 } E_i \\ (n-1)\text{개의 } X_i \end{cases} \qquad \text{힘의 평형에 관계되는 미지수}$$

$$\begin{cases} n\text{개의 } x_i \\ (n-1)\text{개의 } y_i \end{cases} \qquad \text{모멘트 평형에 관계되는 미지수}$$

- 이용할 수 있는 방정식 : 3n ($\sum F_h=0$, $\sum F_v=0$, $\sum M_o=0$)

따라서 이용할 수 있는 평형방정식의 수보다 미지수가 더 많으므로 정역학적으로는 풀 수가 없다. 절편법에 의해 사면안정 해석을 하기 위해서는 $(2n-2)$개의 가정이 필요하며, 절편을 아주 잘게 나누어 x_i의 값(합력 N_i의 작용 위치)을 아는 값으로 하는 경우에도 $(n-2)$개의 가정이 필요하다. 일반적으로 절편 측면에 작용하는 힘들에 대해 가정하는데, 절편법으로 구하는 사면안정 해석의 신뢰성은 세워진 가정의 합리성에 좌우되며, 세워진 가정에 따라 해석결과인 안전율에 차이가 있다. 현재 널리 사용되고 있는 절편법의 종류는 표 5.8과 같다. 모든 절편법의 공통 사항을 정리하면 다음과 같다.

활동원의 중심에서 모멘트 평형을 고려하면 다음과 같이 나타낼 수 있다.

$$\sum M_o = 0 :$$
$$\sum W_i r \sin\theta_i = \sum T_i r \qquad (5.66)$$

식 (5.66)에서 좌변은 활동 토체의 자중에 의한 활동 모멘트(M_D)이며, 우변은 활동면상의 전단강도에 의한 저항 모멘트(M_R)이다. M_D와 M_R은 각각 다음과 같이 다시 쓸 수가 있다.

$$M_D = \sum W_i r \sin\theta_i = r \sum W_i \sin\theta_i \qquad (5.67)$$

$$
\begin{aligned}
M_R &= \sum T_i r = r \sum T_i \\
&= r \sum (\tau_m l)_i = r \sum \frac{(\tau_f)_i}{F_s} l_i \\
&= \frac{r}{F_s}(c' L_a + \tan\phi' \sum \sigma_i' l_i) \\
&= \frac{r}{F_s}(c' L_a + \tan\phi' \sum N_i')
\end{aligned}
\qquad (5.68)
$$

표 5.8 절편법의 종류 및 사용된 가정

종류	가정
Fellenius 방법 (일반적인 방법)	절편 측면에 작용하는 힘들을 무시
Bishop 간편법	절편 측면에 작용력의 합력은 수평방향으로 작용. 즉, 절편 측면에 작용하는 전단력을 무시
Janbu 간편법	절편 측면에 작용력의 합력은 수평방향으로 작용 절편 측면에 작용하는 전단력을 고려하기 위해 경험적인 보정계수를 사용
Spencer 방법	절편 측면 작용력의 합력은 파괴토체 전체를 통해 일정한 방향으로 작용
Morgenstern-Price 방법	절편 측면 작용력의 합력은 임의의 함수에 의해 결정되는 방향으로 작용
미공병단 방법(Corps of Engineers Method)	절편 측면 작용력의 합력은 i) 활동면 전체의 평균 기울기 또는 ii) 지표면 경사각과 평행한 방향으로 작용
Lowe-Karafiath 방법	절편 측면 작용력의 합력은 지표면 경사각의 평균 또는 각 절편 바닥과 같은 방향으로 작용

위 식에서 L_a는 파괴원호 전체의 길이이다. 식 (5.67)과 식 (5.68)로부터 안전율은 다음과 같이 표현된다.

$$F_s = \frac{c'L_a + \tan\phi'\sum N_i'}{\sum W_i \sin\theta_i} \tag{5.69}$$

식 (5.69)에서 N_i'값이 정역학적 조건을 만족시키면 정확한 안전율을 얻을 수 있다. 그러나 앞에서 설명한 바와 같이 가정 없이는 정역학적 조건을 만족시킬 수 없으며, 절편법은 모두 근사해법이라고 할 수 있다.

1) Fellenius 방법

이 방법에서는 절편 측면에 작용하는 수직력과 전단력은 무시한다. 즉,

$$X_i = X_{i+1} \ \& \ E_i = E_{i+1} \tag{5.70}$$

그러면, 절편바닥에 작용하는 유효수직응력 N'_i은 절편바닥에 수직한 방향에서 힘의 평형을 고려하여 다음과 같이 나타낼 수 있다.

$$N_i' = W_i \cos\theta_i - U_i = W_i \cos\theta_i - u_i l_i \tag{5.71}$$

식 (5.71)을 식 (5.69)에 대입하면

$$F_s = \frac{c'L_a + \tan\phi'\sum (W_i \cos\theta_i - u_i l_i)}{\sum W_i \sin\theta_i} \tag{5.72}$$

을 얻는다. 일반적으로 Fellenius 방법으로 산정된 안전율은 정해에 비해 $10 \sim 15\%$ 정도 작게 계산되지만 사용이 간편하고 오차가 안전 측이어서 그동안 널리 이용되어 왔다.

2) Bishop의 간편법

이 방법에서는 절편 측면에 작용하는 전단력을 무시한다. 즉,

$$X_i = X_{i+1} \tag{5.73}$$

연직방향에서 힘의 평형을 고려하면

$$W_i = N_i' \cos\theta_i + u_i l_i \cos\theta_i + T_i \sin\theta_i \tag{5.74}$$

가 성립하고 절편바닥에 작용하는 전단력은

$$T_i = \frac{1}{F_s}(c' l_i + \tan\phi' N_i') \tag{5.75}$$

이므로 식 (5.75)를 식 (5.74)에 대입하면

$$W_i = N_i' \cos\theta_i + u_i l_i \cos\theta_i + \frac{c' l_i}{F_s}\sin\theta_i + \frac{N_i'}{F_s}\tan\phi'\sin\theta_i \tag{5.76}$$

이 된다. 식 (5.76)을 N_i'에 대하여 정리하면

$$N_i' = \frac{W_i - \dfrac{c' l_i}{F_s}\sin\theta_i - u_i l_i \cos\theta_i}{\cos\theta_i + \dfrac{\tan\phi'\sin\theta_i}{F_s}} \tag{5.77}$$

이 된다. 위 식을 식 (5.69)에 대입하고 정리하면 안전율은 다음과 같이 얻어진다.

$$F_s = \frac{\sum\left[\dfrac{c' b_i + (W_i - u_i l_i)\tan\phi'}{M_i(\theta)}\right]}{\sum W_i \sin\theta_i} \tag{5.78}$$

여기서, $M_i(\theta) = \cos\theta_i + \dfrac{\tan\phi'\sin\theta_i}{F_s}$ \hfill (5.79)

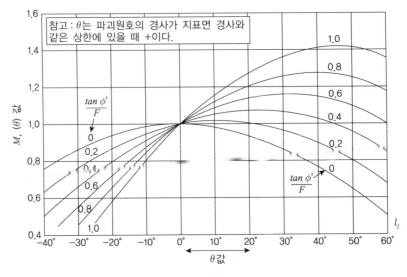

그림 5.14 $M_i(\theta)$ 산정도표

$M_i(\theta)$값은 수식을 사용하거나 그림 5.14에서 구할 수 있다. Bishop의 간편법은 Fellenius 방법보다 훨씬 복잡할 뿐만 아니라 안전율 F_s가 식의 양변에 있기 때문에 시행착오법(trial and error method)으로 계산해야 한다. 그러나 이 방법으로 결정한 안전율은 비교적 정해에 가까운 값을 주는 것으로 알려져 현재까지 많이 사용되고 있다.

3) 그 밖의 절편법

Bishop 간편법에서는 절편 측면에 작용하는 전단력을 무시하였으나, 그림 5.13 (b)와 같이 절편 측면에는 수직력과 전단력이 모두 작용한다. 이런 경우 연직방향에서 힘의 평형조건으로 부터 얻어진 식 (5.74), 식 (5.76), 그리고 식 (5.77)은 다음과 같이 수정되어야 한다.

$$\sum F_V = 0\,;$$
$$W_i = (X_i - X_{i+1}) + N_i'\cos\theta_i + u_i l_i \cos\theta_i + T_i \sin\theta_i \hfill (5.80)$$

$$W_i = (X_i - X_{i+1}) + N_i'\cos\theta_i + u_i l_i \cos\theta_i + \frac{c' l_i}{F_s}\sin\theta_i + \frac{N_i'}{F_s}\tan\phi'\sin\theta_i \qquad (5.81)$$

$$N_i' = \frac{W_i - (X_i - X_{i+1}) - \dfrac{c' l_i}{F_s}\sin\theta_i - u_i l_i \cos\theta_i}{\cos\theta_i + \dfrac{\tan\phi'\sin\theta_i}{F_s}} \qquad (5.82)$$

식 (5.82)에서 분모는 Bishop 간편법과 마찬가지로 $M_i(\theta)$이며, 그림 5.14에서 구할 수 있다. 식 (5.82)에서 우변에는 절편 측면에 작용하는 전단력 X_i와 X_{i+1}이 포함되어 있으므로 N_i'을 구하기 위해서는 X_i와 X_{i+1}에 대한 가정을 도입하여 문제를 정정화시켜야 한다. 가정을 어떻게 세우는가에 따라 N_i'값은 달라지며, 절편 간 작용력에 대한 가정의 차이와 안전율 산정과정에서 모멘트 평형만을 고려하는가, 힘의 평형만을 고려하는가, 또는 두 가지 평형조건을 모두 고려하는가에 따라 절편법은 여러 가지 해석방법이 존재할 수 있다.

표 5.9는 각 절편법에서 사용하고 있는 평형방정식을 정리한 것으로 Fellenius 방법 및 Bishop 간편법은 모멘트 평형법, 미공병단법, Janbu 간편법, Lowe-Karafiath 방법 등은 힘 평형법, 그리고 일반한계평형법, Morgenstern-Price 방법, Spencer 방법 등은 힘 평형법 및 모멘트 평형법을 모두 사용하는 방법으로 구분할 수 있다.

표 5.9 각 절편법의 안전율 산정방법 비교

절편법 종류	힘의 평형		모멘트 평형
	연직방향	수평방향	
Fellenius 방법	×	×	○
Bishop 간편법	○	×	○
Janbu 간편법	○	○	×
Spencer 방법	○	○	○
Morgenstern-Price 방법	○	○	○
일반한계평형법(GLE 방법)	○	○	○
미공법단 방법	○	○	×
Lowe-Karafiath 방법	○	○	×

Fellenius 방법 및 Bishop 간편법은 앞에서 이미 설명하였으므로 여기서는 미공병단 방법 (Corps of Engineers Method)과 Morgenstern-Price 방법에 대해서 설명하기로 한다. 미공병단 방법은 절편 측면에 작용하는 힘들의 합력이 일정한 기울기를 갖는다고 가정한다. 즉, 절편 측면 작용력의 합력은 활동면 전체의 평균 기울기 또는 지표면 경사각과 평행한 방향으로 작용한다고 가정하고 수평방향 및 연직방향 힘들의 합력이 0이라는 조건으로부터 안전율을 구한다. 해석결과에 의하면 절편 측면에 작용하는 힘들의 경사각이 작을수록 안전율은 작아진다고 하며, 이것은 Bishop 간편법이 안전측임을 의미한다.

Morgenstern-Price 방법은 임의 형태의 활동면에 대한 한계평형법 중 가장 일반적인 해석법으로 각 절편에 대해 연직 및 수평방향의 평형뿐만 아니라 모멘트 평형도 고려한다. 이 방법에서는 절편 측면에 작용하는 수직력과 전단력 사이에 다음과 같은 관계가 있다고 가정한다.

$$\frac{X}{E} = \lambda f(x) \tag{5.83}$$

여기서, λ : 축척계수(scaling factor)
$\quad\quad\quad f(x)$: 특정 임의 함수

식 (5.83)의 측면력의 함수 $f(x)$에는 일정한 값, sine 함수, 사다리꼴 형태, 불규칙적 지정값 등이 사용될 수 있으며, 지배방정식을 만족하는 λ의 유일한 값을 찾기 위해 반복계산이 사용된다. 즉, $f(x)$ 함수를 가정하고 λ값을 변화시켜 가면서 힘의 평형으로부터 힘의 평형에 의한 안전율 F_f와 모멘트 평형으로부터 모멘트 평형에 의한 안전율 F_m을 각각 계산하여 그림 5.15와 같이 정리하고 $F_f = F_m$인 안전율을 찾으면 된다.

그림 5.15에서 보는 바와 같이 모멘트 평형조건에서 얻어지는 안전율 F_m은 절편 측면력에 관한 가정에 둔감하나 힘의 평형에서 얻어지는 안전율 F_f는 λ값에 매우 민감하다. 이것은 힘의 평형만을 고려하는 사면안정 해석방법이 모멘트 평형만을 고려하는 방법보다 부정확한 결과를 줄 수 있음을 의미한다.

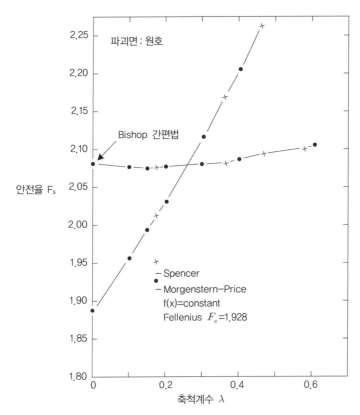

그림 5.15 Morgenstern–Price 방법에 의한 안전율 계산
(Fredlund and Krahn, 1972)

예제 5.9　　그림과 같이 반경 14.54m의 원호활동을 가정한 후 절편을 나누어 사면안정 해석을 실시하려고 한다. 사면의 경사각은 35°이며, 사면 흙의 강도정수와 단위중량은 각각 c=2.5t/m^2, ϕ=35°, γ=1.8t/m^{3}일 때 사면의 안전율을 Fellenius 방법을 사용하여 구하시오. 절편바닥의 경사각과 절편의 무게는 표와 같고 지표면까지 모두 포화되어 있다고 가정하시오.

절편	1	2	3	4	5	6	7	8	9	10
바닥경사각(°)	−17	−9	−1	7	15	23	32	42	54	70
무게(t/m)	4.07	10.33	16.09	20.74	24.37	26.89	28.12	27.68	24.66	10.55

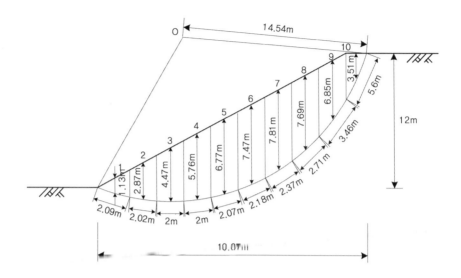

풀이

절편	W	θ_i	$\sin\theta_i$	$W\sin\theta_i$	$\cos\theta_i$	$W\cos\theta_i$	l_i	u_i	$u_i l_i$
1	4.07	−17	−0.29	−1.18	0.96	3.91	2.09	1.13	2.36
2	10.33	−9	−0.16	−1.65	0.99	10.23	2.02	2.87	5.80
3	16.09	−1	−0.02	−0.32	1.0	16.09	2.0	4.47	8.94
4	20.74	7	0.12	2.49	0.99	20.53	2.02	5.76	11.64
5	24.37	15	0.26	6.34	0.97	23.64	2.07	6.77	14.01
6	26.89	23	0.39	10.49	0.92	24.74	2.18	7.47	16.28
7	28.12	32	0.53	14.90	0.85	23.90	2.37	7.81	18.51
8	27.68	42	0.67	18.55	0.74	20.49	2.71	7.69	20.84
9	24.66	54	0.81	19.97	0.59	14.55	3.46	6.85	23.70
10	10.55	70	0.94	9.92	0.34	3.59	5.6	3.51	19.66
Σ				79.50		161.66	26.52		141.74

$$F_s = \frac{c'L_a + \tan\phi' \sum (W_i\cos\theta_i - u_i l_i)}{\sum W_i\sin\theta_i}$$

$$= \frac{2.5 \times 26.52 + \tan35° \times (161.66 - 141.74)}{79.50} = 1.01$$

예제 5.10　그림과 같은 사면의 활동에 대한 안전율을 Bishop의 간편법을 이용하여 구하시오. 이 사면 흙의 강도정수는 c=2.0t/m^2, ϕ=30°이고, 흙의 단위중량은γ_t=1.80t/m^{3}이다. 단, 원호활동의 중심은 O점이고, 사면의 경사는 30°이다.

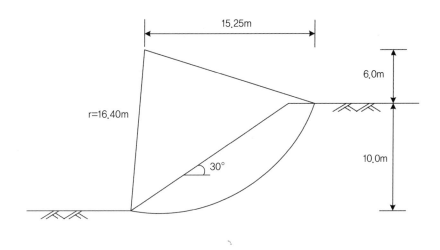

풀이

사면의 안정성 검토를 위한 절편을 아래 그림과 같이 나누었다.

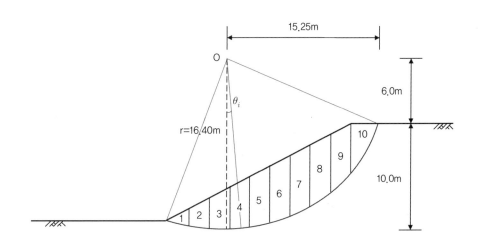

Bishop의 간편법에 의한 계산과정은 다음과 같다.

1) $W_i = \gamma_t \cdot A_i$

2) $M_i(\theta) = \cos\theta_i + \dfrac{\tan\phi' \cdot \sin\theta_i}{F_S}$

3) 여기서, $M_i(\theta)$ 산정 시 F_S=1.80으로 가정하였으며, 안전율을 계산하기 위한 중간 계산 결과는 다음 표와 같다.

① 절편	② $\theta_i(°)$	③ A_i	④ W_i	⑤ W_i $\sin\theta_i$	⑥ Δb_i	⑦ $c\,b_i$	⑧ $u_i b_i$	⑨ $W_i-⑧$	⑩ ⑨×tan	⑪ ⑦+⑩	⑫ M_i	⑬ ⑪÷⑫
1	−9.9	0.88	1.584	−0.272	1.6	3.2	0	1.584	0.915	4.115	0.929	4.429
2	−3.6	3.50	6.300	−0.396	2.0	4.0	0	6.300	3.637	7.637	0.978	7.809
3	3.5	5.80	10.44	0.637	2.0	4.0	0	10.44	6.028	10.028	1.018	9.851
4	10.5	7.55	13.59	2.477	2.0	4.0	0	13.59	7.846	11.846	1.042	11.369
5	17.7	8.80	15.84	4.816	2.0	4.0	0	15.84	9.145	13.145	1.050	12.519
6	25.4	9.55	17.19	7.373	2.0	4.0	0	17.19	9.925	13.925	1.041	13.377
7	33.5	9.60	17.28	5.537	2.0	4.0	0	17.28	9.977	13.977	1.011	13.825
8	42.0	8.70	15.66	10.479	2.0	4.0	0	15.66	9.041	13.041	0.958	13.613
9	52.4	6.50	11.70	9.270	2.0	4.0	0	11.70	6.755	10.755	0.864	12.448
10	63.9	1.90	3.420	3.071	1.52	3.04	0	3.42	1.975	5.015	0.728	6.889
Σ				46.992								106.129

4) Bishop 방법에 의한 안전율 산정

$$F_s = \dfrac{\dfrac{\Sigma[c' \cdot b_i + (W_i - u_i \cdot l_i)\tan\phi']}{M_i(\theta)}}{\Sigma W_i \cdot \sin\theta_i}$$

$$= \dfrac{106.129}{46.992}$$

$$\fallingdotseq 2.258$$

여기서 가정한 F_S와 계산된 F_S가 같지 않으므로 F_S를 다시 가정하여 안전율을 계산한다.

5) F_S=2.0으로 가정하여 안전율 다시 산정

① 절편	② θ_i (°)	③ A_i	③ $W_i \sin\theta_i$	④ $c' \cdot b_i + (W_i - u_i \cdot l_i) \cdot \tan\phi'$	⑤ M_i	⑥ ④÷⑤
1	-9.9	0.88	-0.272	4.115	0.935	4.401
2	-3.6	3.50	-0.396	7.637	0.980	7.793
3	3.5	5.80	0.637	10.028	1.016	9.870
4	10.5	7.55	2.477	11.846	1.036	11.434
5	17.7	8.80	4.816	13.145	1.040	12.639
6	25.4	9.55	7.373	13.925	1.027	13.559
7	33.5	9.60	5.537	13.977	0.993	14.076
8	42.0	8.70	10.479	13.041	0.936	13.933
9	52.4	6.50	9.270	10.755	0.839	12.819
10	63.9	1.90	3.071	5.015	0.699	7.175
Σ			46.992			107.699

안전율은 $F_S = \dfrac{107.699}{46.992} ≒ 2.292$이므로 가정한 F_S와 계산된 F_S가 같지 않으므로 F_S를 다시 가정하여 안전율을 계산한다.

6) F_S=2.30으로 가정하여 안전율 재산정

① 절편	② θ_i (°)	③ A_i	③ $W_i \sin\theta_i$	④ $c' \cdot b_i + (W_i - u_i \cdot l_i) \cdot \tan\phi'$	⑤ M_i	⑥ ④÷⑤
1	-9.9	0.88	-0.272	4.115	0.942	4.368
2	-3.6	3.50	-0.396	7.637	0.982	7.777
3	3.5	5.80	0.637	10.028	1.013	9.899
4	10.5	7.55	2.477	11.846	1.029	11.512
5	17.7	8.80	4.816	13.145	1.029	12.775
6	25.4	9.55	7.373	13.925	1.011	13.773
7	33.5	9.60	5.537	13.977	0.972	14.380
8	42.0	8.70	10.479	13.041	0.911	14.315
9	52.4	6.50	9.270	10.755	0.809	13.294
10	63.9	1.90	3.071	5.015	0.665	7.541
Σ			46.992			109.634

안전율은 $F_S = \dfrac{109.634}{46.992} ≒ 2.333$이므로 가정한 F_S와 계산된 F_S가 같지 않으므로 F_S를 다시 가정하여 안전율을 계산한다.

7) F_S=2.34로 가정하여 안전율 재산정

① 절편	② $\theta_i(°)$	③ A_i	③ $W_i\sin\theta_i$	④ $c' \cdot b_i + (W_i - u_i \cdot l_i) \cdot \tan\phi'$	⑤ M_i	⑥ ④÷⑤
1	−9.9	0.88	−0.272	4.115	0.943	4.364
2	−3.6	3.50	−0.396	7.637	0.983	7.769
3	3.5	5.80	0.637	10.028	1.013	9.899
4	10.5	7.55	2.477	11.846	1.028	11.523
5	17.7	8.80	4.816	13.145	1.028	12.787
6	25.4	9.55	7.373	13.925	1.009	13.801
7	33.5	9.60	5.537	13.977	0.970	14.409
8	42.0	8.70	10.479	13.041	0.908	14.362
9	52.4	6.50	9.270	10.755	0.806	13.344
10	63.9	1.90	3.071	5.015	0.662	7.576
Σ			46.992			109.834

안전율은 $F_S = \dfrac{109.834}{46.992} = 2.337 ≒ 2.34$

따라서 가정한 F_S=2.34와 계산된 $F_S = 2.34 = 2.34$가 서로 같으므로 이 사면의 안전율은 약 2.34이다.

4) 절편법 사용 시 주의점

절편법은 현재까지 개발된 사면안정 해석법 중에서 가장 믿을 만한 방법이지만 다음과 같은 문제점을 가지고 있다.

(1) 일반적인 절편법(OMS)에 내포된 문제

그림 5.16에서 다음과 같은 관계가 성립한다.

$$W = bz\gamma \tag{5.84}$$

$$l = \frac{b}{\cos\theta} \tag{5.85}$$

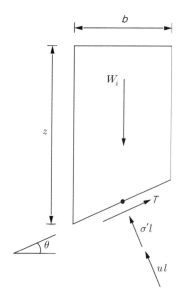

그림 5.16 절편에 작용하는 힘

절편바닥에서 수직인 방향에서 힘의 평형을 고려하면 즉,

$$\sum F_{\perp base} = 0 \tag{5.86}$$

다음 식이 성립한다.

$$\sigma'l + ul - W\cos\theta = 0 \tag{5.87}$$

식 (5.87)로부터

$$\sigma' = \frac{W\cos\theta}{l} - \frac{ul}{l} \tag{5.88}$$

$$\sigma' = \frac{bz\gamma\cos\theta}{b/\cos\theta} - u \tag{5.89}$$

$$\sigma' = \gamma z \cos^2\theta - u \qquad (5.90)$$

을 얻을 수 있다. 간극수압비 r_u를 다음과 같이 정의하면

$$r_u = \frac{u}{\gamma z}$$

식 (5.90)은 다음과 같이 나타낼 수 있다.

$$\frac{\sigma'}{\gamma z} = \cos^2\theta - r_u \qquad (5.91)$$

식 (5.91)은 θ값에 따라 r_u값이 특정값 이상이면 σ'값이 음수가 될 수도 있음을 의미한다. 표 5.10에서 보는 것처럼 θ값이 커지면 r_u값이 조금만 커져도 σ'값이 음수가 되어 그림 5.17에서 보는 것과 같이 절편바닥에 저항력이 아닌 활동력이 작용하는 것으로 계산된다. 이것은 ϕ값이 0보다 큰 경우 계산결과가 보수적임을 의미한다.

표 5.10 인장력을 일으키기 위한 간극수압계수값

θ	r_u to cause tension
80°	>0.03
60°	>0.25
40°	>0.59
20°	>0.88

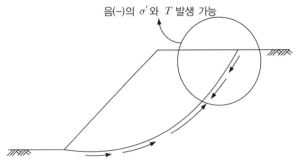

음(-)의 σ'와 T 발생 가능

그림 5.17 음(-)의 저항력 발생

절편바닥에 작용하는 저항력은 식 (5.92)와 같이 표현되며,

$$T = \frac{c'l + \sigma' l\tan\phi'}{F} \tag{5.92}$$

식 (5.92)를 이용하여 안전율을 계산할 때 다음과 같이 3가지 방법으로 계산할 수 있다.

1) 부호에 관계없이 모든 T를 더하는 경우 → 가장 작은 F 산정
2) $\sigma' > 0$인 것만 T를 더하는 경우
3) $T > 0$인 것만 더하는 경우 → 가장 큰 F 산정

(2) Bishop 방법에 내포된 문제

절편의 바닥경사각 θ는 양(+)의 값과 음(−)의 값 모두를 가질 수 있는데, θ값에 따라 Bishop 방법에서 안전율을 구할 때 사용되는 식 (5.78)의 M_i값에 포함된 항인 $1 + (\tan\theta\tan\phi/F)$ 값은 0이나 음(−)의 값이 될 수 있다. 이 항이 0에 가까워지면 $1/M_i$이 ∞ 가 되면서 안전율 계산결과가 비현실적인 값을 주게 된다. Bishop 방법뿐만 아니라 모든 절편법은 유사한 문제를 가지고 있는 것으로 알려져 있으며, 타당한 계산결과를 얻기 위해서는 그림 5.18과 같은 조건의 활동면이 그려져야 한다.

표 5.11 θ값에 따른 $\dfrac{1}{M_i}$의 값의 변화

$\dfrac{\tan\phi'}{F}$	θ	$\dfrac{1}{M_i}$	θ	$\dfrac{1}{M_i}$
0	45°	1.4	−90°	∞
	65°	2.4	−45°	1.4
	85°	11.5	−25°	1.1
	90°	∞	−5°	1.0
1.0	45°	0.71	−45.01°	−∞
	65°	0.75	−44.99°	+∞
	85°	0.92	−25°	2.1
			−5°	1.1

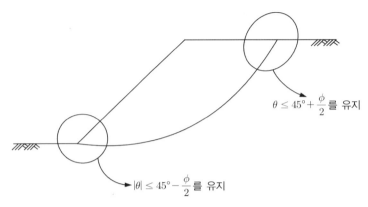

$\theta \leq 45° + \dfrac{\phi}{2}$ 를 유지

$|\theta| \leq 45° - \dfrac{\phi}{2}$ 를 유지

그림 5.18 절편법에서 타당한 결과를 얻기 위한 활동면 조건

5) 절편법 정리

여러 가지 절편법에 대한 특징을 요약 정리하면 표 5.12와 같다. Duncan(1992)에 의하면 모든 절편법으로 구한 안전율의 최대값과 최소값의 차이는 12%를 넘지 않는다고 한다. 현재까지 절편법에 대하여 연구된 내용을 추려서 정리하면 다음과 같다.

- 모든 평형조건을 만족시키는 사면안정 해석법으로 구한 안전율은 정해와 약 ±5% 이내의 오차 보임
- Bishop의 간편법은 정해로 볼 수 있음(사면 선단부에서 활동면의 기울기가 대단히 급할 때에는 예외)
- Fellenius 방법은 안전율을 과소평가함

표 5.12 여러 가지 절편법

방법	파괴형상	한계평형조건			해석조건 (N=절편수)		가정	특징
		모멘트	수직력	수평력	관계식	미지수		
Ordinary Method of Slice (Fellenius, 1927)	원호	○	×	×	1	1	각 절편하단에 작용하는 법선방향의 힘은 $W\cos\theta$	• 안전율이 비교적 작음 • 높은 간극수압을 가진 완만한 비탈면에 대해서는 부정확
Bishop's Simplified Method (Bishop, 1955)	원호	○	○	×	$N+1$	$N+1$	측면방향힘은 수평	비교적 정확

표 5.12 여러 가지 절편법(계속)

방법	파괴형상	한계평형조건			해석조건 (N=절편수)		가정	특징
		모멘트	수직력	수평력	관계식	미지수		
Janbu's Simplified Method (Janbu, 1968)	모든 파괴 형상	×	○	○	$2N$	$2N$	측면방향힘은 수평하며, 각 절편 마다 동일	모든 평형조건을 만족 시키는 경우보다 작은 안전율을 보임
Modified Swedish Method (U.S. Army Corps of Engineers, 1970)	모든 파괴 형상	×	○	○	$2N$	$2N$	• 측면방향 힘의 기울기는 비탈면기울기와 같음 • 크기는 절편마다 동일	모든 평형조건을 만족 시키는 경우보다 높은 안전율 보임
Lowe and Karafiath's Method (Lowe and Karafiath, 1960)	모든 파괴 형상	×	○	○	$2N$	$2N$	• 측면방향 힘의 기 울기는 비탈면과 파괴면기울기의 평균과 같음 • 크기는 절편마다 다름	
Janbu's Generalized Procedure of Slices (Janbu, 1968)	모든 파괴 형상	○	○	○	$3N$	$3N$	절편축력은 수평 방향	• 정확한 방법 • 수치상의 수렴이 이 루어지지 않는 경우 자주 발생
Spencer's Method (Spencer 1967)	모든 파괴 형상	○	○	○	$3N$	$3N$	X/E는 모든 절편 에 대해 일정	
Morgenstern and Price's Method (Morgenstern and Price, 1965)	모든 파괴 형상	○	○	○	$3N$	$3N$	$X/E = \lambda f(X)$	

- 여러 한계평형방법들과 그 방법들이 제안한 가정에 의해서 결과 값이 조금씩 상이함
- 전단 및 수직 절편력과의 관계를 표현하는 λ값과 안전율과의 그래프를 통해 적용방법의 적정성을 판단
- $\lambda = 0$: 절편 사이에 전단력이 작용하지 않음
- $\lambda \neq 0$: 절편 사이에 작용하는 전단력이 존재함
- 모멘트 평형에만 근거를 둔 방법은 비교적 절편력의 영향을 적게 받는 반면, 힘 평형에만

근거를 둔 방법은 절편력의 영향을 많이 받음

• 집중하중이나 앵커하중이 작용하는 경우와 같이 모멘트 평형에만 근거를 둔 방법이 절편력에 크게 영향을 받는 경우도 존재

• 모멘트와 힘을 동시에 고려한 방법이 절편력에 영향을 가장 적게 받음

• 전응력 해석법(r_u=0)은 실용상 허용범위 내에 있지만, 유효응력 해석법은 간극수압비가 큰 경우 큰 오차를 유발하므로 Fellenius 방법은 전응력 해석법에 적용, 유효응력 해석법에는 부적합

• 전응력 해석방법에서 원호활동면에 대해 모멘트 평형을 만족시키는 방법은 모두 정해를 산정

5.3 사면안정 대책공법

5.3.1 개 요

사면이 역학적인 안정상태를 유지하기 위해서는 사면의 붕괴요인을 분석하고 붕괴요인을 제거하여 한다. 비록 현재의 사면이 역학적으로 안정한 것으로 판단되는 경우에도 잠재적인 불안정 요인이 존재한다면 사면은 역학적으로 안정적인 상태를 유지하기 어렵다. 또한 1장에서 언급한 사면의 불안정 요인(Varnes, 1978) 중 직접적인 요인과 간적접인 요인이 복합적으로 존재할 경우 사면은 쉽게 붕괴될 것이다.

사면안정 대책공법은 잠재적인 붕괴요인 또는 이미 발현된 붕괴요인으로부터 사면이 역학적인 안정상태를 영구적으로 유지할 수 있도록 하는 것이 목적이다. 사면안정 대책공법을 선정하기 위해서는 예상되거나 이미 발생된 사면의 붕괴형태와 원인을 이해하여야 한다. 지반의 구성, 지질구조, 지반파괴 영역, 지하수위의 변동 및 지하수의 이동, 시간 경과에 따른 지반의 강도저하 등을 면밀히 조사하여야 붕괴원인 및 붕괴형태를 파악하고 예측할 수 있다. 그러나 사면의 붕괴원인을 조사하고 찾는 것은 어려운 일이고 정확하지 않을 수 있으며, 최종적으로 조사된 붕괴원인은 붕괴과정에서 최종적으로 작용한 붕괴요인일 경우도 있다.

5.3.2 사면안정 대책공법의 분류

사면안정 대책공법은 이미 안전율을 확보하고 있는 경우에는 잠재적인 붕괴요인에 의하여 감소될 수 있는 안전율을 유지하는 공법과, 안전율이 확보되지 않은 경우에는 사면의 활동을 억지하는 안전율 증가 공법으로 구분할 수 있다. 사면 안전율을 유지하는 공법은 사면 보호공법으로 안전율을 증가시키는 공법을 사면 안정공법으로 구분하기도 한다. 또한 낙석과 같이 예측이 어렵고 모든 비탈면에 대책공법을 적용하는 것이 곤란한 경우에 발생한 낙석에 의한 재해를 최소화하기 위한 낙석대책공법이 있다.

1) 사면안정공법

사면 안전율을 증가시키는 대책공법은 굴착 및 배수 시스템에 의하여 사면의 활동력을 감소시켜 사면의 활동을 억제(抑制)하는 방법과 활동 저항력을 증가시켜 사면 활동을 억지(抑止)하는 방법(사면보강공법)으로 구분할 수 있다. 활동 저항력을 증가시키는 방법은 다음과 같다.

① 배수에 의한 지반의 전단강도를 증가시키는 방법
② 옹벽 등과 같은 지지 구조물을 설치하는 방법
③ 네일, 앵커 등과 같이 현장 지반을 보강을 하는 방법
④ 그라우팅 또는 화학적인 처리를 통하여 지반의 전단강도를 증가시키는 방법

표 5.13 사면안정공법의 종류

구분	저항력 증가(사면보강공법)	활동력 감소
종류	• Rock Bolt 공법 • Anchor 공법 • Soil Nailing 공법 • 억지말뚝공법 • 옹벽공법	• 지표수 배수공법 • 지하수 배수공법 • 지하수 차단공법 • 압성토 공법 • 사면경사조정공법

표 5.14 주요 사면안정공법의 특징

공법 종류		공법 개요	적용성
저항력 증가	억지 말뚝	• 활동토괴를 관통하여 말뚝을 지지층까지 일렬로 설치 → 비탈면의 활동하중을 말뚝의 수평하중으로 기반암에 전달 • 말뚝과 주변 지반 사이의 상호작용에 의해서 지지력이 결정되며 여타 억지공법과 같이 이용	• 강관말뚝의 사용으로 공사비가 비싸며, 여타 보강공법과 병행 시 추가적 공사비 소요 • 공사비 측면상 매우 불리
	앵커 공법	고강도 강재를 앵커재로 하여 보링공 내에 삽입, 그라우트를 주입 → 앵커재를 지반에 정착시켜 앵커재 두부의 하중을 정착지반에 전달	일반적으로 사용되는 공법으로서 적용효과가 양호하며 국내 시공실적도 많으므로 적용 가능
	Soil Nailing	인장응력, 전단응력 및 휨 모멘트에 저항할 수 있는 보강재를 지반 내에 조밀한 간격으로 삽입 → 원지반의 전체적 전단력, 활동력을 증가	• 비탈면의 얕은파괴 우려 시 적용 • 공사비가 저렴, 시공성도 좋음
	FRP 보강공	원지반 천공후 FRP 보강재 내에 패커를 설치하여 압력에 의하여 시멘트 밀크를 주입 → 주입재에 의한 지반 고결 → 원지반의 전단강도 증대 및 Nailing 효과를 함께 얻음	• 풍화암 비탈면에도 적용 가능 • 확실한 보강효과 • 공사비 측면에서 매우 유리함
	옹벽공	• 비탈면의 선단부에 옹벽을 설치하여 안전율 증가 • 옹벽자체만으로도 안정성 확보가 어려운 경우 앵커나 수동말뚝과 같은 여타 보강공법과 병행	고가의 공사비 및 시공상 어려움이 있어 적용 곤란
	Rock Bolt	• 록볼트 설치, 그라우팅 실시 → 지반 변위 억제 • 소규모 암체의 전도파괴, Sliding에 효과적	• 공사비 다소 고가, 녹화공법적용 불리 • 전도 및 암반거동 발생방지 효과
	Tension Net	• 표면에 고장력 와이어네트를 정착, 록볼트 병행 • 볼트, 너트 응력분산 → 낙석방지 및 암반보강	• 표층부 보강효과는 뛰어나지만, 심부활동에는 미비 • 암반의 표층부 낙석 예상구간에 효과적
활동력 감소	압성 토공법	• 비탈면의 선단부에 토사 쌓기 • 연약지반상 쌓기 시에 많이 적용, 산지에 위치한 비탈면의 경우 접근성이나 현장용지 문제에 있어 시공성 불리	• 안정성 확보효과가 불확실 • 연약지반상에서 쌓기 시 적용성이 양호, 산지에서는 시공성 열악함
	기울기 완화	• 비탈면기울기를 완만히 조정 → 토괴의 자중 감소 • 굴착량 과다 증대 우려 • 현장 지형에 따라서 무한비탈면 발생 가능성	• 적용효과가 확실, 일반적으로 도로 깎기비탈면에서 흔히 적용 • 깎기량 과다발생 → 자연훼손
	깎기공	• 활동토괴 중 일부를 제거하여 활동력 저감 • 대규모 비탈면의 경우 굴착량이 과대, 경제성, 시공성 불리 → 중소규모의 비탈면에 적용	적용효과가 불확실하여 자연경관 훼손이 심각

2) 사면보호공법

사면보호공법은 잠재적인 붕괴요인에 의하여 사면의 역학적인 안정이 감소되는 것을 방지하여 현재의 안전율을 유지하는 것으로 목적으로 한다. 강우나 지표수에 의한 사면 표면의 침식작용 방지와 풍화에 의한 지반강도 감소를 방지하기 위하여 대기 중에 노출된 사면 표면을 피복하여 보호하는 방법으로 생물화학적 방법(식생에 의한 방법)과 구조물에 의하여 보호하는 방법으로 구분된다.

표 5.15 사면보호공법의 종류

구분	생물화학적 방법	구조물에 의한 보호
종류	• 평떼, 줄떼 붙임공법 • 식수공법 • 종자살포공법 • SF공법, 녹생토공법 • 표층안정공법	• 블록(돌) 붙임공법 • 콘크리트 붙임공법 • 숏크리트 공법 • 돌망태 옹벽 • 돌(블록) 쌓기 옹벽

3) 낙석대책공법

낙석은 발생 위치의 예측이 어렵고 모든 비탈면에 대책공법을 적용하는 것이 곤란한 경우가 많다. 이러한 경우 낙석이 발생할 것을 가정하고 발생한 낙석에 대한 피해를 최소화하기 위해 낙석대책공법을 적용할 수 있다. 낙석대책공법은 낙석의 운동에너지를 흡수하거나(낙석방지망, 낙석방지 울타리, 낙석방지 옹벽), 낙석의 규모가 커서 일반적인 낙석방지 시설로는 방어하지 못하는 경우에 낙석을 회피하여 기반시설물을 보호하는(피암터널) 공법이 있다.

표 5.16 낙석대책공법의 종류

구분	낙석 에너지 흡수	낙석 회피
종류	• 낙석방지망 • 낙석방지 울타리 • 낙석방지 옹벽	• 피암터널

5.3.3 앵커공법

앵커공법은 고강도의 강선 또는 강봉(앵커체)을 보오링공 내에 삽입하고 그라우팅을 실시하여 지반과 앵커체를 결속시킨 후 소정의 하중을 앵커체 두부에 작용시켜 사면의 역학적 안정성을 확보하는 공법으로 사용목적 및 기간에 따라 가설앵커와 영구앵커로 구분할 수 있으며, 지반 정착방식에 따라 마찰형 앵커, 지압형 앵커, 복합형 앵커 등으로 구분할 수 있다. 앵커공법은 사면의 변형을 감소시키는 특징이 있으며 흙막이 벽체, 사면안정, 옹벽의 전도방지 및 구조물의 부상방지 등의 목적으로 광범위하게 사용된다.

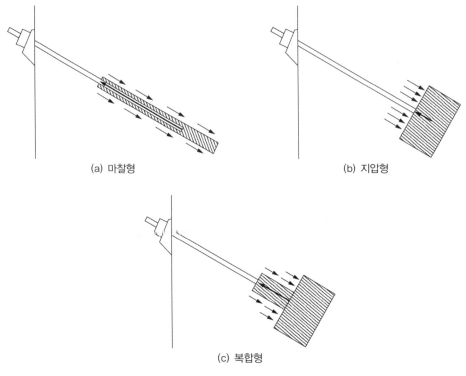

(a) 마찰형　　　　　　　　　(b) 지압형

(c) 복합형

그림 5.19 정착형식에 따른 앵커 분류

1) 앵커의 구조

앵커는 두부, 자유장, 정착장으로 구분된다. 앵커의 두부는 장착구, 지압판, 대좌 및 구조물로 구성되는 복합구조물이며, 앵커체에 작용하는 긴장력을 지표면 또는 지지구조물에 전달하는 역할을 수행한다. 정착구는 버튼, 쐐기, 너트 등의 방식이 있으며 가해지는 긴장력에 의하여 파손되지 않으며 앵커체를 정착한 이후 긴장력이 손실되어서는 안 된다. 자유장(자유길이부)은 앵커체에 작용하는 긴장력을 그라우트의 부착력에 의한 긴장력 손실 없이 정착부에 전달하는 구조체로 형성되어야 한다. 정착장은 자유장에서 전달되는 긴장력을 정착장 주변 지반의 주면마찰력에 의하여 지지해야 하며, 정착방식에 따라 그 구조가 상이하다. 정착장은 주면마찰력에 의하여 앵커의 긴장력을 충분히 지지해야 한다. 정착장의 길이가 너무 짧은 경우에는 지반 조건이 조금만 변화해도 큰 영향을 줄 수 있으며, 극한 인발 저항력이 정착장 길이와 비례하여 변화하지 않으므로 그라우트의 파괴를 유발하지 않는 적정한 길이를 적용하여야 한다.

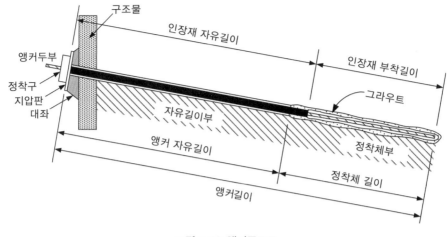

그림 5.20 앵커구조도

2) 앵커공법의 시공

(1) 앵커 제작

앵커의 제작은 공장에 제작되어 현장에 반입되는 경우가 대부분이나 일부 가설용 앵커는 현장에서 조립하는 경우도 있다. 제작된 앵커체는 긴장재의 적정성, 자유장 및 정착장의 길이, 방청 및 피복상태 등을 확인하여 사용한다.

(2) 천공

천공은 천공경, 천공깊이, 천공각도 등에 유의하여 실시하여야 하며, 천공 시 배출되는 슬라임을 관찰하여 지층변화를 면밀히 파악하여야 한다. 슬라임 관찰결과 정착지반이 설계와 상의한 경우에는 이를 반영하여야 한다.

(3) 앵커체 설치

앵커체를 천공 홀에 설치할 때에는 앵커체 삽입 시 발생할 수 있는 천공 홀 훼손에 주의하여야 하며, 앵커체를 피복하고 있는 시스(sheath)가 손상되지 않도록 주의하여야 한다.

(4) 그라우팅

그라우팅은 천공경과 앵커체 간의 공간을 그라우트로 충진하여 앵커체 두부에 작용하는 긴장력을 정착지반에 전달하는 것과 동시에 정착지반의 개량을 목적으로 한다. 그라우트의 강도, 내구성 및 유동성 등은 물과 시멘트 비와 관계가 있으며 보통 시멘트 반죽인 경우에 물과 시멘트 비(W/C)가 40~50% 정도인 것을 사용한다. 또한 시공성을 손상시키지 않는 범위라면 물과 시멘트 비는 작은 편이 그라우트의 품질은 높아지기 때문에 유동화제나 감수제 등의 혼화제를 사용할 수 있다.

그라우트의 주입방식은 정착지반이 균열 및 파쇄가 발달하지 않은 암반에서는 무압식 주입 방법을 사용하며, 정착지반이 불량한 경우에는 가압 주입방법을 적용한다. 가압 주입방법은 느슨한 주변 지반에 그라우트가 침투되거나 또는 주입압력($10kg/cm^2$ 또는 $20kg/cm^2$)에 의한 유효경 확대에 의하여 주변 지반을 개량시켜 정착지반의 주면마찰력을 향상시킨다.

(5) 긴장 및 정착

그라우트의 압축강도가 소요 강도에 도달한 경우 긴장력을 앵커재 두부에 가한다. 앵커의 정착부는 장기적으로 강도를 유지하여야 하므로 소요 강도 이하에서는 정착부 그라우트의 균열 및 크리프(creep) 파괴가 발생할 수 있으므로 주의하여야 한다.

정착구는 앵커의 소요 응력을 구조체에 직접 작용하도록 하는 요소로 정착방식은 쐐기 정착 방식, 너트 정착방식, 쐐기너트 병용방식 등이 있으며, 앵커에 가하는 초기 긴장력에 파손되지 않고, 앵커를 정착한 이후로 긴장력이 소실되지 않은 구조가 필요하다.

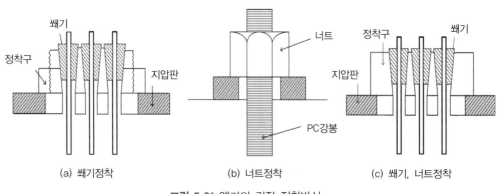

(a) 쐐기정착   (b) 너트정착   (c) 쐐기, 너트정착

그림 5.21 앵커의 긴장 정착방식

(6) 지압판

지압판은 앵커의 긴장력이 비탈면 표면의 지반에 고르게 전달되도록 앵커두부에 설치하는 구조물로서 비탈면 표면과 밀착되어야 하며, 긴장력을 충분히 견딜 수 있도록 설계한다. 특히 앵커의 파손은 주로 지압판의 파손에 의해 발생하므로 앵커설계 시에는 비탈면 전체의 안정성 뿐만 아니라 지압판의 설계에도 신중을 기해야 한다. 지압판은 격자블록 형태와 판구조 형태로

나눌 수 있으며, 격자블록으로는 현장타설 콘크리트 격자블록, 뿜어붙이기 격자블록이 있고, 판구조에는 독립지압판과 연속지압판 등이 있다.

5.3.4 쏘일네일링공법

1972년 프랑스 철도공사에 최초로 적용된 쏘일네일링(Soil Nailing)공법은 네일(nail)을 프리스트레싱 없이 비교적 촘촘한 간격으로 원지반에 삽입하여, 원지반의 전체적인 전단저항력(네일의 인장응력, 전단응력, 그리고 휨 모멘트에 의한 저항)을 증대시켜 공사도중 및 완료 후에 예상되는 지반의 변위를 억제 및 사면의 역학적 안정성을 확보하는 공법이다.

쏘일네일링공법의 주된 구조적 요소는, 원지반(in-situ ground), 저항력을 발휘하는 네일(nail), 그리고 전면판(shotcrete facing, concrete 또는 steel panel) 등이다.

쏘일네일링공법이 굴착지보 대체 구조물로 적용되는 경우, 다른 공법들(중량 콘크리트 벽체, 엄지말뚝 벽체, 현장타설 슬러리 벽체 등)과 비교할 때, 몇 가지 상대적인 장점(저렴한 공사비, 경량의 시공장비, 현장여건 및 지반 조건의 적응성, 유연성 등)을 지니고 있으며, 지진 등 동적하중의 경우에도 과다한 변위 없이 저항능력을 충분히 발휘하는 것으로 알려져 있다.

쏘일네일링공법은 지하수위가 없는 지반 또는 지하수위 저하에 의해 안정화된 지반에 제한적으로 사용하여야 하며, 점성토 지반에 사용 시 크리프(creep)의 영향에 세심한 주의가 필요하다. 또한, 겉보기 점착력이 거의 없는 사질토지반에서는 연직굴착 시 자립하지 못하여 적용하기 어렵다.

1) 쏘일네일링공법의 종류

가장 일반적인 네일 설치방법은 천공 후 네일을 삽입하고 그라우팅하는 것이지만, 종종 천공 시 케이싱을 설치하고 네일을 삽입한 후 그라우팅을 하기도 한다. 프랑스에서는 천공 후 그라우팅을 하는 방법 외에도 그라우팅을 하지 않고 간격을 조밀하게 하면서 진동 타입을 하는 방법(jet nail)도 많이 사용하고 있으며, 영국 및 미국에서는 에어건(air gun)을 이용하여 네일을 삽입하는 방법(driven nail)을 사용하기도 한다.

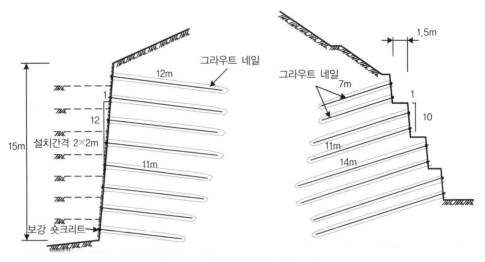

그림 5.22 쏘일네일링공법 시공사례

(1) 타입식 네일(Driven nail)

배면 지반을 미리 천공하지 않고 vibro percussion penumatic, hydraulic hammer 또는 air gun을 이용하여 네일을 원지반에 타입하는 시공방법이다. 이 방법은 시공속도가 빨라 긴급 보수공사에 적합한 반면 전석층이나 자갈층이 있는 경우 작업이 곤란하며 네일 설치 길이에 제한이 있다.

(2) 그라우팅 네일(Grouted nail)

네일을 미리 천공한 구멍에 삽입한 후 중력 또는 압력 그라우팅을 실시하여 지반과 네일이 일체가 되도록 하는 공법이다. 중력 그라우팅을 실시하는 시공방법이 일반적으로 사용되는 쏘일네일링공법이나 지반과 네일을 일체화시키기 위하여 3~6회의 중력 그라우팅을 실시하기도 한다. 최근에는 유효경 확대 등에 의하여 합성 보강재의 전단 저항력과 인발 저항력 증가시킬 수 있는 다양한 압력 그라우팅 시공기법을 이용한 쏘일네일링공법이 개발되어 적용되고 있다.

(3) 제트 그라우팅 네일(Jet-grouted nail)

제트 그라우팅 네일은 강봉과 그라우팅된 주변 지반으로 이루어진 복합체로서, 30~40cm 정도의 두께를 갖는다. 진동 타입(vibro-percussion driving)과 고압의 제트 그라우팅 (20MPa 이상)으로 이루어진 이 공법은 Louis(1986)에 의하여 개발되었다. 네일은 고주파수 (70Hz 이상)의 진동 퍼쿠션 해머로 지반 내에 타입되며, 시멘트 제트 그라우팅이 이루어진다.

네일의 부식을 방지하기 위하여 강재 관이 네일 외부에 설치된다. 제트 그라우팅을 통하여 다짐효과와 주변 지반의 강도 증진, 네일 유효경의 증가와 이에 따른 인발 저항력 증가 등의 효과를 얻을 수 있다.

(4) 부식방지 네일(Corrosion-protected nail)

부식방지 네일은 영구구조물로의 사용을 목적으로 최근 개발되었는데, 기존의 강철봉을 부식으로부터 보호하는 방법과 네일의 재질을 부식이 일어나지 않는 FRP(Fiber Reinforced Plastics)로 대체하는 방법이 있다. 강철봉을 물의 침투로부터 보호하기 위해서 플라스틱으로 만들어진 케이싱 내에 강철봉을 삽입한 후에 그라우팅 처리하는 방법이 사용되고 있다.

2) 쏘일네일링공법의 시공

(1) 지반굴착

쏘일네일링공법 시공에서 굴착면은 본체 구조물로 이용되는 경우가 많으므로 정확한 위치와 형상으로 굴착할 필요가 있으며, 토질에 따라 지반이 자립할 수 있는 굴착 깊이, 그라우트나 콘크리트 뿜어붙이기 시공 시 양생기간 등을 고려하여 굴착 깊이 및 다음 단계의 굴착 시기 등을 결정하여야 한다.

지반 조건에 따라 다르지만 일반적으로 토사지반에서 단계별 연직굴착 깊이는 최대 2m로 제한하고 그 상태로 최소한 1~2일간 자립성을 유지할 수 있는 범위에서 굴착 깊이를 유지할 수 있어야 한다. 지층 중간에 대수층이나 점착력이 없는 사질층이 있거나 연약한 지층이 있어 자립이 곤란할 경우에는 미리 보강재를 삽입하거나 턱(berm)을 두는 방법, 기성 패널을 이용하는 방법 등을 사용하는 것이 효과적이다.

(2) 천공

주위의 지하매설물, 건물 등의 시설물을 충분히 조사한 후 현장조건에 맞는 천공 장비를 선택하여 천공하여야 한다. 통상 압축공기를 이용하는 드릴을 사용하는 것이 효과적이나 점성토지반이나 느슨한 매립토 지반의 경우 유압식 드릴을 사용하여야 한다.

천공은 설계도서에 표시된 위치, 천공지름, 길이 및 방향에 따르도록 하여야 하며, 천공된 구멍은 최소한 나공 상태로 수 시간은 유지될 수 있어야 한다. 공벽이 유지되지 않을 경우 케이싱을 사용하여야 한다.

(3) 네일 삽입

네일은 소정의 위치까지 정확히 삽입하고 그라우트가 정착될 때까지 이동되지 않도록 주의하여야 한다. 네일은 이음매가 없이 한 본을 그대로 사용하는 것이 좋지만 삽입 길이가 길어 어쩔 수 없이 연결해야 하는 경우에는 커플러를 사용하여 연결해야 하며, 용접으로 연결할 경우에는 강재의 성질이 변화되지 않는 특수 접합 용접을 하여야 한다. 커플러를 사용할 때에도 커플러 연결을 위한 가공나사 제작 시 연결부 네일강재 단면이 줄어들지 않도록 하여야 한다.

네일은 삽입 시에 천공장의 중앙에 위치하도록 하기 위하여 간격재(spacer)를 사용하여야 하며, 간격재는 PVC 파이프를 천공경에 맞게 변형하거나 전용 간격재를 사용하여야 한다. 간격재는 매 1.5m~2m마다 설치해야 한다.

(4) 그라우팅

네일을 설치하고 무압으로 시멘트 밀크를 공의 내부로 그라우팅하며 케이싱을 설치한 경우 케이싱을 회수하고자 할 때에는 그라우팅이 끝난 후 완전히 굳기 전에 공벽이 무너지지 않도록 하면서 케이싱을 제거하여야 한다. 압력 그라우팅을 실시하는 경우 원지반의 할렬 등을 고려하여 적절한 범위 내에서 제한되어야 한다.

그라우팅은 공 내부를 완전히 충진하도록 하여야 하며 그라우트재가 주변 지반에 침투되는 정도에 따라 수차례 실시하여야 한다. 건조한 토사지반일수록 주입 횟수를 충분히 하며, 최종적으로 공 입구부에서는 그라우팅재가 흘러넘치지 않도록 막고 주입하여야 한다. 1차 주입은 공 저부로부터 공 입구로 주입재가 흘러넘칠 때까지 실시하고 3~4시간 경과 후마다 수차례 주입을 실시해야 한다. 또한 최종 주입은 공 입구에서 흘려 넣도록 한다.

(5) 전면보호공

전면판은 지반의 절취면을 구속해주고 지반의 노출을 방지해준다. 설계상에서는 콘크리트 뿜어붙이기 역할 외에 역학적으로 자체의 강성은 고려하지 않는다. 굴착면 보호를 위한 전면보호공은 콘크리트 뿜어붙이기, 기성 패널, 현장타설 콘크리트 등을 이용할 수 있으나 가설구조물에는 일반적으로 콘크리트 뿜어붙이기가 이용되고 있다.

콘크리트 뿜어붙이기는 1차와 2차로 나누어 치기와 설계 콘크리트 뿜어붙이기 두께만큼을 한꺼번에 치는 방법이 있다. 이때에는 지압판 및 너트가 숏크리트 안에 매설되므로 2차 숏크리트를 치기 전에 띠장 역할을 하는 수평철근도 연결해주어야 한다. 한꺼번에 시공하는 방법은 그라우팅 실시 후에 굴착벽체에서 숏크리트 타설 두께 1/2의 위치에 와이어메쉬를 설치하고나서 한꺼번에 숏크리트를 분사하는 방법이다. 이때에는 숏크리트를 치고난 후에 벽체의 외부에 지압판 설치하고 볼팅작업을 실시해야 한다.

(6) 배수시설

배수시설은 계절에 따라 변하는 높은 지하수위와 예상치 못한 지하수의 흐름, 빗물의 침투 및 외부로부터의 갑작스런 물의 유입 등을 방지할 수 있어야 한다. 특히, 현장 시공 시 굴착 후 노출되는 면을 확인하여 일정 간격으로 설치토록 되어 있는 설치계획을 시공 단계에서 필요부 위에 집중하거나 필요치 않은 부위는 취소할 수 있다. 일반적인 배수시설의 종류는 다음과 같다.

① 가능한 배수시설과 연결된 물구멍
② 지표면 아래에 설치되는 구멍이 뚫린 파이프로 이루어진 배수관
③ 콘크리트 뿜어붙이기와 지반 사이에 설치되는 배수시설(유공관, 배수용 부직포, 모래나 골재 등)
④ 사면 상단부나 벽체위의 물흐름을 억제할 수 있는 시설(사면 내 표면 배수로, 사면 선단 배수로 등)

5.3.5 록볼트공법

록볼트공법은 소규모 암반블록이 있을 때 직경 25mm, 길이 6m 정도의 철봉을 안정한 암반 에 정착시키고 록볼트 전체를 그라우팅함으로써 암반의 전단강도를 증가시키는 수동보강형 공법이다. 불연속면에 의해 붕괴가 예상되는 중, 소규모의 암괴 또는 쐐기 구간을 보강하기 위해 적용된다. 층리 및 절리가 발달된 암반의 경우에는 암석 자체의 강도에 상관없이 절리의 방향성에 의해 파괴가 발생하며, 이 경우 록볼트는 암괴의 초기 변형을 억제하고 암반을 일체 화시키는 작용을 한다.

사면 보강용 록볼트는 일반적으로 인장 재료로 간주하므로 인장강도가 큰 것을 사용하는 것이 바람직하다. 또한 지반의 급격한 붕괴를 방지하기 위해서는 연성(ductility)이 큰 인장 특성을 갖는 재료를 사용하여야 한다.

1) 록볼트의 분류

록볼트는 정착방식 및 시공방법에 따라 표 5.17과 같이 분류되며, 일반적으로 시멘트 그라우 트를 이용한 전면 접착형이 주로 사용된다.

표 5.17 록볼트의 종류

정착에 의한 분류	시공방법에 의한 분류		
선단 정착형	쐐기형		
	확장형		
	선단접착형		
전면 접착형	충전형	수지형	보통 수지형
			발포 수지형
		시멘트 모르타르형	보통 포틀랜드 시멘트 그라우트형
			초조강 시멘트 그라우트형
		시멘트 페이스트형	보통 포틀랜드 시멘트 그라우트형
			초조강 시멘트 그라우트형
	주입형	삽입형	보통 시멘트 그라우트형
			급결 시멘트 그라우트형
		타입형	램 인젝션형
			얼루비얼형
		천공형	자천공형
혼합형	확대형＋시멘트 그라우트형		
	선단 정착형＋시멘트 그라우트형		
마찰형	수압팽창형		

2) 그라우트 재료

그라우트 재료는 조기 접착력이 크고, 취급이 간단하여야 하며 내구성 및 경제성이 우수해야 한다. 일반적으로 적용하는 주입재는 수지계 주입재와 시멘트계 주입재가 있다.

① 수지(resin)형 : 수지와 경화제가 혼합된 캡슐(capsule) 형태로 제공된다. 수지형 그라우트는 인발 저항력이 록볼트 보강재의 강도보다 20% 이상 커야 하며, 조기에 접착력을 발현할 수 있어야 한다.

② 시멘트(cement)형 : 시멘트계 주입재료는 시멘트 모르타르, 시멘트 페이스트, 시멘트 밀크가 있다. 주입재료는 보통포틀랜드 시멘트와 조강시멘트를 사용하며, 배합 기준은 강도보다는 시공성에 중점을 두고 결정한다. 보통포틀랜드 시멘트를 사용하는 경우에는 가급적 조기에 접착 능력을 발휘할 수 있도록 급결재를 사용한다.

5.3.6 배수공법

일반적으로 사면활동의 원인으로 가장 많이 언급되는 것은 물이며, 사면붕괴는 강우 시 또는 강우 직후 많이 발생한다. 강우로 지하수위가 상승하는 경우 간극수압의 증가와 침투력에 의하여 사면의 역학적인 안정성은 감소될 뿐만 아니라 세굴 및 침식현상도 발생할 수 있다. 지하수위를 낮게 유지할 수 있다면 경제적인 대책공법을 적용하는 것이 가능하며, 일부 경우에는 상대적으로 적은 비용으로 사면의 활동을 방지할 수 있다.

배수공법만으로 사면의 역학적인 안정성을 확보하기 위해서는 지하수로의 변화 및 배수재의 막힘 등을 검토하여 장기적으로 효과를 발현할 수 있는지를 검토하여야 한다. 일반적으로 배수공법은 사면의 역학적인 안정성을 확보하기 위한 보조공법으로 주로 적용된다.

배수공법은 지표수 배수공법과 지하수 배수공법으로 구분되며, 다음과 같은 2가지 요인에 의하여 사면의 역학적인 안정성을 확보한다.

① 토층 내부의 간극수압을 감소시켜 유효응력과 전단강도를 증가시킨다.
② 균열이 발생된 내부 수압을 감소시켜 사면 활동력을 감소시킨다.

1) 지표수 배수공법

지표수 배수공법은 사면 표면에 내린 우수와 사면 상부 자연사면에서 유입되는 지표수를 배수시키는 데 목적이 있다. 지표수 배수공법은 지표면에 물이 고이는 현상을 방지하며, 유입되는 지표수를 사면 외부로 유출시켜 지하수위와 간극수압을 경감시킨다. 침투수에 의한 사면의 역학적인 안정성 변화는 지반조사에 의하여 정확하게 파악하기 어렵기 때문에 현장 상황에 맞는 배수시설이 설치되어야 한다.

표 5.18 지표수 배수공법의 종류

구분	기능 및 특징
산마루 배수시설	자연사면에서 절토사면(깎기비탈면)으로 유입되는 지표수가 사면 표면으로 흐르는 것을 방지하기 위하여 설치되며, 사면 상단부 자연사면에 U형 및 V형 콘크리트 배수관 등을 설치한다.
비탈어깨 배수시설	성토사면(쌓기비탈면) 표면으로 유입되는 지표수가 성토사면 표면으로 흐르는 것을 방지하기 위하여 설치되며 U형, V형, L형 콘크리트 배수관을 설치한다.
비탈끝 배수시설	사면 표면으로 흐르는 지표수를 모아 배수시키는 목적으로 설치되며, 자연배수가 가능한 경우에는 설치하지 않는 경우도 있다. 사면끝 배수시설과 종 배수시설이 만나는 지점에는 집수정을 설치하여야 한다.

표 5.18 지표수 배수공법의 종류(계속)

구분	기능 및 특징
소단 배수시설	사면 표면에 흐르는 물을 비탈면 중간에서 모아 종 배수시설 및 산마루 배수시설로 배수시키기 위하여 설치하며, 사면의 규모가 작은 경우에는 설치하지 않는 경우도 있다. 일반적으로 소단의 폭이 3.0m 이상일 경우 설치한다.
종 배수시설	산마루 배수시설, 소단 배수시설 또는 지형적으로 계곡부로 지표수의 유입이 많은 경우에 유입되는 지표수를 사면 외부로 유출시키기 위하여 설치하며, 대규모 사면인 경우 소단 배수시설의 기능이 원활하게 수행될 수 있도록 연장 100m마다 설치하기도 한다.

지표수 배수공법은 산마루 배수시설, 종 배수시설, 소단 배수시설, 비탈어깨 배수시설, 비탈끝 배수시설이 있으며, 기상조건, 주변지형, 토질조건 등을 고려하여 계획하여야 하다.

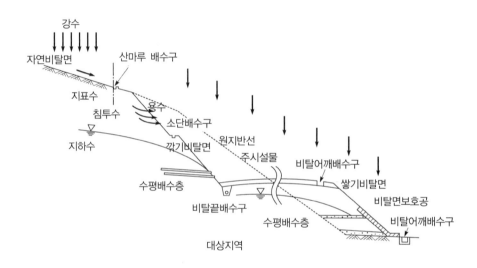

그림 5.23 비탈면 지표수 배수시설(2011, 시설안전공단)

2) 지하수 배수공법

지형적으로 지하수가 집중되는 경우 사면에서 지하수가 용출되어 토사가 유실되거나 세굴되는 현상이 발생할 수 있으며, 지하수위가 높은 경우에는 사면보호공법의 적용성이 떨어지는 경우도 있다.

지하수 배수공법은 사면을 구성하는 토층 중 투수층을 흐르는 지하수를 지표면으로 유도 배수시켜 함수비와 간극수압을 경감시켜 사면의 역학적인 안정성을 확보하는 데 목적이 있다. 지하수 배수공법은 사면붕괴를 방지하기 위한 주요 공법으로 활용되고 있으나, 배수효과의 불확실성, 장기적인 유효성, 집중 호우 시 배수능력 때문에 보조적인 공법으로 주로 사용되고 있다.

돌망태배수공	수평배수공	수평배수공 자재 SDP 다발관

그림 5.24 지하수 배수공 사진

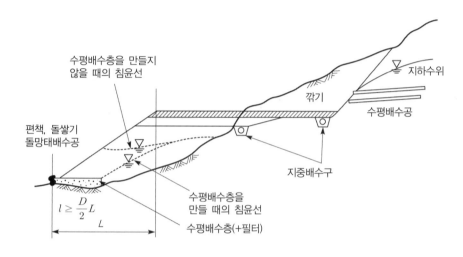

그림 5.25 지하수 배수시설(2011, 시설안전공단)

표 5.19 지하수 배수공법의 종류

구분	기능 및 특징
지하배수구(암거)	사면 내부 또는 하부에 설치하여 사면 내부로 흐르는 지하수 및 침투수를 배수시키기 위하여 설치된다. 통상 암거라고도 하며 유공관 및 배수성골재를 부직포로 싸서 설치한다. 집수량이 많고 연장이 긴 경우에는 20~30m마다 집수구 등을 설치하여 지표로 유도 배수하여 지하수의 재침투 및 구멍막힘을 방지한다.
수평배수층	쌓기토체 내부 및 원지반과 쌓기의 경계부에 설치하며, 쌓기토체 내부의 침투수 또는 원지반과 쌓기 경계부로 흐르는 지하수의 유로를 인공적으로 형성하기 위하여 설치한다. 배수성 모래 또는 자갈 등을 이용하여 설치된다.
수평배수공	깎기 사면에서 용수가 발생하는 경우 또는 기대기 옹벽, 뿜어붙이기 등의 공법을 적용할 때 지하수를 신속히 배수하기 위하여 설치한다. 수평배수공은 지하배수구 등에 의한 지하수위 저하를 기대할 수 없는 경우나 비교적 깊은 지반의 지하수를 배제하기 위하여 적용된다. 수평배수공에서 유출되는 지하수에 의하여 표면이 침식될 수 있으므로 표면에 돌망태 등에 의하여 보호하거나 지표수 배수시설까지 연장하여 유도배수를 실시하여야 한다.

표 5.19 지하수 배수공법의 종류(계속)

구분	기능 및 특징
돌망태배수공	침투압 및 강우에 의한 표면 유실을 방지하기 위하여 사용되며, 깎기 사면 용수구간 및 쌓기 사면 비탈끝에 설치된다. 용수가 많은 경우에는 지하배수구 등과 병용하며, 소규모 사면인 경우에는 지하배수구 대용으로 사용될 수 있다.
수직배수공 (집수우물)	지하수위가 높은 경우 또는 대규모 파괴 시 지하수위를 신속히 저하시키기 위하여 사면 상부 또는 중간에 설치한다. 우물 내부에는 수평배수공을 방사방향으로 설치하며, 수평배수공은 예상 파괴면을 횡단하여 효율적으로 지하수를 모아야 한다. 또한, 내부점검과 유지관리를 위한 시설이 설치되어야 한다.
배수터널	수평방향으로 터널을 굴착하고 터널 내부에 수평배수공을 설치하여 지하수를 모아 배출시킨다.

5.3.7 사면경사완화 및 압성토

1) 사면경사완화

사면의 높이를 저감시키고 경사 완화 또는 취약부를 제거함으로써 사면의 역학적인 안정성을 확보할 수 있다. 이는 활동면에 작용하는 전단응력을 감소시키고 안전율을 증가시키게 된다. 사면경사완화를 통하여 안정성을 확보하려는 경우에는 우선적으로 다음 사항을 검토해야 한다.

① 굴착을 할 수 있는 부지를 확보할 수 있는지 여부
② 시공할 수 있는 장비의 진입이 가능한지 여부

2) 압성토

압성토는 강도가 큰 흙을 다짐으로서 역학적 안정성을 확보하는 방법과 사면 하단부에 성토함으로써 활동면 선단부에 활동 저항력을 증가시켜 역학적 안정성을 확보하는 방법으로 구분된다.

5.3.8 억지말뚝공법

억지말뚝은 대규모의 활동토괴를 관통하여 부동지반까지 말뚝을 1열 또는 여러 열로 설치하여 말뚝의 수평저항력으로 비탈면의 활동력을 지지지반으로 전달시키는 공법이다. 억지말뚝은 수동말뚝(passive pile)의 대표적인 예 중 하나이며, 통상적으로 억지말뚝은 일정한 간격으로 말뚝을 설치하는 군말뚝(혹은 무리말뚝)의 형태로 시공한다.

말뚝의 설계 시에는 말뚝에 발생하는 휨 모멘트와 전단력을 고려하여 말뚝의 단면, 종류, 간격 등이 결정되며, 휨 모멘트가 큰 경우에는 말뚝머리에 앵커를 설치할 수도 있다. 말뚝의 타설 위치는 지반활동 시 압축 상태에 놓이게 되는 비탈면의 말단부 근처가 유리하다. 설치간 격은 토사가 말뚝 사이로 빠져나가는 문제를 고려해서 말뚝직경의 5~7배 이내로 하고, 말뚝 직경이 큰 경우에도 4m를 넘지 않아야 한다.

1) 억지말뚝의 종류

억지말뚝으로 사용하는 재료는 강관말뚝, H형강말뚝, 철근 콘크리트말뚝 또는 이를 복합한 종류(강관말뚝 내부에 콘크리트 채움, 강관말뚝 내부에 H강관 콘크리트로 채움)가 있으며 일 반적으로 휨강성이 큰 재료를 사용한다.

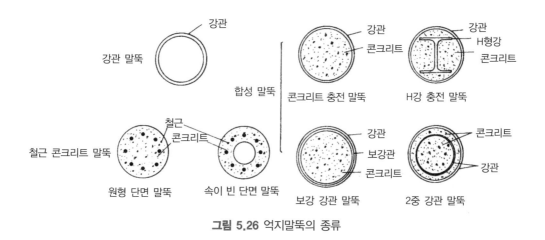

그림 5.26 억지말뚝의 종류

억지말뚝의 설치는 타입하거나 또는 천공한 후에 말뚝을 삽입하는 방식이 있으며, 이 중 주로 천공 후 삽입하는 방식이 사용된다.

2) 억지말뚝의 설계
(1) 억지말뚝의 설치기준

억지말뚝은 파괴토괴의 중간위치 및 하부에 파괴토괴의 이동방향에 직각이 되는 방향으로 열을 이루며 설치하여야 하며, 파괴토괴의 연장이 긴 경우에는 중간에 여러 열의 억지말뚝을 설치하여 안정성을 증대시킬 수 있다. 1열의 억지말뚝으로 파괴토괴의 활동력을 억제하지 못하는 경우에는 말뚝 두부를 강결시킨 2열~3열의 억지말뚝을 설치하여 일체화 거동을 유발시켜야 한다.

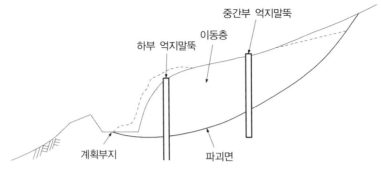

그림 5.27 억지말뚝 설치위치

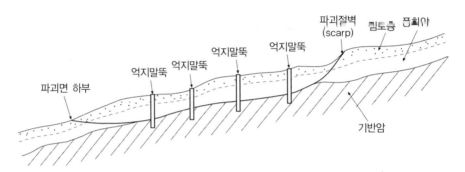

그림 5.28 억지말뚝의 다단 시공

(2) 억지말뚝보강 비탈면의 설계

억지말뚝의 안정해석은 억지말뚝 보강비탈면의 전체 안정성, 억지말뚝의 내적 안정성, 수동 파괴에 대한 안정성을 고려하여 실시한다. 억지말뚝 보강비탈면의 전체 안정성은 비탈면의 파괴형태에 따라 파괴면에서의 억지말뚝의 저항력을 고려하여 실시하되, 억지력을 말뚝의 전단저항력에 의해 발휘되는 것으로 간주하여 파괴에 저항하는 힘의 증가로 고려한다. 억지말뚝의 내적 안정성은 말뚝의 모멘트와 전단력에 대한 안정성을 검토한다. 이때, 억지말뚝 배면의 파괴토체가 횡방향 반력을 발휘하는 경우에는 파괴면에서 최대 전단력이 발생한다고 가정하고 탄성지반상의 보에 대한 탄성해를 구하여 최대 모멘트를 계산한다.

억지말뚝 배면의 파괴토체가 횡방향 반력을 발휘하지 않는 경우에는 억지말뚝을 캔틸레버로 가정하고 탄성지반상의 보에 대한 탄성해를 구하여 최대 전단력과 최대 모멘트를 계산한다. 수동파괴에 대한 안정성을 고려할 때, 억지 말뚝은 말뚝 주변 지반의 수동토압으로 저항하므로 말뚝에 작용하는 최대 전단력보다 수동토압이 크면 안정한 것으로 판단한다. 이러한 조건을 고려하여 억지말뚝으로 보강된 비탈면의 안정해석에 적용하는 안전율 기준은 다음과 같다.

표 5.20 억지말뚝 보강 비탈면의 안전율

구분	검토항목	안전율
외적 안정	억지말뚝 보강토체의 전체 안정성	쌓기 및 깎기비탈면에서 적용하는 안전율 적용
내적 안정	모멘트에 대한 안정성	2.0
	전단력에 대한 안정성	2.0
	수동파괴에 대한 안정성	2.0

5.3.9 비탈면 녹화

비탈면 녹화는 안정한 비탈면을 대상으로 하며, 비탈면의 표면보호를 위하여 시공한다. 비탈면 녹화는 비탈면 표면을 보호하기 위해 첫 번째로 고려하는 공법으로 대부분의 중·소규모 비탈면에서는 녹화공법을 적용하는 것만으로 비탈면 표면보호가 충분히 가능하며 표면이 불안정한 경우라 하더라도 구조물에 의한 표면보호공법과 병행하여 사용하면 쉽게 안정화가 가능하다.

비탈면 녹화의 목적은 비탈면 표면을 단기적으로 안정화시켜 세굴 및 유실을 방지하며, 장기적으로 비탈면을 주변경관 및 식생환경과 어울리게 만들어 훼손된 환경이 복원될 수 있도록 하고 시각적 안정감을 주는 것이다.

1) 비탈면 복원 목표 및 적용기준

비탈면의 복원 목표는 녹화지역과 생태자연도 등급에 따라 일반복원형과 자연경관복원형으로 나누며, 일반복원형은 다시 초본위주형, 초본·관목혼합형, 목본군락형 등으로 구분한다. 우리나라 국토는 생태자연도 1등급, 2등급, 3등급, 별도 관리지역 및 등급 외 지역으로 구분되는데, 이러한 생태자연도 등급에 따라 비탈면 복원목표를 다르게 적용한다.

식생이 부적절한 토질조건이나 지표면이 장기적으로 불안해질 가능성이 있는 경우에는 구조물에 의한 비탈면 보호공법을 적용하며, 깎기비탈면이 장기적으로 안정하고 풍화 내구성이 강한 연암 또는 경암으로 이루어진 경우는 녹화공법을 적용하지 않을 수도 있다. 이때 식생이 부적절한 토질조건은 다음과 같은 경우가 있다.

① 산성토양으로서 식생의 생육이 적합하지 않은 토양
② 비탈면 표층부가 불안정하여 유실이 쉬운 토질조건
③ 비탈면 표층부의 경도가 높아 식물의 생육하지 못하는 토양

④ 연·경암 조건의 암반

⑤ 기상(기온, 강우, 일조량, 동결심도 등)이 취약한 곳

2) 녹화공법의 설계

녹화공법은 비탈면 경사, 지반 조건, 지반 경도 및 토양 산습도, 녹화보조공법 필요 여부 등의
조사결과를 토대로 비탈면의 조건과 식생의 적합성을 검토하여 그림 5.29와 같이 선정한다.

침식 및 세굴의 우려가 높고 swelling, slaking 현상 등을 유발하여 자연적으로 식생이 생육
하기 어려운 지반이나 산성배수를 유발하는 암과 같이 특수한 지반의 경우 전문가의 자문을
받아 비탈면 안정을 우선 도모하거나 코팅, 중화 처리에 의하여 산성배수를 저감시킨 후 적절
한 녹화공법을 선정하여야 한다.

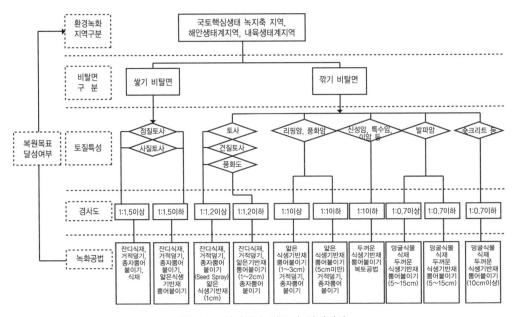

그림 5.29 비탈면 녹화공법 선정절차

5.3.10 낙석방지 울타리

낙석방지 울타리는 낙석방지 울타리를 구성하는 부재가 일체가 되어 낙석의 에너지를 흡수
하는 것으로 비교적 소규모의 낙석을 방지하는 데 효과적이다. 일반적으로 낙석이 예상되는
비탈면의 최하단에 설치하며 예상되는 낙하속도나 낙하에너지가 큰 경우에는 비탈면 내에 추
가적으로 낙석방지 울타리를 설치하여 낙석의 운동에너지가 단계적으로 흡수되도록 한다. 국

내에서는 낙석방지 울타리를 기초 콘크리트에 단독으로 설치하거나 다른 구조물, 옹벽 등의 상부에 설치하는 경우가 많으며, H형강을 지주로 와이어로프와 철망을 부착시키는 형식이 주로 사용되고 있다.

1) 낙석방지 울타리 설치위치와 높이

낙석이 튀는 높이가 낙석방지 울타리의 높이보다 높을 경우나 낙석에너지가 울타리의 흡수 가능에너지보다 클 경우 낙석방지 울타리의 이격거리를 적절하게 조절함으로써 낙석방지 울타리의 기능을 증대시킬 수 있다. 국내의 비탈면과 낙석의 특성을 고려할 때 최소한 이격거리가 0.96m 이상 확보되어야 한다. 만일 0.96m 이상의 이격거리를 확보하기 어려운 경우에는 낙석방지망을 함께 사용하여 낙석이 낙석방지 울타리를 넘어 도로에 떨어지는 것을 막을 수 있다.

낙석이 튀는 높이는 비탈면의 요철이 큰 경우를 제외하고 일반적으로 그림 5.30과 같이 2m 이하이다. 따라서 튀는 높이 $h_1=2$m로 하고, 최저울타리 높이는 그림 5.30 (b), (c)와 같이 $(2\sec\theta - d)$m로 한다. 이때, d는 기초 높이이다. 단, 그림 5.30 (d)와 같이 비탈면 경사가 비탈면 도중에서 변화하는 경우 또는 비탈면의 굴곡이 큰 경우 등에는 낙석이 낙석방지 울타리를 뛰어 넘을 가능성이 있으므로 설치위치, 울타리 높이 설정에 주의가 필요하다.

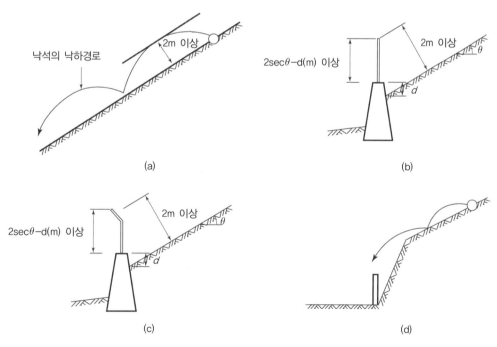

그림 5.30 낙석방지 울타리 위치 선정 시 고려사항

특히, 국내 비탈면의 경우 발파에 의해 비탈면의 절취가 이루어지고 있어 비탈면의 굴곡이 매우 큰 편이므로 비탈면의 굴곡에 따라서는 4 ~ 5m까지 낙석의 튀는 높이가 증가할 가능성이 높다. 따라서 이 경우 h_1를 적절하게 조정하여야 한다.

2) 낙석방지 울타리의 설계

낙석방지 울타리는 울타리 설치위치에서의 낙석에너지와 낙석방지 울타리의 흡수가능에너지를 계산하고 이 두 에너지를 비교하여 낙석방지 울타리의 흡수가능에너지가 낙석에너지보다 크도록 설계한다. 낙석방지 울타리의 설계 흐름도는 그림 5.31과 같다.

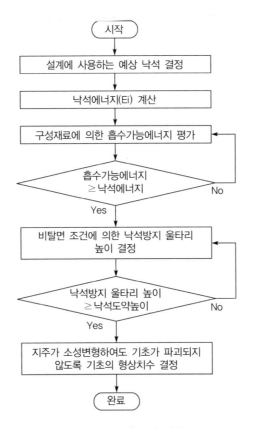

그림 5.31 낙석방지 울타리 설계 흐름도

낙석방지 울타리 하부를 지지하기 위한 기초는 콘크리트 옹벽 등을 사용할 수 있으며, 낙석방지 울타리가 낙석에너지를 흡수할 수 있도록 충분히 안정하도록 설계한다. 낙석방지 울타리의 흡수가능에너지는 낙석방지 울타리를 구성하는 각각의 부재의 최소 흡수에너지의 합으로 계산하며, 표준형의 낙석방지 울타리가 아닌 경우에는 정확한 흡수가능에너지를 평가하기 위하여 실물 성능평가시험을 실시하기도 한다.

5.3.11 피암터널

피암터널은 도로 및 철도 시설물 등의 상부에 구조물을 설치하여 낙석, 토사 및 암반붕괴로부터 방호하는 시설로 노선 및 선로 등의 측면에 여유가 없고 낙석 등의 발생이 빈번한 급경사 비탈면에 설치한다.

1) 피암터널의 형식

상부구조는 구조부재의 종류에 따라 RC, PC, 강재 및 혼합형 등이 있고, 단면의 형식에 따라 아치형, 문형, 박스형, 역 L형 및 캔틸레버형 등으로 분류된다. 기초로 채용되는 형식에는 직접기초 및 말뚝기초가 있다.

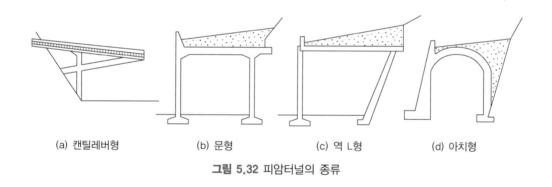

(a) 캔틸레버형   (b) 문형   (c) 역 L형   (d) 아치형

그림 5.32 피암터널의 종류

2) 낙석 충격력 및 완충재

피암터널의 설계에서 고려하는 하중은 충격력, 사하중 및 토압, 설하중, 온도변화 및 건조수축 영향, 지진 등이 있다. 여기서 피암터널에 작용하는 충격력은 낙석이 터널 상부구조 바로 위에 떨어지는 경우와 측벽에서 5m 이내에 떨어지는 경우로 구분하여 산정한다. 낙석의 낙하 높이는 낙석이 직접 피암터널에 떨어지는 경우에 낙차 H를 그대로 적용하고, 비탈면 경사가 완만한 낙석의 낙하 높이는 비탈면의 경사 및 마찰계수를 고려하여 환산 낙하 높이를 적용한다. 또한 낙석이 상부구조 바로 위에 떨어지는 경우는 모래 완충재가 있는 상태로 가정하여 충격력을 산정하고, 낙석이 피암터널 측벽에서 5m 이내에 낙하하는 경우에는 탄성이론으로

측벽에 작용하는 충격토압을 계산한다.

피암터널의 상부에는 낙석 충격을 완화하고 분산시키는 목적으로 완충재를 설치한다. 완충재로는 모래나 발포폴리스티렌(EPS; Expanded Poly-Styrene)을 단독으로 사용하는 것이 일반적이지만, 고무 재질의 폐타이어를 사용하거나 모래층, RC 상판 및 EPS의 3층 구조를 사용하는 경우도 있다.

3) 피암터널의 설계

피암터널을 설계할 때에는 피암터널이 설치되는 지반의 안정 검토와 피암터널 자체의 구조적인 안정 검토를 수행한다.

이때 피암터널의 안정 검토는 피암터널이 실치되는 시형과 시반 조건에 따라 기초지반의 지지력과 침하, 횡방향 활동 그리고 경사진 지반을 깎아서 피암터널을 설치하는 경우는 전체적인 외적 안정 검토를 실시한다. 피암터널 자체의 구조적인 안정 검토에서는 낙석의 규모 및 낙하 높이, 피암터널 상부의 충격완화 구조를 고려하여 구조물에 예상되는 충격하중을 산정하고, 충격하중에 따른 피암터널 단면에 대한 구조해석을 실시하여 부재를 설계한다.

5장 연습문제

1. 경사각이 12°인 과압밀 점토로 이루어진 무한사면이 있다. 활동파괴가 지표아래 5m 지점에 지표면과 평행으로 발생할 때 활동파괴에 대한 안전율을 산정하시오. 단, 지하수위는 지표면 아래 3m에 위치하며, 점토의 습윤 및 포화단위중량은 각각 17.6kN/m³, 19.6kN/m³이고, 흙의 전단강도 정수는 각각 c=10kPa, ϕ=25°이다.

2. γ_{sat}=19.6kN/m³인 사질토가 20°로 경사진 반무한 사면이 있다. 지하수위가 지표면에 위치하고 지표면과 평행하게 침투가 발생하는 경우에 이 사면이 안정하기 위해서는 흙의 내부마찰각이 최소 몇 도 이상이 되어야 하는지 구하시오.

3. 그림과 같이 경사각 β==40°로 사면높이 8m가 되도록 단위중량 γ=17.6kN/m³, c=25kPa, ϕ=20°인 지반을 굴착하려고 한다. 굴착 후 사면 안전율을 Taylor 도표(안정계수)와 Culmann의 방법을 사용하여 각각 산정하고 그 결과를 비교하시오. 또한 구조물의 설치 없이 유지될 수 있는 사면의 한계높이를 계산하시오.

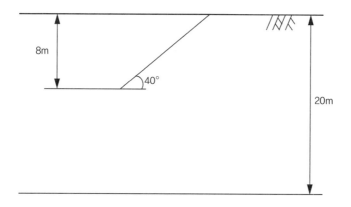

4. 위의 문제에서 사면의 경사가 40°에서부터 90°까지 변화할 때 사면이 직선의 파괴면을 갖는다고 가정하여 안전율을 계산하고, 그 안전율이 변화하는 경향성에 대하여 설명하시오.

5. 그림과 같은 사면의 안전율이 2.0일 때 안정수와 안정계수를 계산하시오.

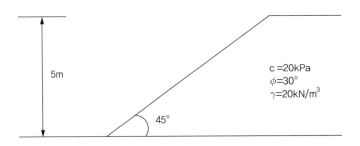

6. 다음 그림과 같이 포화 점성토 사면에 8m 깊이로 경사 45°의 사면을 굴착하였을 때, 사면의 안선율을 계산하시오. 또한 굴착할 수 있는 최대 깊이는 어떻게 되는가? 이때 절편 ABC의 면적은 70m²이고, 호 AB의 길이는 20m이며, 원호중심 O으로부터 활동토체 중심까지의 수평거리는 4.5m이다.

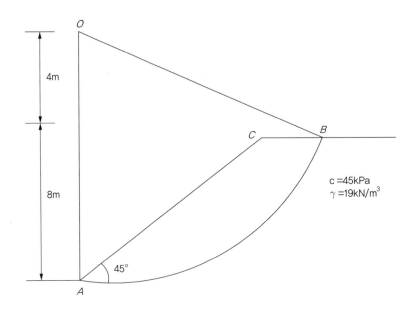

7. 경사가 45°인 사면을 이루고 있는 흙의 마찰각이 20°, 점착력 20kN/m², 단위중량이 18.9kN/m³이라고 할 때, 마찰원법을 이용하여 (1) 사면의 한계높이를 구하고, (2) 사면의 높이가 10m이고 $D=1$인 경우에 Taylor의 안정수(그림 5.12)를 이용하여 이 사면의 안전율을 구하시오.

8. 그림과 같은 비탈의 활동면에 대한 안전율을 Fellenius 방법으로 구하시오. 각 절편에 작용하는 간극수압은 각 절편마다 표시되어 있고 이 흙의 전체 단위중량은 19kN/m³, c'=12kPa, ϕ'=30°이다.

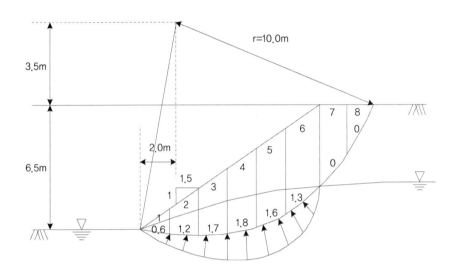

절편	절편바닥길이 l_i(m)	면적A(m²)	α(°)	간극수압 u(kPa)
1	1.62	2.10	−5	6
2	1.74	5.52	−1	12
3	1.61	8.33	2	17
4	1.63	9.01	16	18
5	1.70	10.82	21	16
6	1.92	12.00	38	13
7	1.95	8.86	46	0
8	2.05	3.36	62	0

9. 그림과 같은 사면에 대하여 예상활동면 AC의 활동에 대한 안전율을 Fellenius 방법으로 구하시오. 이때 지하수위는 단단한 암반층위에 위치하고 있으며, 사면의 경사각은 35°이고, c'=35kN/m², ϕ'=23°, γ=17.5kN/m³이다.

절편	W_i(kN)	l_i(m)	α(°)
1	36.75	0.9	68
2	269.12	3.5	51
3	394.45	4.0	39
4	389.75	4.0	25
5	347.71	4.0	11
6	241.61	3.3	0
7	42.24	1.2	−7

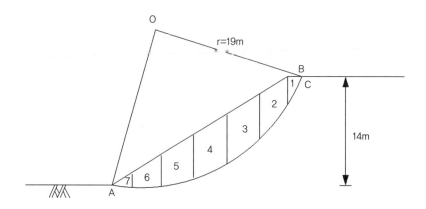

단단한 층

▌참고문헌

한국시설안전공단(2011), 건설공사비탈면설계기준.

한국지반공학회(1987), 지반공학시리즈 ⑤ 사면안정, 한국지반공학회, p.24, 246.

베이시스소프트, TALREN 4 User Guide.

Anderson, M. G. & Richards, K. S.(1987), Slope Stability, John Wiely & Sons, Chapter 2.

Bell, J. M.(1968), "General Slope Stability Analysis", ASCE, Journal of Geotechnical Engineering Division, Vol. 94, No. SM6, pp.1253～1270.

Bishop, A. W.(1955), "The Use of the Slip Circle in the Stability Analysis of Slopes", Geotechnique, Vol. 5, No. 1, pp.1～17.

Craig, R. F.(1997), Soil Mechanics, 6nd ed., Van Nostrand Reinhold Co. Ltd., ch.9.

Duncan, J. M. and Buchignani, A. L.(1975), An Engineering Manual for Slope Stability Studies, University of California, Berkeley.

Fellenius, W.(1918), "Kaj-Och Jordrasen i Goteborg", Teknisk Tidsskrift V. U., 48, pp.17～19.

Fredlund, D. G. and Krahn, J.(1972), "Comparison of Slope Stability Methods of Analysis.", Canadian Geotechnical Journal 14, pp.429～439.

Morgenstern, N. and Price, V. E.(1965), "The Analysis of the Stability of General Slip Surfaces", Geotechnique, Vol. 13, No. 2, pp.79～93.

Schmertmann, J. H. and Osterberg, J. O.(1960), "An Experimental Study of the Development of Cohesion and Friction with Axial Strain in Saturated Cohesive Soils", Proceedings of ASCE Research Conference on Shear Strength of Cohesive Soils, p.643.

Skempton, A. W.(1948), "The $\phi=0$ Analysis for Stability and its Theoretical Basis", Proceedings of the 2nd International Conference for Soil Mechanics and Foundation Engineering, Vol. 1, Rotterdam.

Skempton, A. W. and Hutchinson, J. N.(1969), "Stability of Natural slopes and Embankment Foundations", State-of-the-art report, Proceedings of the 7th International Conference for Soil Mechanics and Foundation Engineering, Mexico

City, 2, pp.291 ∼ 335.

Taylor, D. W.(1937), "Stability of Earth Slopes", Journal of Boston Society of Civil Engineers, Vol. 24, No. 3, pp.337 ∼ 386.

Whitman, R. V. and Bailey, W. A.(1967), "Use of Computers for Slope Stability Analysis.", ASCE, Journal of Soil Mechanics and Foundation Division, 93, SM 4, pp.475 ∼ 498.

• 02 •

2.1 (1) 전주동력 $P_a = 57.588\,\mathrm{kN/m}$

작용점은 옹벽하단으로부터 $\bar{y} = 1.667\,\mathrm{m}$ 지점이다.

(2) 편심량은 $e = 0.222\,\mathrm{m}$

(3) 활동에 대한 안전율은 $F_s = 1.784$

전도에 대한 안전율은 $F_s = 4.185$

2.2 (1) 교재 그림 2.31 및 그림 2.32 참조

(2) 교재 그림 2.37 참조

(3) 교재 설명내용 참조. 보강토옹벽은 보강재, 뒤채움 흙, 전면판으로 구성된다.

2.3 전도에 대한 안전율은 $F_s = 3.914$

활동에 대한 안전율은 $F_s = 1.166$

2.4 교재 설명내용 참조

2.5 교재 설명내용 및 그림 2.4 참조

2.6 ① 뒤채움 흙의 다짐 불량

② 보강토옹벽 기초지반의 부등침하

③ 보강재 시공불량

④ 옹벽 상단내부에 배수시설 설치

⑤ 보강토옹벽 외부 배수시설 미설치

⑥ 기타 : 전체적 사면안정해석 미실시, 지반조사 미실시, L형 옹벽 미설치 등

2.7 (1) 전주동력 $P_a = 66.580\,\mathrm{kN/m}$

작용점은 옹벽하단으로부터 $\bar{y} = 1.584\,\mathrm{m}$ 지점이다.

(2) $e = \dfrac{B}{2} - \bar{x} = 0.075\,\mathrm{m}$

(3) 활동에 대한 안전율은 $F_s = 4.705$

전도에 대한 안전율은 $F_s = 1.555$

$$\cdot \ 03 \ \cdot$$

3.1 교재 설명내용 참조

3.2 (1) $P_A = R_A \cdot s = 363.75 \, \text{kN}$

$\qquad P_B = (R_{B1} + R_{B2}) \cdot s = 311.25 \, \text{kN}$

$\qquad P_C = (R_{C1} + R_{C2}) \cdot s = 180 \, \text{kN}$

$\qquad P_D = R_D \cdot s = 720 \, \text{kN}$

(2) $Z = \dfrac{M_{\max}}{\sigma_a} = 0.001 \, \text{m}^3/\text{m}$

3.3 $F_s = \dfrac{M_p}{M_a} = 3.832 > 1.2 \quad \text{O.K}$

3.4 $F_s = \dfrac{Q_u}{Q} = \dfrac{5.7 c_u}{H\left(\gamma - \dfrac{c_u}{0.7B}\right)} = 1.129 < 1.5, \quad \text{Not O.K}$

3.5 (1) $P_A = R_A \cdot s = 642.6 \, \text{kN}$

$\qquad P_B = (R_{B1} + R_{B2}) \cdot s = 183.6 \, \text{kN}$

$\qquad P_C = R_C \cdot s = 1101.6 \, \text{kN}$

(2) $M_{\max} = 275.4 \, \text{kN} \cdot \text{m/m}$

$\qquad Z = \dfrac{M_{\max}}{\sigma_a} = \dfrac{275.4}{160,000} = 1.721 \times 10^{-3} \, \text{m}^3/\text{m}$

3.6 (1) $F_s = \dfrac{Q_u}{Q} = \dfrac{5.7 c_u}{H\left(\gamma_t - \dfrac{c_u}{0.7B}\right)} = 1.343 < 1.5, \quad \text{Not O.K}$

(2) ① 흙막이벽의 근입깊이와 강성을 크게 한다.

② 굴착 바닥면 아래의 점토를 개량하여 전단강도를 크게 한다.

③ 굴착 깊이를 작게 하거나 굴착 평면 규모를 축소한다.

④ 흙막이벽 뒤쪽의 흙을 절취하거나 안쪽 하단의 흙을 일부 남긴다.

⑤ 굴착 주변의 지반을 되도록 흐트러뜨리지 않는다.

3.7 ① 시공과정에서 발견한 지반조건, 계측값 등을 검토하여 설계의 타당성을 확인한다.

② 계측값으로부터 공사의 안전성, 주변 지반의 영향을 판단하여 공사 사고를 방지한다.

③ 다음 시험 단계의 거동을 예측하고 대책을 수립한다.

④ 기술자료를 축적하고 다음 설계에 반영한다.

⑤ 민원에 대한 공학적 자료를 확보한다.

3.8 $F_s = \dfrac{W_b}{J} = 1.398$

3.9 (1) $F_s = \dfrac{M_p}{M_a} = 1.055 < 1.2, \quad \text{Not O.K}$

(2) $P_A = R_A \cdot s = 411.158\,\text{kN}$

$P_B = (R_{B1} + R_{B2}) \cdot s = 164.46\,\text{kN}$

$P_C = R_C \cdot s = 411.158\,\text{kN}$

(3) $Z = \dfrac{M_{\max}}{\sigma_a} = 4.155 \times 10^{-4}\,\text{m}^3/\text{m}$

(4) $M_{\max, A} = \dfrac{R_A \cdot s^2}{8} = 128.487\,\text{kN} \cdot \text{m}$

$M_{\max, B} = \dfrac{R_B \cdot s^2}{8} = 51.394\,\text{kN} \cdot \text{m}$

$M_{\max, C} = \dfrac{R_C \cdot s^2}{8} = 128.487\,\text{kN} \cdot \text{m}$

$Z = \dfrac{M_{\max}}{\sigma_a} = 6.763 \times 10^{-4}\,\text{m}^3$

3.10 $F_s = \dfrac{5.7 c_u}{H\left(\gamma_t - \dfrac{c_u}{D}\right)} = 1.248 < 1.5, \quad \text{Not O.K}$

3.11 교재 설명내용 참조

3.12

흙막이벽으로부터 거리(m)	0	3	6	9	12	15	18.314
연직침하량(cm)	6.12	5.117	4.115	3.112	2.11	1.107	0

3.13 $Fs = \dfrac{M_p}{M_a} = 1.186$

3.14 $Z = \dfrac{M_{\max}}{\sigma_a} = 1.362 \times 10^{-3}\,\text{m}^3/\text{m}$

3.15 $S_x = S_w \left(\dfrac{D-x}{D} \right)^2 = (5.4) \left(\dfrac{29.167-x}{29.167} \right)^2$

흙막이벽으로부터 거리(m)	0	5	10	20	29.167
연직침하량(cm)	5.4	3.707	2.332	0.533	0.00

3.16 (1) $P_A = R_A \cdot s = 869.505\,\text{kN}$

$P_B = (R_{B1} + R_{B2}) \cdot s = 248.430\,\text{kN}$

$P_C = R_C \cdot s = 1490.580\,\text{kN}$

(2) $Z = \dfrac{M_{\max}}{\sigma_a} = 2.484 \times 10^{-3}\,\text{m}^3/\text{m}$

3.17 $F_s = 2.04$

• 04 •

4.1 (1) $D_{theory} = L_3 + L_4 = 2.782\,\text{m}$

(2) $F = P - \dfrac{1}{2}[\gamma'(K_p - K_a)]L_4^2 = 64.203\,\text{kN/m}$

(3) $z = 5.379\,\text{m}$ & $M_{\max} = 126.483\,\text{kN} \cdot \text{m}$

4.2 (1) $D_{theory} = 7.581\,\text{m}$

(2) $z' = 2.887\,\text{m}$ & $M_{\max} = 566.454\,\text{kN} \cdot \text{m}$

4.3 (1) $D = 7.7\,\text{m}$

(2) $M_{\max} = 589.015\,\text{kN} \cdot \text{m}$

4.4 (1) $D = 5.184\,\text{m}$

(2) $z' = 1.974\,\text{m}$ & $M_{\max} = 355.410\,\text{kN} \cdot \text{m/m}$

4.5 (1) $D = 4.875\,\text{m}$

(2) $M_{\max} = 363.361\,\text{kN} \cdot \text{m/m}$

4.6 $D = L_3 + L_4 = 5.161\,\text{m}$

4.7 (1) $D_{theory} = 2.96\,\text{m}$

(2) $F = 102.545\,\text{kN/m}$

(3) $z = 7.274\,\mathrm{m}$ & $M_{\max} = 221.424\,\mathrm{kN \cdot m/m}$

4.8 $D = 5.317\,\mathrm{m}$

4.9 (1) $D = 7.6 \sim 8.08\,\mathrm{m}$

(2) $M_{\max} = 1,045.678\,\mathrm{kN \cdot m/m}$

4.10 (1) $P_u = 180.696\,\mathrm{kN}$

(2) $S = \dfrac{P_{all}}{F} = 2.101\,\mathrm{m}$

4.11 (1) $P_u = 310.702\,\mathrm{kN}$

(2) $s_p = \dfrac{P_{all}}{F} = 3.452\,\mathrm{m}$

4.12 ① 서해대교 사장교 주탑 시공을 위한 물막이 가설구조물

② 시화조력 발전소 물막이 가설구조물

③ 인천대교 충돌보호공

4.13 교재 설명내용 참조

4.14 $P_u = 116.763\,\mathrm{kN}$ & $s_p = \dfrac{P_{all}}{F} = 1.853\,\mathrm{m}$

▸별해 $P_u = 94.85\,\mathrm{kN}$ & $s_p = 1.51\,\mathrm{m}$

• 05 •

5.1 $F_s = 2.26$

5.2 $36.05°$ 이상 되어야 한다.

5.3 Taylor 도표 : $F_s = 3.48$ & 공식을 사용하면 $F_s = 7.11$

따라서 Taylor 도표의 결과보다 직선 파괴면을 가정하는 Culmann의 방법이 훨씬 안전측의 결과를 도출하는 것을 확인할 수 있다.

5.4 경사 $40°$인 경우에는 앞의 풀이와 같이 7.11의 안전율을 갖는다.

동일한 방법으로 경사가 $50°$, $60°$, $70°$, $80°$, $90°$로 변화할 때의 안전율을 공식을 이용하여 계산하면 각각 3.82, 2.47, 1.76, 1.31, 1.01로 변화하며, 따라서 경사가 급해질수록 안전율이 감소한다는 것을 알 수 있다.

5.5 $N_s = \dfrac{c_u}{\gamma_t H_{cr}} = 0.1$ & $\dfrac{1}{N_s} = \dfrac{1}{0.1} = 10$

5.6 $F_s = 1.8$ & $H_{cr} = 14.4\,\mathrm{m}$

5.7 (1) $H_{cr} = 17.64\,\mathrm{m}$

(2) $F = 1.35$

5.8 $F_s = 1.50$

5.9 $F_s = 1.89$

찾 아 보 기

저 자 소 개

김병일 서울대학교 공과대학 토목공학과 졸업
서울대학교 대학원 토목공학과 공학석사
서울대학교 대학원 토목공학과 공학박사
현재 명지대학교 토목환경공학과 교수

윤찬영 서울대학교 공과대학 토목공학과 졸업
서울대학교 대학원 토목공학과 공학석사
서울대학교 대학원 토목공학과 공학박사
현재 강릉원주대학교 토목공학과 부교수

조완제 서울대학교 공과대학 토목공학과 졸업
서울대학교 대학원 토목공학과 공학석사
미국 노스웨스턴 대학교 토목환경공학과 공학박사
현재 단국대학교 토목환경공학과 부교수

김태식 서울대학교 공과대학 토목공학과 졸업
서울대학교 대학원 토목공학과 공학석사
미국 노스웨스턴 대학교 토목환경공학과 공학박사
현재 홍익대학교 토목공학과 조교수

지반구조물 설계

초판인쇄 2015년 3월 2일
초판발행 2014년 3월 9일

저   자 김병일, 윤찬영, 조완제, 김태식
펴 낸 이 김성배
펴 낸 곳 도서출판 씨아이알

책임편집 박영지, 김동희
디 자 인 김진희, 추다영
제작책임 황호준

등록번호 제2-3285호
등 록 일 2001년 3월 19일
주   소 100-250 서울특별시 중구 필동로8길 43(예장동 1-151)
전화번호 02-2275-8603(대표) **팩스번호** 02-2275-8604
홈페이지 www.circom.co.kr

I S B N 979-11-5610-111-6 93530
정   가 22,000원

ⓒ 이 책의 내용을 저작권자의 허가 없이 무단 전재하거나 복제할 경우 저작권법에 의해 처벌될 수 있습니다.